Die neuzeitliche Vorkalkulation in Maschinenfabriken

Die neuzeitliche Vorkalkulation in Maschinenfabriken

Handbuch zur Berechnung der Bearbeitungszeiten an Werkzeugmaschinen, für den Gebrauch in der Praxis und an technischen Lehranstalten

von

M. Siegerist
technischer Kalkulator

unter Mitarbeit von

Fr. Bork
Betriebsingenieur.

Siebente vermehrte und verbesserte Auflage
mit zahlreichen Abbildungen, Skizzen, graphischen und Zahlentafeln
vollkommen neu bearbeitet unter Berücksichtigung der „Refa"-Arbeiten

von

Rud. Föllmer
Betriebsingenieur.

M·KRAYN
BERLIN·W

1929

Druck der Deutschen Verlags-Anstalt in Stuttgart.

INHALT.

Vorwort zur 7. Auflage.

Die durchweg freundliche und günstige Aufnahme meines Buches in der gesamten Fachpresse und der schnelle Absatz der bisherigen Auflagen weisen wohl darauf hin, daß mein Buch einem tatsächlichen Bedürfnis entsprechen konnte.

Die vorliegende 7. Auflage stellt keinen Abdruck der vorhergehenden dar, sondern sie ist vollkommen neu bearbeitet unter Berücksichtigung der Arbeiten des „Refa" (Reichsausschuß für Arbeitszeit-Ermittlung) und außerdem durch Hinzufügen wertvoller Abhandlungen (z. B. über Arbeiten an Revolverbänken und Automaten u. a.) wesentlich erweitert. Bei der gründlichen Neubearbeitung sind die bisherigen Ergebnisse der Zerspanungslehre zugrunde gelegt, die ja hauptsächlich darin besteht, die Schnittgeschwindigkeit in Abhängigkeit vom Spanquerschnitt zu ermitteln. Die theoretische Grundlage konnte so bei der völligen Umarbeitung des Buches verbessert werden; da in der vorliegenden Form aber die leichtfaßliche Darstellung beibehalten wurde, wird das Buch wie bisher den Anfänger befriedigen, aber auch den höheren Ansprüchen theoretisch gut vorgebildeter Benutzer restlos genügen können.

Die Neubearbeitung ist das Werk des Herrn Ingenieur Rud. Föllmer, der sein reiches Wissen und Können mit bestem Erfolg in den Dienst dieser Aufgabe gestellt hat. Für die mühevolle Arbeit sei ihm auch an dieser Stelle verbindlichst gedankt.

Das in meinem Buche bisher Gebotene wurde allgemein so vorbehaltlos als richtig anerkannt, daß es häufig als Quelle von anderen Fachschriftstellern benutzt wurde. Es war sogar zu beobachten, daß mehrfach Aufsätze und auch Bücher erschienen, in denen größere Teile meines Werkes ohne Quellenangabe unverändert nachgedruckt worden waren. Es war zwar glücklicherweise bisher immer möglich, ohne ernstere Maßnahmen durch den Verhandlungsweg die angezeigte Quellenangabe nachzuholen; immerhin sei mit der Hoffnung, daß diese Neuauflage eine ebenso günstige Aufnahme wie ihre Vorgängerinnen finden möge, die Bitte und die Erwartung verknüpft, daß bei Benutzung meines Buches es auch als Quelle angegeben werden möge.

Hannover, im Juli 1929. M. Siegerist.

Einleitung.

Die Belastung Deutschlands durch den Vertrag von Versailles und das Dawes-Abkommen wirkt sich von Tag zu Tag mehr als Wirtschaftskatastrophe aus. Trotz der ehemals großen Erfolge der deutschen Maschinenindustrie auf dem Weltmarkt, trotz neuzeitlicher, großzügiger Organisation der Betriebe müssen wir es erleben, daß oft die besten von ihnen ohne ausländische Hilfe nicht konkurrenzfähig bleiben.

Wenn auch einerseits zugegeben werden muß, daß die Hauptschwierigkeiten nicht auf technischem Gebiet liegen, so muß andererseits betont werden, daß die bisherigen Anstrengungen in bezug auf Typisierung, Normung und wissenschaftliche Betriebsführung den heute enorm gesteigerten Anforderungen oft nicht mehr genügen. Die überragende Bedeutung wirtschaftlicher Fertigung zwingt daher, immer wieder auf die Fundamente hinzuweisen, von denen die Fabrikation getragen wird:

1. Die Arbeitsvorbereitung, d. h. die gewissenhafte Durcharbeitung des gesamten Auftrages vor Beginn der Werkstattarbeit: Zergliederung, Materialbeschaffung, Festlegung der Arbeitsgänge und sämtlicher Betriebsmittel, Ermittlung der Bearbeitungsdauer und Aufstellung des Lieferplanes.
2. Die Arbeitsüberwachung, d. h. Terminverfolgung, Revision und systematische Produktions- und Zeitstudien zur Verbesserung der Arbeitsverfahren, Vorrichtungen und Werkzeuge, zur Vermeidung bzw. Einschränkung der Fehlarbeit, zur Ausnutzung der Betriebsmittel und zur Abkürzung der Herstellungszeit.

Die aus diesen Organen gebildete Betriebsleitung muß natürlich aus den deutschen Verhältnissen herausgewachsen sein. Wieweit die amerikanischen Systeme, z. B. die von Taylor und Ford uns direkte Vorbilder sein können, soll hier nicht untersucht werden, da dies bei der außerordentlichen Zahl verschiedener Betriebe zu weit führen würde.

Als einer der wichtigsten Faktoren in der modernen Fabrikorganisation ist jedenfalls die Vorherbestimmung der Bearbeitungsdauer anzusehen, weil von dieser die Größe und Einrichtung des Betriebes, direkte und indirekte Kosten, somit der Preis des Fabrikates und die Wirtschaftlichkeit des Unternehmens abhängen. Die Stelle, die die Ermittlung der Bearbeitungsdauer durchzuführen hat, und mit der wir uns in diesem Buche beschäftigen wollen, ist die „Vorkalkulation", oft auch nur „Kalkulation" genannt.

Der schwerwiegenden Verantwortung der richtigen Zeitermittlung entsprechend, ist sie die Stelle der exakten Rechnung auf Grund gegebener feststehender Werte. Diese sind: 1. der Auftrag in Form der vollständigen Stückliste mit sämtlichen betriebsfertigen Werkstattzeichnungen, 2. der Bestand und die Leistungsfähigkeit der vorhandenen oder erforderlichen Betriebsmittel und 3. der Lohntarif. Jede spekulative Rechnung, z. B. Preisbildung unter Berücksichtigung des Kunden, später zu erwartender Aufträge oder irgendwelcher anderer Imponderabilien, ebenso Lohnanfragen ohne festumrissenen Umfang des Auftrages und ohne eindeutige Unterlagen sind nicht Arbeitsgebiet der Vorkalkulation. Ihr Platz ist, unbeschadet der Entsendung von Kalkulatoren in die Werkstatt selbst, das Betriebsbüro, da sie in engster Verbindung mit der Arbeitsvorbereitung arbeiten muß.

Zur Abgrenzung ihrer Zuständigkeit sei noch bemerkt, daß neben der Vorkalkulation in fast allen Werken andere Kalkulationsstellen bestehen, die, sofern sie nicht zu einer Dienststelle mit gemeinsamer Bezeichnung zusammengefaßt sind, meistens „Nachkalkulation" und „Angebotskalkulation" genannt werden.

Die Aufgabe der Nachkalkulation besteht, kurz gesagt, darin, sämtliche Kosten, die dem Werk entstehen, statistisch zu erfassen, und zwar nach Art und Entstehungsort gesondert, so daß es der Werksleitung ermöglicht wird, Abweichungen von den normalen oder vorkalkulierten Werten schnell und sicher festzustellen bzw. zu beseitigen und eine Gewinnberechnung vorzunehmen. Die grobe Einteilung der verschiedenen Konten ist erkennbar in der Gleichung: Kosten für Material + Löhne + Betriebsunkosten + Handlungsunkosten = Selbstkosten. Ferner ist: Gewinn = Verkaufspreis — Selbstkosten.

Die Angebotskalkulation hingegen baut mit Hilfe der Werte, die ihr für Materialpreise von der Einkaufsabteilung, für die Löhne von der Vorkalkulation und für die Betriebs- und Handlungsunkosten von der Nachkalkulation zur Verfügung gestellt werden, die Selbstkosten bzw. Verkaufspreise für neue Angebote oder neu angefragte Fabrikationsgegenstände auf.

Aus vorstehendem geht wohl zur Genüge hervor, welch wichtige Rolle der Vorkalkulation im Fabrikbetriebe zufällt. Aus dieser Erkenntnis heraus gehen daher auch schon kleine Betriebe, die die Akkordfestsetzung bisher den Meistern überließen, dazu über, besondere Akkordbüros als selbständige Abteilungen einzurichten.

Erfahrungsgemäß werden der Einführung der Vorkalkulation als einer besonderen Instanz seitens der Arbeiter immer noch Schwierigkeiten bereitet. Dieser Widerstand beruht zweifellos auf der Befürchtung, daß jede Neuerung eine Verschlechterung des Arbeitsverhältnisses herbeiführen müsse. Diese Befürchtung dürfte allerdings nur dort begründet sein, wo unfähige Personen zur Ausführung der Vorkalkulation berufen werden, denen die unbedingt nötige praktische Erfahrung und theoretische Schulung fehlt. Bei sachgemäßer Handhabung dagegen wird der in der überwiegenden Mehrheit verständige Teil der Arbeiterschaft bald einsehen, daß die Vorkalkulation viel mehr dazu da ist, die Betriebsmittel auszunutzen als den Arbeiter, und daß, wenn Deutschlands Exportindustrie wieder lebensfähig werden soll, die allermodernste Betriebsorganisation überall Eingang finden muß. Dazu gehört auch die genaueste Vorherbestimmung der Bearbeitungszeiten.

I. Geschichte und Allgemeines über die Vorkalkulation als Dienststelle.

Ursprünglich bestand die Aufgabe der Vorkalkulation allein darin, den Gegenwert für die vom Arbeiter zu leistende Arbeit in Geld, also den Lohn, festzusetzen. Es sei daher kurz auf die Hauptentlohnungssyteme hingewiesen, die zur Zeit in Deutschland üblich sind: das Zeitlohnsystem und das Stücklohnsystem.

Beim Zeitlohn erhält der Arbeiter für irgendeine Einheit seiner Beschäftigungsdauer stets den gleichen Lohn ohne Rücksicht auf die in dieser Zeit geleistete Arbeitsmenge. Es tritt demnach eine direkte Bewertung der Leistung nicht in Erscheinung. Durch ungenügendes Arbeitsvermögen des Arbeiters, mangelhaften eigenen Antrieb und ungenügende Aufsicht kann also der gewünschte Arbeitserfolg durchaus in Frage gestellt sein. Man wird daher nur solche Arbeiten im Zeitlohn vergeben, deren Abwicklung an ein bestimmtes, vom Arbeiter nicht abhängiges Zeitmaß gebunden ist, die also vorwiegend in Arbeitsbereitschaft bestehen, z. B. Maschinenwartung, Kranbedienung, Botendienste oder solche, deren Umfang und Ausführungsart sich im voraus nicht abschätzen lassen wie gewisse Reparaturen u. a. Man wird natürlich bei der Auswahl der Arbeiter für solche Zwecke vorsichtig sein müssen, um sich vor Schaden zu schützen.

Beim Stücklohn dagegen bekommt der Arbeiter nur die geleistete, brauchbare Arbeit nach Stückzahl bzw. genau abgegrenzten Abschnitten bezahlt, so daß Aufwand und Erfolg stets im richtigen Verhältnis zueinander stehen.

Schon beim handwerksmäßigen Betrieb wurde vielfach nach diesem Stücklohnsystem gearbeitet. Der Meister traf vor Beginn der Arbeit mit seinen Gesellen nach freier Schätzung die Vereinbarung (accord) über den Preis für das Stück, man spricht deshalb auch heute noch von „Akkord“, „Akkordpreis“ oder „Stückpreis“. Der Arbeiter hatte dabei natürlich weniger Interesse an dem Gebrauchswert des Arbeitsstückes, als an einer möglichst gleichmäßig hohen Lohnsumme in jeder Lohnwoche, wie sie sich aus Angebot und Nachfrage nach Arbeitskräften von selbst ergab. Es wurde daher der Preis für die Arbeit aus dem erstrebten bzw. zugebilligten Verdienst und der etwa erforderlichen Zeit für ihre Ausführung abgeschätzt. Es läßt sich denken, daß sich bei der Unsicherheit dieses Verfahrens zwischen Arbeiter und Meister oft ein recht unerquickliches Handeln über den Akkord ergab; der einmal vereinbarte Preis war auch nur unter großen Schwierigkeiten wieder zu berichtigen.

Das Stücklohnsystem hat für beide Vertragspartner Vorteile, für den Arbeiter den, daß er durch Fleiß und Tüchtigkeit seinen Verdienst erhöhen kann, für den Arbeitgeber den, daß er durch die Mehrleistung der Arbeiter den Arbeitsdurchlauf vermehrt, die Arbeit selbst nicht durch ungerechtfertigte Löhne belastet und von vornherein mit festen Werten rechnen kann.

Die Entwicklung brachte es mit sich, daß die Meister allein die Akkordierung der Arbeiten und Löhne nicht mehr durchführen konnten. Es wurden ihnen hierfür Kalkulatoren zur Seite gestellt und diese vielfach zwecks Vereinheitlichung der Akkordbemessung und Verrechnung zu zentralen Kalkulationsstellen zusammengefaßt. Im Prinzip ist aber das System das gleiche geblieben, daß nämlich auf Grund der Herstellungszeit unter Berücksichtigung des Tarifes der Preis für die Arbeit ermittelt wird.

Durch die weitgehende Mechanisierung der Werkstattarbeit ist nun freilich die Ermittlung der Herstellungszeit bedeutend erschwert worden. Hinzu kommt, daß unter den heutigen wirtschaftlichen Verhältnissen auch im kleinsten äußerst genau gerechnet werden muß, daß ferner auf der Bearbeitungsdauer das ganze Arbeitsprogramm und der Lieferplan aufgebaut wird, und daß bei Angeboten die äußerste Anspannung der Betriebe zugrunde gelegt werden muß, wenn man bei der starken Konkurrenz Aufträge hereinbekommen will. Wenn man also berücksichtigt, was alles von der richtigen Ermittlung der Arbeitszeit abhängt, muß man die Vorkalkulation ganz systematisch und unter Aufwendung von Mitteln durchführen, die ein Optimum im Fabrikationsprozeß garantieren.

In erster Linie sind hierfür als Kalkulatoren Beamte erforderlich, die die modernsten Herstellungsverfahren ihres speziellen Arbeitsgebietes aus der Praxis kennen, alte und neue Betriebsmittel, besonders Werkzeugmaschinen auszunutzen verstehen, und so viel Schulung besitzen, daß sie die erforderlichen Wirtschaftlichkeitsberechnungen anstellen können. Sehr gut eignen sich dazu oft jüngere Meister und intelligente Vorarbeiter, die sich durch längeren Besuch mindestens von Abendschulen und Sonderkursen die erforderlichen theoretischen Kenntnisse erworben haben. Diese Beamten sollen nicht nur in der Lage sein, sich der Werkstatt gegenüber durchzusetzen, sondern auch verstehen, im guten die wertvollen Kräfte des Betriebes zur Mitarbeit heranzuziehen und auf diese Weise für das Unternehmen nutzbar zu machen.

Ganz besonders gilt das für diejenigen Kalkulationsbeamten, die ständig mit der Stoppuhr in der Hand, früher dem bestgehaßten Gegenstand in der Werkstatt, in engster Berührung mit der Arbeiterschaft stehen, das sind die Zeitstudienbeamten. An deren Geschick liegt es zum großen Teil, ob der Arbeiter in der Zeitaufnahme das notwendige Hilfsmittel für die gewissenhafte Betriebsleitung erkennt oder in ihr nur ein willkürliches Verfahren zur Ausbeutung seiner Arbeitskraft wittert.

Den Kalkulatoren werden zweckmäßig für die Führung von Statistiken, Aufstellung von Tabellen und ähnlichen Hilfsarbeiten so viel Hilfskräfte zugeteilt, daß sie selbst sich mit ganzer Kraft der eigentlichen Kalkulation und der Beobachtung des Betriebes widmen können, ohne daß die einmal erarbeiteten Werte verloren gehen. Bei richtiger Handhabung der Sammlung von Unterlagen machen sich die rechtzeitig aufgewendeten Mittel für Hilfskräfte sehr bald in Ersparnissen an Arbeitskräften mit hohem Gehalt reichlich bezahlt. In Betrieben, in denen gleichartige Arbeiten in verschiedenen Abteilungen ausgeführt werden, muß natürlich Vorsorge getroffen sein, daß sämtliches erarbeitete Material der einzelnen Kalkulationsgruppen an einer Stelle zusammenfließt, wo es in geeigneter Weise den anderen zugänglich gemacht wird. Auf diese Weise kommen die Erfahrungen der einen Abteilung der anderen zugute, zum Wohle des Ganzen.

Die Gruppeneinteilung der Vorkalkulation entspricht im allgemeinen der Einteilung des Betriebes nach dem Prinzip der Arbeitsteilung und der Gruppenfabrikation. Die Erledigung der Arbeiten für einen Auftrag innerhalb der Kalkulation ist demnach durch den Gang der Arbeitsstücke durch die verschiedenen Betriebsabteilungen bedingt, der wiederum von der Gestaltung des Stückes und von dem Auftrag selbst abhängt.

II. Gang der Vorkalkulation als Stückzeitermittelung.

1. Die Zergliederung des Auftrages.

In Maschinenfabriken unterteilt sich der Auftrag zwangläufig nach der Abwicklung der Arbeiten in Teilfertigung und Zusammenbau. Der Arbeitsumfang der Teilfertigung wird wiedergegeben durch die Stückliste, das ist die Aufstellung sämtlicher Einzelteile, die für den Bau des betreffenden Fabrikationsgegenstandes erforderlich sind. Der Umfang der Zusammenbauarbeiten dagegen geht aus dem Bauplan hervor, der eine Übersicht über die Art und Aufeinanderfolge des Untergruppen-, Gruppen- und Fertigzusammenbaues und der erforderlichen Zwischenarbeiten gibt.

Beide Übersichten, Stückliste und Bauplan, entstehen im Konstruktionsbureau. Es sei aber ganz besonders betont, daß hier die Kalkulationsarbeiten einzusetzen haben, wenn wirklich wirtschaftlich fabriziert werden soll. In der Stückliste muß bereits zum Ausdruck kommen, welche gleichartigen Teile zusammen hergestellt werden können. Der Konstrukteur wird dadurch immer wieder gemahnt, Einzelteile mit Rücksicht auf Verbilligung der Herstellung nicht nur nach Normen überhaupt, sondern absolut gleich zu gestalten. Ferner muß bei Teilen, die, mit anderen zusammengebaut, weiter bearbeitet werden, unbedingt auf den Bauplan hingewiesen werden, da hiervon Werkzeuge, Vorrichtungen und Arbeitsverfahren überhaupt abhängig sind und in der Einzelteilfertigung Arbeitsstufen gespart werden können, die beim Zusammenbau wiederholt werden müßten. Beispiele: Büchsen, die nach dem Einpressen auf Paßmaß gearbeitet werden, fluchtende Bohrungen an lösbar verbundenen Teilen u. a. Der Bauplan selbst muß unter dem Gesichtswinkel größter Zeitersparnis beim Zusammenbau entworfen werden. Ebenso muß für wirklich wirtschaftliche maschinelle Anfertigung vieler Maschinenteile bei ihrer Formgebung bereits mit dem Kalkulieren begonnen werden. Hierfür sind aber Kenntnisse der Werkzeugmaschinen und ihrer Leistungsfähigkeit sowie umfangreiche Betriebserfahrungen erforderlich, die trotz der anerkannten Bemühungen vieler technischer Lehranstalten dem „Konstrukteur" nicht mit auf den Weg gegeben werden können. Es ist daher dringend zu empfehlen, in das Konstruktionsbureau einen ganz besonders tüchtigen Fabrikationsingenieur zu setzen, der der Vorkalkulation untersteht, und der dafür zu sorgen hat, daß unnötig teure Konstruktionen gar nicht erst festgelegt werden.

Die eigentliche Stückzeitermittelung für Einzelteile und Zusammenbauarbeiten geschieht in der Vorkalkulation, für die der Kalkulator als Unterlagen zunächst die Werkstattzeichnung und die Stückliste bzw. den Bauplan erhält. Die Unterteilung der Stückliste ist durch die einzelnen Stücke selbst bzw. durch die obenerwähnte Zusammenfassung gleicher Teile gegeben.

Die gesamte Herstellungsdauer für das Stück setzt sich weiter zusammen aus den Zeiten für die verschiedenen Bearbeitungen, denen es unterworfen wird, bei den Zurichtearbeiten für die Ausgangsform angefangen, bis zur Ablieferung an die Zusammenbauabteilung bzw. das Teillager.

Die Arbeit des Kalkulators (bei weiterer Arbeitsteilung, die der Vorbereitung) beginnt demnach mit der Aufstellung der Arbeitsgänge. Für einen größeren, hochbeanspruchten

Zahnkranz aus Chromnickelstahl für Präzisionsgetriebe (Abb. 1) wären z. B. folgende Arbeitsstufen vorzusehen:

1. Schmiedebutzen absägen.
2. Schmieden.
3. Glühen.
4. Trommeln (entzundern).
5. Vordrehen.
6. Vorfräsen.
7. Glühen.
8. Nachdrehen.
9. Nachfräsen.
10. Bohren.
11. Entgraten.
12. Einsetzen und härten.
13. Sandstrahlen.
14. Bohrung und Fläche schleifen.
15. Zahnflanken schleifen.
16. Einfetten.

Bei diesem Arbeitsgang gelangt das Stück durch mehrere Betriebsabteilungen. Das komplizierte Verfahren, das für die Erreichung äußerster Präzision erforderlich ist, muß natürlich einwandfrei festgelegt werden, damit wichtige Stufen nicht ausgelassen werden und Fehlarbeit vermieden wird. Auf die äußere Form solcher Festlegung einzugehen, sei hier verzichtet, da diese zu stark von der jeweils bestehenden Organisation des Betriebes abhängig ist. Jedenfalls muß für jedes Teil der Stückliste, das im Werk angefertigt oder weiter verarbeitet wird, sowie für den Zusammenbau ein entsprechender Arbeitsgang ausgearbeitet werden. Dann erst wäre die weitere Arbeit des Kalkulators die Ermittlung der Bearbeitungszeit für die einzelnen Arbeitsstufen, deren Summe den gesamten produktiven Arbeitsumfang darstellt.

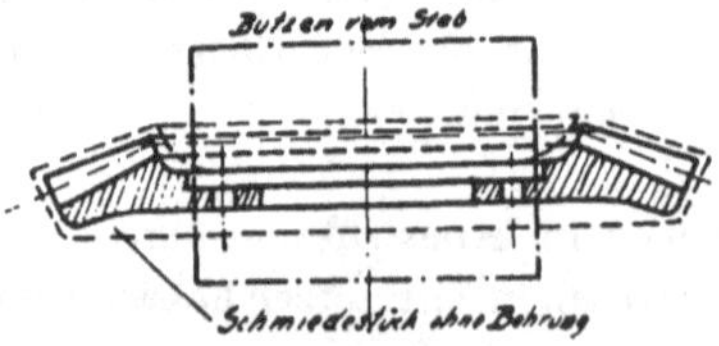

Abb. 1.

2. Die Zergliederung der Arbeitsstufe.

Wie wir oben gesehen haben, wird die Arbeitsstufe nach den wichtigsten Vorgängen benannt, durch die das Arbeitsstück eine Änderung seiner Form, seiner Lage, seines Aussehens oder seiner Eigenschaften erfährt. Zu ihrer Ausführung sind aber stets außerdem noch eine ganze Reihe von Teilarbeiten erforderlich, die sich wiederum in einzelne Griffe und Bewegungen zerlegen lassen. Führt man solche Zerlegung auf den verschiedensten Arbeitsgebieten bei mehreren Arbeitsstufen durch, so erkennt man, daß diese neben den Hauptarbeitsvorgängen zuletzt aus Elementen bestehen, die sich in gleicher oder ähnlicher Zusammensetzung sehr oft wiederholen. Die Stückzeitermittlung besteht nun nicht nur in der Berechnung der Maschinenlaufzeiten, sondern zum großen Teil in der Ermittlung und Sammlung von Zeitwerten für solche Arbeitselemente, um aus ihnen die Zeiten für immer wiederkehrende Kombinationen bilden und schließlich die Gesamtzeit für alle vorkommenden Arbeitsstufen zusammensetzen zu können. Die Zeiten werden grundsätzlich nur in Minuten und Dezimalminuten ausgedrückt, um Umrechnungen zu vermeiden, die sich sonst bei der Addition und Subtraktion von Minuten und Sekunden ergeben würden. Für die Zeitgruppen der für eine Arbeitsstufe erforderlichen Gesamtzeit haben sich folgende Bezeichnungen und Abkürzungen eingeführt:[1]

Einrichtezeit (t_e), Hauptzeit (t_h), Nebenzeit (t_n), Grundzeit (t_g), Verlustzeit (t_v), Stückzeit (t_{st}). Die Aufzählungen in den folgenden Abschnitten sollen nur bei der Begriffsbildung behilflich sein, ohne Anspruch auf Vollzähligkeit zu erheben.

---

[1] Vgl. Refa-Mappe I-1.

1. Einrichtezeit. In die Einrichtezeit gehört alles hinein, was zur Vorbereitung der Arbeit, zum Einrichten und Abrüsten der Maschine und des Arbeitsplatzes dient und nicht in die eigentliche Fertigungszeit fällt. Was von diesen Teilarbeiten in den Akkord aufgenommen wird, hängt von der jeweiligen Betriebsorganisation ab. Es kann also dazu gehören: Akkordschein, Zeichnung, Werkstoffkarte und Einstellplan holen, Werkstoff besorgen, Werkzeuge empfangen, Werkzeuge und Anschläge einstellen, Arbeitsprobe abliefern, Arbeit abliefern, Späne, Abfall und Rückstände beseitigen, Maschine und Platz abrüsten u. a. Hiervon sollten natürlich verschiedene Verrichtungen nicht von Maschinen- bzw. Facharbeitern ausgeführt werden, sondern von geringer bezahlten Leuten, um die Arbeitszeit für den Einrichtenden abzukürzen. Stehen solche Hilfskräfte nicht zur Verfügung, so müssen bei der Bemessung der Einrichtezeit allerdings alle diese Betätigungen ihrem Zeitwert nach berücksichtigt werden. Ebenso gehören Zeiten für Hilfswerkzeuge und Vorrichtungen, die sich der ausführende Arbeiter selbst anfertigen muß, in die Einrichtezeit.

2. Hauptzeit. Als Hauptzeit wird nur die Zeit gerechnet, in der am Arbeitsstück irgendwelche Veränderungen der Form, der Lage, des Aussehens oder der Eigenschaften erkennbar werden, gleichgültig, ob sie maschinell oder von Hand ausgeführt werden (Maschinenzeit bzw. Handzeit).[1 und 2]

3. Nebenzeit. Die Zeiten für alle anderen Vorgänge der Arbeitsstufe, soweit sie nicht als Störungen anzusprechen sind, sondern regelmäßig bei jedem Stück oder in bestimmten Abständen wiederkehren und zur Arbeitsabwicklung gehören, zählen zur Nebenzeit. Sie können aus Handzeiten und Maschinenzeiten bestehen: Werkstoff einlegen, Bedienungsgriffe an den Betriebsmitteln (Vorrichtung, Maschine, Ofen, Kran, Schutzvorrichtung), Leerlauf der Maschine, Messen, Stähle schleifen, auch Späne beseitigen, wenn dies in der Hauptzeit nicht geschehen kann und die Späne beim Messen oder Aufspannen hinderlich sind, usw. (Maschinenzeit — Handzeit).[2]

4. Grundzeit = Hauptzeit + Nebenzeit, das ist die eigentliche störungsfreie Fertigungszeit für die Arbeitsstufe.

5. Verlustzeit. Als Verlustzeit ist anzusehen, was sich unregelmäßig und störend in die eigentliche Fertigungszeit einschiebt, aber unvermeidlich ist und billigerweise dem Arbeiter bezahlt werden muß. Man kann hierbei noch unterscheiden zwischen Störungen, die sich aus dem Arbeitsprozeß selbst oder aus dienstlichen Angelegenheiten ergeben, und solchen, die unabhängig davon nur durch die Person des Arbeiters bedingt sind.

Zu ersteren, den sachlichen Verlusten, gehören: Zeiten für Riemenreparatur, Störungen durch Werkzeugbruch und kleine Maschinendefekte, Betriebsstörungen, Betriebsstoffe und Werkzeuge ergänzen, Warten an den Ausgaben, am Schleifstein, am Feuer, Störungen durch Revision, Gespräche mit Vorgesetzten, Löhnung, Maschine putzen und ölen, Werkzeuge herausnehmen und einschließen und ähnliches. Die sachlichen Verluste sind also stark abhängig von der Art der Arbeit und werden dementsprechend verschieden bewertet.

Unvermeidliche persönliche Verluste dagegen sind: Zeiten für körperliche Bedürfnisse und Bestellung oder Beschaffung von Nahrungs- oder Genußmitteln, letzteres, soweit die Verhältnisse eine Beschaffung in den Pausen nicht ermöglichen. Diese Verluste sind in gewissen Grenzen unabhängig vom Arbeitsverfahren und können deshalb konstant prozentual zur Beschäftigungsdauer bewertet werden.

---

[1] Vgl. Refa-Mappe I-1.

[2] Bei Maschinenarbeiten wird Überlauf und Rücklauf zur Hauptzeit gerechnet.

Zeitverluste, die auf Fahrlässigkeit, Mutwillen oder sonstige Schuld des Arbeiters zurückzuführen sind, werden nicht als „Verlustzeit" angerechnet und nicht bezahlt. (Vgl. Akkordberechnung.)

6. Stückzeit. Die Stückzeit wird normalerweise nur aus Grundzeit und Verlustzeit gebildet. Sie stellt somit die Zeit dar, die der Arbeiter für die Erledigung der Arbeitsstufe für ein Stück benötigt — ohne Berücksichtigung des Einrichtens — und die bei der Aufstellung von Maschinenbesetzungsplänen und Lieferplänen getrennt von der Einrichtezeit gebraucht wird. Sie darf deshalb weder durch Verteilung der Einrichtezeit auf die aufgegebene Stückzahl unkenntlich gemacht, noch durch Überverdienstzuschläge verschleiert werden. (Vgl. Akkordberechnung.)

Auch für den Kalkulator selbst empfiehlt es sich, Einrichtezeit und Stückzeit stets getrennt zu halten, da er dann bei Wiederholung der Arbeiten mit anderen Stückzahlen die einmal ermittelten Werte für Einrichtezeit und Stückzeit ohne Neurechnung verwerten kann. Rationalisierung der Büroarbeit! (Vgl. auch Akkordberechnung Seite 28.)

3. Die Zeitermittlung für die Arbeitsstufe.

a) Schätzen und Überschlagen. Wir haben oben gesehen, daß der Kalkulator den Arbeitsgang festgelegt hat, für dessen einzelne Arbeitsstufen er nun die Zeitermittlung vornehmen muß. Das Verfahren, das er hierfür wählt, ist in erster Linie von der Größe des Objektes abhängig. Handelt es sich um die Herstellung eines einzelnen kleinen Stiftes, für den eine Stückzeit von 0,5 Min. erforderlich ist, wofür aber noch keine Unterlagen vorhanden sind, so wäre es unsinnig, eine genaue Rechnung von mehreren Minuten Dauer anzustellen. Für solche und ähnliche Fälle kommt das einfache freie Schätzen in Frage. Die Fehler, die hierbei entstehen, fallen nicht ins Gewicht, weil erstens die Werte an sich zu klein sind, zweitens ein Geübter für so kurze, klare Vorgänge eine genügend genaue Zeitvorstellung haben muß, so daß er sich durch kurzen Überschlag im Kopf ein ziemlich richtiges Resultat für die Dauer der wenigen erforderlichen Griffe bildet.

Schätzen oder Überschlagen kommt schließlich auf eine Zerlegung des Vorganges in bekannte Elemente und Zusammenfassung ihrer Ausführungszeit hinaus. Wer viel Erfahrung und ein gutes Gedächtnis besitzt, verfügt über gute Elemente und kann demnach auch umfangreichere Objekte gut schätzen, wobei die Vergegenwärtigung der schematisch eingeteilten Arbeitsstufe (Einrichtezeit bis Verlustzeit) außerordentlich gute Dienste leistet. Falls also das Kalkulieren überhaupt in geeigneten Händen liegt, ist das Schätzen ein durchaus brauchbares Mittel, das einzig wirtschaftliche sogar, sobald es sich um Einzelfabrikation, Handarbeit und Verluste handelt, weil man nicht hinter jeden Arbeiter einen Mann mit der Stoppuhr stellen kann, anders sich aber keine Handzeiten einwandfrei erfassen lassen.

Handelt es sich um ein größeres, schweres Arbeitsstück, von dem man noch nicht weiß, auf welcher Maschine es bearbeitet werden soll, so wird die Hauptzeit mit angenommenen, erprobten Durchschnittswerten für Vorschub, Schnittgeschwindigkeit usw. durch überschlägliche Rechnung ermittelt. Hierfür sind im Abschnitt III, 4. „Laufzeitberechnung" die erforderlichen Formeln entwickelt. Zur Erleichterung der Wahl richtiger Werte sind dort außerdem für die einzelnen Arten von Werkzeugmaschinen Betriebsdaten beigefügt, die sich wohl in allen Betrieben erreichen lassen, für die sich bei genauer Kenntnis der Arbeitsmöglichkeiten oft sogar noch günstigere Werte finden lassen. Es sind also in ihnen für die Überschlagsrechnung gewisse Sicherheiten enthalten, die den Betrieb vor mancherlei Störungen in der Arbeitsabwicklung bewahren sollen. Beachtet man, daß die Einrichtezeit und Nebenzeit, die zuweilen einen ziemlich erheblichen Teil der Gesamtzeit ausmachen, außerdem noch geschätzt werden müssen, ferner die Ausführungen Abschnitt III, 4c, S. 73—79, so kann man wohl die beiden wesentlichen Bestandteile dieser Zeitermittlungsmethode, das Schätzen und das Rechnen, unter der Bezeichnung Überschlagsrechnung oder überschlägliche Zeitermittlung zusammenfassen.

Das Anwendungsgebiet für diese Methode könnte man nach dem Arbeitsumfang etwa wie folgt zusammenfassen:

1. Die Einzelfertigung (1—3 Stück) bei kleinen, mittleren bis größeren Arbeitsstücken.
2. Kleine Stückzahlen (3—20 Stück) bei mittlerer Gesamtarbeitsdauer (ca. 500 Min.).
3. Stückzahlen bis zu 500 Stück bei sehr geringer Arbeitsdauer.

Diese Grenzen sollen aber nur mit der Einschränkung gelten, daß ihre Anwendung beschränkt bleibt auf die Fälle, in denen genauere Arbeitsunterlagen fehlen, mit mehrfacher Wiederholung des Auftrages nicht zu rechnen ist und keine Spezialeinrichtungen erforderlich sind.

Verhältnismäßig schwierig ist die Frage, welche Mittel man dem Arbeiter an der Maschine in die Hand geben soll, damit er annähernd die Werte einstellt, die der Kalkulator seiner überschläglichen Rechnung zugrunde gelegt hat. Da gerade in der Einzelfabrikation die Art der Arbeit für jede Maschine in bezug auf Größe, Werkstoff und Bearbeitungsmöglichkeit stark schwankt, müßte er bei dem heutigen Stand der Zerspanungslehre ziemlich umfangreiche Unterlagen am Platze haben. Bei der notwendigen Beschränkung erscheinen deshalb am geeignetsten die Schnittgeschwindigkeitstabellen in Form von Arbeitstafeln nach Abb. 48, Abschnitt III. Aber immerhin ist für ihre Beschaffung ein ziemlich großer Aufwand erforderlich, ferner sind solche Tabellen in der Werkstatt einem erheblichen Verschleiß unterworfen, und außerdem begegnen die Arbeiter solchen Hilfsmitteln immer noch mit großem Mißtrauen, so daß bisher von einem erfolgreichen Arbeiten damit nicht recht die Rede sein kann und dies der Zukunft überlassen bleiben muß.

b) Berechnen. Eine genaue Berechnung als direktes Zeitermittlungsverfahren ist nur für Maschinenzeiten durchführbar. Im Gegensatz zu oben wollen wir von Berechnen nur dann reden, wenn wir als Rechnungsgrößen die Drehzahlen und Vorschübe der Maschine einsetzen können, auf der die Arbeit wirklich ausgeführt wird. (Siehe III, 4a—i.)

Langhobelmaschinen.

Nº.	1	2	3	4	5	6	7	8	9	10	11	12	13	14
kz. Hub	800	600	400	400	475	230	350	200	350	400	175	200	400	250
Überlf.	240	225	300	300	250	250	110	250	175	250	150	120	250	200
Hublg.	Doppelhübe i. d. Minute.													
200								12			20	20		
3						10		9,8			13	15		17
4			8,8	8,8		8	9,2	7,8	8,5	8,2	10,5	12,5	12	13
500			7,2	7,2	8,2	6,4	7,5	6,2	7	6,8	8,4	10	10	10,6
6		6,1	6	6,1	7,1	5,35	6,4	5,15	5,9	5,8	7,1	8,8	8,3	9,1
7		5,3	5,1	5,2	6,1	4,5	5,6	4,5	5	5,3	6,1	7,5	7,3	7,7
8	4,1	4,6	4,5	4,6	5,4	4	5	4	4,5	4,8	5,45	6,6	6,5	6,8
9	3,75	4,2	4	4,1	4,8	3,6	4,5	3,55	4	4,3	4,8	5,8	5,7	6
1000	3,45	3,75	3,5	3,6	4,45	3,2	4,05	3,2	3,6	4	4,35	5,2	5,2	5,2
2	2,9	3,1	3	3,1	3,7	2,7	3,4	2,7	3,2	3,5	3,64	4,4	4,4	4,5
4	2,5	2,73	2,6	2,7	3,2	2,3	3	2,3	2,75	3,1	3,15	3,7	3,7	3,9
6	2,2	2,4	2,3	2,4	2,8	2	2,6	2,03	2,35	2,9	2,75	3,3	3,3	3,5
8	2	2,13	2,05	2,2	2,5	1,8	2,3	1,8	2,1	2,6	2,45	3	3	
2000	1,8	1,95	1,87	1,96	2,3	1,66	2,1	1,66	1,9	2,4	2,22	2,7		
2	1,65	1,76	1,74	1,78	2,1	1,5	1,9	1,5	1,73	2,2	2	2,4		
4	1,5	1,62	1,6	1,65	1,95	1,4	1,75	1,38	1,58	2	1,9	2,2		
6	1,38	1,5	1,5	1,55	1,8	1,3	1,6	1,26	1,46	1,87	1,82	2,1		
8	1,28	1,4	1,4	1,42	1,65	1,2	1,5	1,18	1,36	1,74				
3000	1,2	1,32	1,3	1,32	1,55	1,1	1,4	1,1	1,28	1,63				
2	1,12	1,24	1,2	1,22	1,45	1	1,3	1,03	1,2	1,53				
4	1,05	1,17	1,13	1,16	1,35	0,96	1,23	0,97	1,12	1,45				
6	1	1,1	1,07	1,1	1,3	0,92	1,17	0,92	1,06	1,36				
8	0,94	1,05	1	1,04	1,23	0,87	1,1	0,87						
4000	0,9	1,02	0,96	1	1,15	0,83	1,06	0,83						
2	0,85	0,97	0,92	0,95	1,1									
4	0,82	0,93	0,87	0,92	1,05									
6	0,78	0,89	0,84	0,88										
8	0,75	0,86	0,8	0,85										
5000	0,72	0,83	0,77	0,81										
2	0,69	0,79												
4	0,66	0,77												
6	0,64	0,75												
8	0,62	0,72												
6000	0,6	0,7												

Abb. 2.

Eine große Erleichterung für den Vorkalkulator wäre es natürlich, wenn die in seinem Betrieb vorhandenen Maschinen von annähernd gleicher Größe und Verwendbarkeit die gleichen Umdrehungszahlen, Vorschübe usw. hätten. Wie weit man aber bei der überaus großen Vielseitigkeit der Werkzeugmaschinen-Typen bzw. Fabrikate in großen Werken von diesem Zustand entfernt ist, geht aus der Tabelle auf S. 15 hervor, die auf Grund der Maschinenaufnahmen in einem Großbetrieb aufgestellt worden ist. Bei den 14 Langhobelmaschinen sind Unterschiede in der Zahl der minutlichen Doppelhübe von 68 % bei 800 mm Hublänge und von 75 % bei 1600 mm Hublänge vorhanden. Durch Auswechseln der Antriebsscheiben usw. lassen sich natürlich solche Unterschiede an den Werkzeugmaschinen entweder beseitigen bzw. soweit ausgleichen, daß sie im Rahmen der zulässigen Abweichungen liegen, oder es lassen sich Maschinengruppen bilden, für die der Kalkulator die Betriebswerte in der Maschinenkartei zur Hand bekommt.

Maschinenkarten sind in den letzten Jahren in vielen Ausführungen veröffentlicht worden, vgl. besonders die Maschinenkarten des Awf,[1] die unter anderem den Vorzug großer Übersichtlichkeit haben. Als Beispiele seien hier nur die Karten einer Drehbank und einer Shapingmaschine in anderer Ausführung wiedergegeben. Abb. 3—6.

Maschinenstammkarten,[2] die vorwiegend statistischen Zwecken dienen, seien hier nur der Vollständigkeit wegen genannt, dagegen sei darauf hingewiesen, daß die Maschinenkarte nicht nur ein Hilfsmittel für die Kalkulation ist, sondern auch der Arbeitsvorbereitung und dem Betriebe zu dienen hat und deshalb in mehrfacher Ausfertigung ausgeführt werden muß. Sie enthält für viele Maschinenarten Angaben, die für die Arbeitsverteilung, für den Vorrichtungs- und Werkzeugbau erforderlich sind (vgl. besonders die Maschinenkarte für Automaten im Abschnitt III), andererseits auch Daten, die der Betrieb bei der Bestellung von Ersatzteilen, zur Ausführung von Reparaturen und bei der Betriebsüberwachung benötigt.

In der Kalkulation selbst kann die Maschinenkarte verschiedenen Zwecken dienen. Einmal soll sie dem Vorkalkulator die genauen Werte geben, die an der Maschine einstellbar sind, und die in die Rechnung eingesetzt werden müssen, wenn der Voranschlag ausführbar sein soll. Das andere Mal soll sie es dem Zeitstudienbeamten ermöglichen, sich genau über die Verhältnisse an der Maschine zu unterrichten, bevor er mit der Zeitaufnahme beginnt. Kennt der Beamte die Stufung von Schnittgeschwindigkeit und Vorschub, so kann er beim Arbeiten der Maschine beurteilen, ob eine Änderung der Einstellung zweckmäßig ist. Jedenfalls muß er, um sich dem Arbeiter überlegen zu zeigen, nach Möglichkeit ein erfolgloses Experimentieren und Zurückgehen auf eine vorher eingestellte Gangart vermeiden.

Die hier als Beispiele gebrachten Maschinenkarten enthalten die wichtigsten Werte für die Kalkulation auf der Rückseite, und zwar sind hier die Zeitwerte für 10 mm Bearbeitungsbreite bzw. -länge für jede Gangart der Maschine schon ausgerechnet. Die Berechnungsart ist im Abschnitt III jeweils bei der betreffenden Maschinengattung erläutert. Die Ausstellung solcher Karten ist zwar etwas zeitraubend, sie bietet aber dem Kalkulator sowohl als auch dem Zeitstudienbeamten, die natürlich eine Person sein können, gegenüber anderen Arten im Gebrauch einige Vorteile. Sie gestattet neben dem Ablesen der fast fertigen Zeitermittlung durch ganz einfache leichte Rechnung nachzuprüfen, ob die Maschine für die gewählten Zerspanungsdaten leistungsfähig genug bzw. genügend ausgenutzt ist. Die Zahlen $q \cdot d_w$ bzw. $q \cdot v_m$[3] sind für jede Antriebsschaltung der

[1] Vgl. Refa-Mappe V-5.

[2] Vgl. Maschinenstammkarten des A. w. F.

[3] Vgl. Abschnitt III, 3, S. 39.

Maschine und für die wichtigsten Werkstoffarten das Produkt aus Werkstückdurchmesser und dem Spanquerschnitt, den die Maschine gerade noch durchzieht. Man braucht also nur den betreffenden Wert $q \cdot d_w$ durch den Werkstückdurchmesser d_w zu dividieren, um den größten Spanquerschnitt selbst zu finden. Ist z. B. für die Bearbeitung einer Welle aus Stahl 50 . 11 von 65 mm Durchmesser nach der Maschinenkarte Abb. 4 eine Drehzahl von 128 Umdr. i. d. Min. gewählt, so ist der zugehörige Wert $q \cdot d_w = 510\ \text{mm}^3$. Der größtmögliche Spanquerschnitt ist demnach $q = \frac{q \cdot d_w}{d_w} = \frac{510}{65} = 7{,}85\ \text{mm}^2$. (Vgl. S. 39).

Mit Rücksicht auf die leider noch ziemlich unsicheren Werte für Zerspanungswiderstand, zulässige Riemenbelastung und Wirkungsgrad braucht man, falls ein Interpolieren erforderlich wird, nicht ängstlich zu sein, sondern soll in dem Verfahren eine näherungsweise Überprüfung erblicken. Auf diese Weise wird es jedenfalls auch dem weniger geschulten Kalkulator möglich, im Bedarfsfalle (große Stückzahlen, lohnende Objekte) seine Zeitberechnung der größten Leistungsfähigkeit der Maschine anzupassen. Die vollständige Beherrschung dieser Leistungsberechnung braucht man also nur von dem Bearbeiter der Maschinenkarte zu verlangen.

Es muß hier ausdrücklich betont werden, daß man natürlich mit der Belastung der Maschine nach der Leistungsberechnung vorsichtig sein muß, weil in sehr vielen Fällen nicht allein die Durchzugskraft des Riemens maßgebend für die Wahl der Zerspanungsleistung sein darf, sondern auch die Stabilität, die Ein- bzw. Aufspannmöglichkeiten für die Werkstücke oder die verlangte Oberflächenbeschaffenheit. Ist an sich die Durchrechnung nur lohnend bei langen Laufzeiten, schweren Arbeiten oder großen Stückzahlen, so trifft dies in weit höherem Maße für die Beschaffung von Vorrichtungen und Hilfsmitteln zu, die in solchen Fällen erst eine vollständige Ausnutzung der Maschine ermöglichen.

Wie oben angedeutet, sind nur die Maschinenzeiten der exakten Berechnung zugänglich. Grundzeiten rein rechnerisch zu ermitteln, ist demnach nur möglich, wenn auch sämtliche Nebenzeiten Maschinenzeiten sind. Das kommt aber nur bei Automaten vor, falls man Stangen- und Stahlwechsel zur Verlustzeit rechnet. In der Praxis kann man nun leider immer noch finden, daß gerade bei diesen Maschinen, bei denen eine genaue Berechnung der gesamten Grundzeit nicht nur möglich, sondern wegen der großen Stückzahlen erforderlich ist, am allerwenigsten gerechnet wird, daß man sich vielmehr damit begnügt, die Zeiten so zu übernehmen, wie sie der Einrichter nach dem Einrichten der Maschine vorführt. Verfahren zur Vorausberechnung der Grundzeiten für Automaten sind deshalb im Abschnitt III Seite 102 bis 117 angedeutet.

Zusammenfassend kann man sagen, daß für die genaue Berechnung folgende Gebiete in Frage kommen:

1. Einzelfertigung (1—3 Stück) bei großen und größten Stücken.
2. Einzelfertigung (1—3 Stück) bei mittleren bis größeren Stücken, wenn mit dauernder Wiederholung zu rechnen ist.
3. Kleine Stückzahlen (4—20 Stück) bei g r ö ß e r e r Gesamtarbeitsdauer ($>$ 500 Min.).
4. Kleine Stückzahlen (4—20 Stück) bei m i t t l e r e r Gesamtarbeitsdauer (ca. 500 Min.), wenn mit mehrfacher Wiederholung zu rechnen ist.
5. Stückzahlen über 20 Stück, auch bei k l e i n e r Arbeitsdauer, wenn mit mehrfacher Wiederholung zu rechnen ist.
6. Große Stückzahlen ($>$ 1000) auch bei sehr kleiner Arbeitsdauer (Automaten).

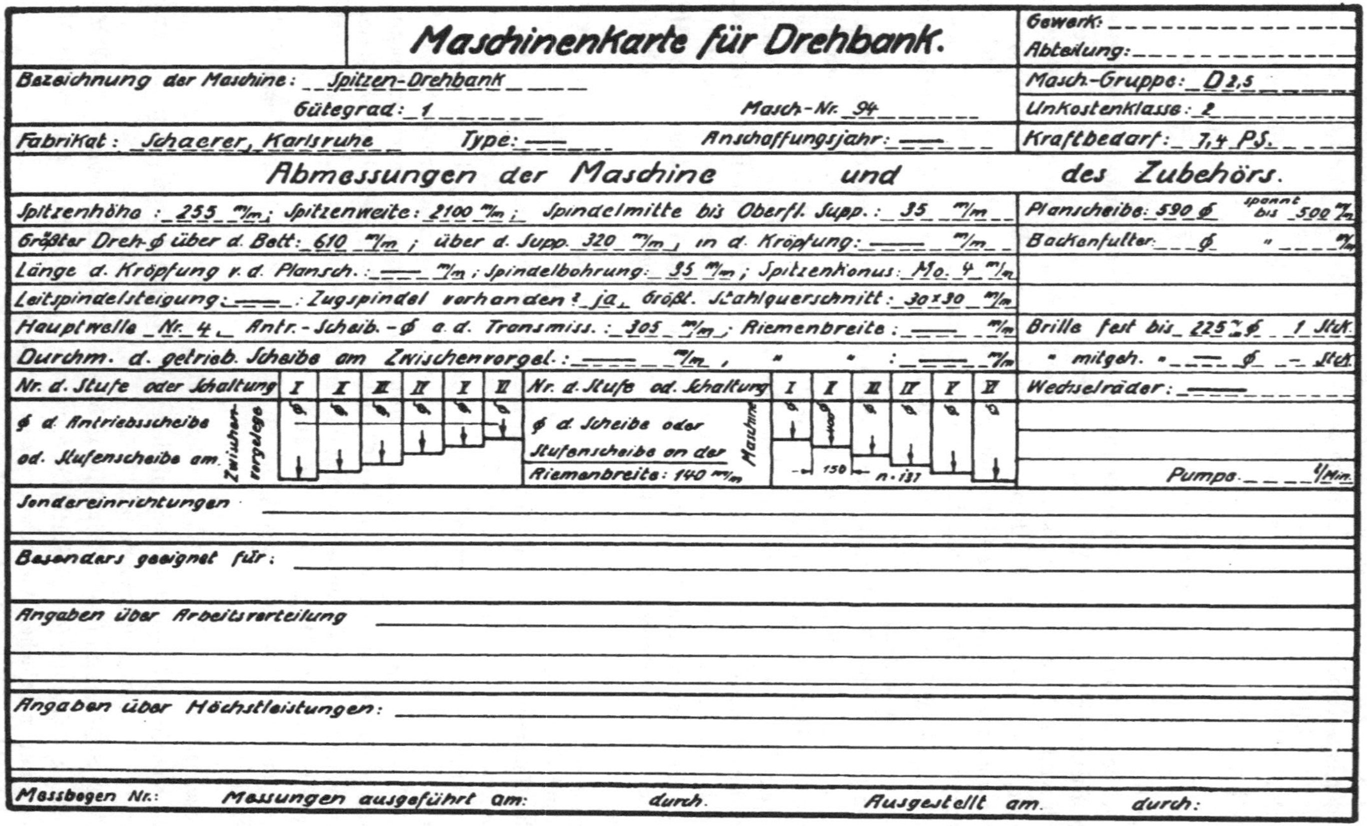

Maschinenkarte für Drehbank.

Gewerk: ______
Abteilung: ______

Bezeichnung der Maschine: Spitzen-Drehbank
Gütegrad: 1
Masch-Nr. 94
Masch-Gruppe: D 2,5
Unkostenklasse: 2

Fabrikat: Schaerer, Karlsruhe — Type: —— — Anschaffungsjahr: ——
Kraftbedarf: 7,4 PS.

Abmessungen der Maschine und des Zubehörs.

Spitzenhöhe: 255 m/m; Spitzenweite: 2100 m/m; Spindelmitte bis Oberfl. Supp.: 35 m/m
Planscheibe: 590 ∅ spannt bis 500 m/m
Größter Dreh-∅ über d. Bett: 610 m/m; über d. Supp. 320 m/m; in d. Kröpfung: —— m/m
Backenfutter: — ∅ " —— m/m
Länge d. Kröpfung v. d. Plansch.: —— m/m; Spindelbohrung: 35 m/m; Spitzenkonus: Mo. 4 m/m
Leitspindelsteigung: ——; Zugspindel vorhanden? ja; Größt. Stahlquerschnitt: 30 × 30 m/m
Hauptwelle Nr. 4; Antr.-Scheib.-∅ a. d. Transmiss.: 305 m/m; Riemenbreite: —— m/m
Brille fest bis 225 m/m ∅ 1 Stck.
Durchm. d. getrieb. Scheibe am Zwischenvorgel.: —— m/m, " ": —— m/m
" mitgeh. " —— ∅ — Stck.

Nr. d. Stufe oder Schaltung		I	I	II	IV	V	VI	Nr. d. Stufe od. Schaltung		I	I	II	IV	V	VI
∅ d. Antriebsscheibe od. Stufenscheibe am	Zwischenvorgelege	∅	∅	∅	∅	∅	∅	∅ d. Scheibe oder Stufenscheibe an der Riemenbreite: 140 m/m	Maschine	∅	∅ 400	∅	∅	∅	∅
											150	n = 137			

Wechselräder: ——
Pumpe: —— l/Min.

Sondereinrichtungen

Besonders geeignet für:

Angaben über Arbeitsverteilung

Angaben über Höchstleistungen:

Messbogen Nr.: — Messungen ausgeführt am: — durch. — Ausgestellt am — durch:

Abb. 3. Maschinenkarte für Drehbank. Vorderseite.

Bemerkungen: q = größtmöglicher Spanquerschnitt, d_w = Werkstück-Φ									$\eta_1 = 0{,}81$; $\eta_2 = 0{,}73$
Stuf.-Faktor	1,32	1,3	1,3	1,48		1,32	1,3	1,3	
v_R in m/sek		2,88							
Umdr. d. Arbeitsspindel pr. Min.	220	167	128	98		66	50	38,5	29,5
Kz ↓ / Schaltung od. Stufe → ($q \cdot d_w$)	1. Vorgelege					2. Vorgelege			
40	387	510	665	870		1160	1540	2000	2600
50	298	392	510	670		892	1180	1540	2000
60	242	320	415	544		725	965	1250	1630
70	198	262	340	446		595	790	1025	1330
80	168	222	290	378		505	670	870	1130
90	143	189	246	322		430	570	740	965
100	120	160	208	272		362	480	626	815
Schaltung	Zeit in Min. für 10 m/m Drehlänge								
Längsvorschub pr. Umdr. 0.25	0.182	0.240	0.312	0.410		0.606	0.800	1.040	1.360
0.50	0.091	0.120	0.156	0.205		0.303	0.400	0.520	0.680
1.00	0.046	0.060	0.078	0.103		0.152	0.200	0.260	0.340
1.50	0.031	0.040	0.052	0.068		0.101	0.133	0.173	0.227
2.00	0.023	0.030	0.039	0.052		0.076	0.100	0.130	0.170
Planvorschub pr. Umdr. 0.1	0.454	0.60	0.78	1.02		1.52	2.00	2.60	3.40
0.2	0.227	0.30	0.390	0.51		0.76	1.00	1.30	1.70
0.4	0.114	0.15	0.195	0.255		0.38	0.50	0.65	0.85
0.6	0.076	0.10	0.130	0.170		0.25	0.333	0.433	0.566
0.8	0.057	0.075	0.098	0.128		0.19	0.250	0.325	0.425

Abb. 4. Maschinenkarte für Drehbank. Rückseite.

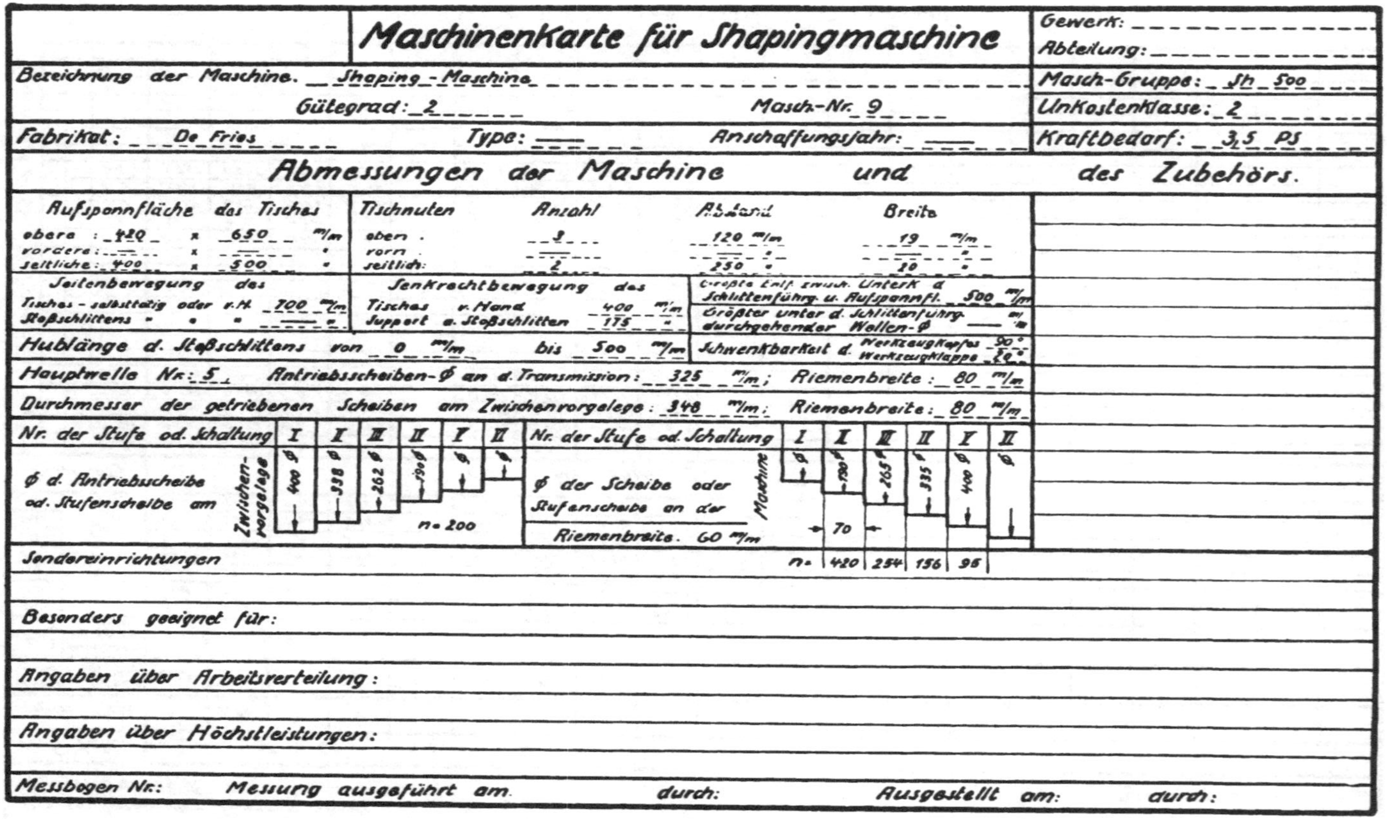

Maschinenkarte für Shapingmaschine

Gewerk:
Abteilung:

Bezeichnung der Maschine. Shaping-Maschine
Masch.-Gruppe: Sh 500
Gütegrad: 2
Masch.-Nr. 9
Unkostenklasse: 2
Fabrikat: De Fries
Type: ——
Anschaffungsjahr: ——
Kraftbedarf: 3,5 PS

Abmessungen der Maschine und des Zubehörs.

Aufspannfläche des Tisches			Tischnuten	Anzahl	Abstand	Breite
obere:	420 × 650	m/m	oben:	3	120 m/m	19 m/m
vordere:	— × —	"	vorn:	—	— "	— "
seitliche:	400 × 500	"	seitlich:	2	250 "	20 "

Seitenbewegung des Tisches – selbsttätig oder v. H. 700 m/m; Stoßschlittens " " " —— "
Senkrechtbewegung des Tisches v. Hand 400 m/m; Support a. Stoßschlitten 175 "
Größte Entf. zwisch. Unterk. d. Schlittenführg. u. Aufspannfl. 500 m/m
Größter unter d. Schlittenführg. durchgehender Wellen-Ø —— m/m
Hublänge d. Stoßschlittens von 0 m/m bis 500 m/m
Schwenkbarkeit d. Werkzeugkopfes 90°, Werkzeugklappe 20°
Hauptwelle Nr.: 5; Antriebsscheiben-Ø an d. Transmission: 325 m/m; Riemenbreite: 80 m/m
Durchmesser der getriebenen Scheiben am Zwischenvorgelege: 348 m/m; Riemenbreite: 80 m/m

Nr. der Stufe od. Schaltung	I	II	III	IV	V	VI
Ø d. Antriebsscheibe od. Stufenscheibe am Zwischenvorgelege	400 Ø	338 Ø	262 Ø	190 Ø	Ø	Ø

n = 200

Nr. der Stufe od. Schaltung	I	II	III	IV	V	VI
Ø der Scheibe oder Stufenscheibe an der Maschine	Ø	190 Ø	265 Ø	335 Ø	400 Ø	Ø
n =		420	254	156	95	

Riemenbreite 60 m/m; 70

Sondereinrichtungen

Besonders geeignet für:

Angaben über Arbeitsverteilung:

Angaben über Höchstleistungen:

Messbogen Nr.: Messung ausgeführt am: durch: Ausgestellt am: durch:

Abb. 5. Maschinenkarte für Shapingmaschine. Vorderseite.

Bemerkung:

q = größtmöglicher Spanquerschnitt in mm²

V_{am} = mittlere Schnittgeschwindigkeit in m/Min

V_h in m/sek			2,0	2,7	3,5	4,2				
Stufungsfaktor			1.66	1.65	1.65					
Doppel-Hübe n pro Min. →			10	16.6	27	44.5				
K_z ↓	Stufe oder Schaltg.		I	II	III	IV				
40	$q \cdot V_{am}$		53	74	93	100				
50			40	56	72	85				
60			33	46	59	69				
70			27	38	48	56				
80			23	32	41	48				
90			19.5	27	35	41				
100			16.5	23	29	34				
			Zeit für 10 m/m Hobelbreite							
Vorschub u. Anzahl d. Sperradzähne, horizontal	1	0.3	3.33	2.00	1.23	0.75				
	2	0.6	1.67	1.00	0.62	0.37				
	3	0.9	1.11	0.67	0.41	0.25				
	4	1.2	0.84	0.50	0.31	0.19				
vertikal										

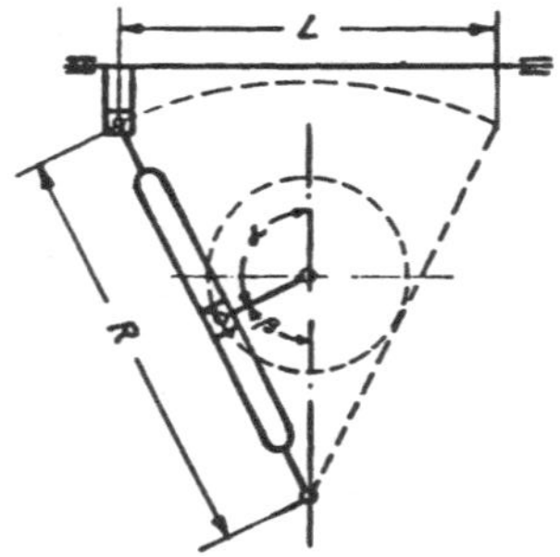

$R = 1150$ m/m

$\eta = 0.7$

n →	10	16,6	27	44.5				
Hub ↓	Werte für V_{am} in m/Min.							
50	1	1.6	2.7	4.4				
100	2	3.2	5.3	8.6				
150	2,9	4.8	7.8	13				
200	3,8	6.4	10.2	16,8				
250	4,7	7.8	12.5	20,5				
300	5,5	9,2	15	24.5				
350	6,4	10,5	17.2	28				
400	7,2	12	19,5	32				
450	8	13	21,5	36				
500	8,8	14.5	23,5	39				
550								
600								
650								
700								

Abb. 6. Maschinenkarte für Shapingmaschine. Rückseite.

In allen Fällen ist es hierbei erforderlich, der Werkstatt die Unterlagen in die Hand zu geben, die die Einhaltung der errechneten Zeiten gewährleisten. Zuweilen genügt die Angabe von Drehzahl und Vorschub bzw. der Schaltung der Maschinen, die der Maschinenkarte entnommen wird. Ist aber die Verwendung von Hilfsmitteln wie Lünetten, Spannstücken, Unterlagen, Kühlmitteln und Vorrichtungen aller Art vorgesehen, so muß dies außerdem mindestens aus dem Text des Akkordscheins hervorgehen. Besser sind gesonderte Arbeitsanweisungen, die bei Automaten und Spezialmaschinen bis zum sorgfältig ausgearbeiteten Einstellplan ausgebildet sein müssen. Auch hier gilt natürlich als oberster Grundsatz, daß die Aufwendungen an Arbeitsvorbereitung dem Umfang der Arbeit selbst und dementsprechend dem zu erwartenden Erfolg angepaßt sein müssen.

c) Messen. Das Messen von Bearbeitungszeiten in der Werkstatt ist uralt und bildet die Grundlage sämtlicher Erfahrungswerte. Genügte aber ehemals als Meßmittel oft der Kalender, so möchte man bei den heute erforderlichen Genauigkeiten zuweilen glauben, daß die moderne Stoppuhr mit ihren hundertstel Minuten noch nicht ausreicht. In der allgemeinen technischen Entwicklung der Betriebe haben sich also die Meßmittel und Maßeinheiten den Erfordernissen ziemlich gleichmäßig angepaßt. Eine Umwälzung ist allerdings in den Meßmethoden eingetreten.

Als Methoden seien hier nur bezeichnet: das „Abstoppen" und die „Zeitaufnahme" als Teil der Zeit- bzw. Produktionsstudie.

Das „Abstoppen" ist ein Zeitmeßverfahren mittels Stoppuhr, welches in der Zeit, wo man die Schwierigkeiten der Kalkulation noch nicht genügend würdigte und den wenig vorgebildeten Kalkulator sich selbst und seinen Nöten überließ, einen üblen Beigeschmack bekommen hat. Es wurde nämlich häufig dazu mißbraucht, losgelöst von jeder Betriebsbeobachtung und Arbeitsunterlage, nur dort auszuhelfen, wo die Rechenkünste versagten, wo mit oder ohne Grund dem Arbeiter, der eigenen Fachkenntnis bzw. Rechnung mißtraut und deshalb zur Heimlichkeit geschritten wurde (heimliches Abstoppen mit der Uhr in der Tasche). Von einer Beobachtung der gesamten Arbeit zwecks Messung und Auftragung der rechnerisch nicht erfaßbaren Zeiten für Arbeitselemente und Verluste sowie Bildung von Durchschnittswerten war hierbei kaum die Rede. Der Erfolg dieser Arbeitsmethode ist der teilweise noch heute bestehende Kriegszustand zwischen Kalkulator und Arbeiter bzw. Betrieb.

Was ist dagegen die Zeitstudie ?[1]

Die Zeitstudie ist ein Mittel der wissenschaftlichen Betriebsführung zur Rationalisierung des Produktionsprozesses und besteht aus:

1. Zerlegung der Arbeitsstufe in meßbar kleine Einzelvorgänge.
2. Messen und Festlegen der Zeiten für diese Arbeitselemente durch Zeitaufnahme.
3. Studium der analysierten Zeiten:
   a) Prüfung auf Ausnutzung von Maschine, Werkzeug und Bedienung.
   b) Folgerungen aus Zeitschwankungen und absoluten Zeiten auf Beschaffenheit von Arbeitsplatz, Arbeitsstück, Vorrichtung oder Betriebsorganisation.
4. Versuchen mit Maschinen, Werkzeugen und Hilfsmitteln zur Festlegung von Höchstleistungen und Arbeitsmöglichkeiten.
5. Aufstellung eines verbesserten Arbeitsplanes.
6. Endgültiger Zeitaufnahme und Auswertung.

Welche Hilfsmittel müssen für die Durchführung von Zeitstudien zur Verfügung stehen?

---

[1] Vgl. Michel, Wie macht man Zeitstudien.

Zeitaufnahme.

Gegenstand. Stiftbundschrb. 3/4"

Werkstoff. St. 34.11, 30 ⌀ gez.

Lfd Nr.	Arbeitsfolge.	L	a	s	n oder V	1.	2.	3.	4.	5.	6.	7.
1.	Mat. vorsch. u. spannen (Zweilspannfutt.)					12 0,12	13 68	12 5,05	14 49	12 91	12 44	14 83
2.	schalten u. anstellen					11 23	10 78	10 15	11 60	12 10,03	10 54	10 93
3.	Schaft u. Ansatz vordreh.	49	4,5	0,17	455	68 91	69 3,47	68 83	70 8,30	70 73	68 13,22	69 15,62
4.	schalten u. anstellen					10 1,01	10 57	11 94	10 40	9 82	10 32	11 73
5.	Nute einstech., schlichten		v. Hand			25 26	16 73	14 6,08	13 53	15 97	14 46	15 88
6.	schalten u. anstellen					9 35	8 81	9 17	9 62	10 11,07	9 55	9 97
7.	Ansatz nachdrehen	18	0,25	0,25	455	13 48	14 95	13 30	13 75	15 22	13 68	14 16,11
8.	andrücken		v. Hand			4 52	3 98	4 34	3 78	5 27	3 71	3 14
9.	schalten u. anstellen					10 62	8 4,06	8 42	9 87	10 37	9 80	10 ×17,61
10.	Gew. schneid. 3/4" (Schneidkopf)				92	12 74	13 19	13 15	12 99	12 49	13 93	12 73
11.	schalten u. anstellen					11 85	10 29	10 65	11 9,10	12 61	11 14,04	10 83
12.	abstechen		v. Hand		455	64 2,49	59 88	63 7,28	61 71	64 12,25	60 64	63 18,46
13.	ablegen u. schalten					6 55	5 93	7 35	8 79	7 32	5 69	5 51

Betrieb: Kleindreherei
Meisterei: 27.
Maschine: Rev.-drehbk.
Invent.-Nr: 1768.
Kühlmittel: [illegible]
Arbeiter: Schulze

Aufgenommen: 2.6.23.
Gerechnet: 3.6.
Geprüft: M.

×Unterbrechungen.

Stück-Nr.	von	bis	Ursache
7	16,14	17,51	Messen und Stah[l]
9	22,65	23,40	" " Schnei[d]
10	25,88	26,54	" "

Siegerist, Die moderne Vorkalkulation VII. Aufl.

Arbeitsstufe.	Auftrag.	Zeichnungs-Nr.
…nite drehen u. schneid.	XYZ.	67 331.

…ufgenommenen Stückes.

10.	11.	12.	13.	14.	15.	16.	17.	18.	19.	20.	Quer-Summe	Mittelwert Hand.	Mittelwert Masch.	Abweich.
13	12	13	14	13	12						1,89	0,126	—	1,14
34	45	86	37	80	25									
12	9	11	10	9	12						1,58	0,105	—	1,17
46	54	97	47	89	37									
69	68	70	69	69	68						10,35	—	0,69	—
25,15	28,22	30,67	33,16	35,58	38,05									
11	11	10	9	11	11						1,53	0,102	—	1,13
26	33	77	25	69	16									
13	13	14	15	14	15						2,04	0,146	—	1,12
39	46	91	40	83	31									
9	10	10	9	10	9						1,38	0,092	—	1,15
48	56	31,01	49	93	40									
14	14	13	14	13	15						2,04	—	0,136	—
62	70	.14	63	36,06	55									
3	5	3	3	4	4						0,55	0,037	—	1,23
65	75	17	66	10	59									
10	9	11	9	8	9						1,41	0,094	—	1,17
75	84	28	75	18	68									
13	12	12	13	14	12						1,88	—	0,125	—
88	96	40	88	32	80									
10	11	10	10	9	10						1,54	0,103	—	1,15
26,64	29,07	50	98	41	90									
63	60	68	62	66	61						9,43	0,630	—	1,07
27,27	67	32,18	34,60	37,07	39,51									
6	6	5	7	6	6						0,92	0,061	—	1,22
33	73	23	67	13	57									

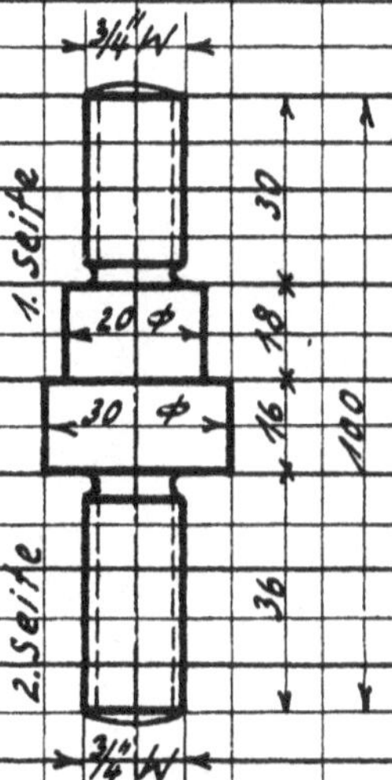

L = Länge, a = Spantiefe, s = Vorschub, n = Umdr., v = Schnittgeschwind. m/Min

	Summen:	1,496	0,951
	Zuschläge für Mat. einlegen:		
Uhr	3500 : 110 = ~30 Stck/Stange = 2:30 = =	0,067	
	Stähle schleifen = 4·3 = 12 je 100 Stck = =	0,120	
	Messen 0,35 je 6 Stck = =	0,060	
	Leistungsgrad d. Arbeiters 1,12	1,743	1,950
	Verlustzeit t_v = 20 %; Grundzeit t_g = 2,901		
	Stückzeit $t_{st} = t_g\left(1+\frac{v}{100}\right) = \sim 3{,}5$ Min.		

Arb.-Stufe: 1. Teil. dr. u. sch.

Auftrag: XYZ, 67331.

Abb. 7. Beobachtungsbogen.

1. Zu informatorischen Zwecken die Konstruktionszeichnung, der Bauplan, die Werkstattzeichnung und die Abnahmevorschrift.
2. Eine vollständige Maschinenkartei.
3. Meßmittel wie Stoppuhr (Zeitschreiber), Geschwindigkeitsmesser, Tachometer, Aufnahmebogen und -brett, für besondere Zwecke die Einrichtung für Messen mittels photographischer Aufnahme und Zeitlupenverfahrens.
4. Kalkulationsmittel in Form von Tabellen, Apparaten u. dgl., Literatur und Katalogen.
5. Nach Möglichkeit eine Versuchswerkstatt, die die Aufstellung jeder Art von Arbeitsmaschinen gestattet, mit den erforderlichen Kraftanschlüssen, einigen ständigen Versuchs- und Hilfsmaschinen, speziellen Meßvorrichtungen für Leistung oder Antriebskraft und mindestens einem zuverlässigen, gut bezahlten Arbeiter, der jede vorkommende Maschine einrichten und bedienen kann und für jede Art von Hilfeleistungen bei Versuchen geeignet ist.

Für die Durchführung von Zeitstudien in diesem Rahmen sollten nur erste Fachleute mit guter technischer Bildung verwendet werden. Dem ganz erheblichen Aufwand entsprechend kommen sie natürlich nur für oft wiederkehrende Serien- oder große Massenanfertigung in Frage.

In vielen Betrieben sind nun leider die einzelnen Funktionen, die zu einer vollständigen Zeitstudie gehören, auf die verschiedensten Dienststellen verteilt, obgleich sie am zweckmäßigsten von einer der Kalkulation angegliederten besonderen Zeitstudienstelle aus erledigt würden. Unabhängig von der Betriebsorganisation ist dagegen das Zeitmeßverfahren, die Zeitaufnahme selbst.

Die **„Zeitaufnahme“** soll das einwandfreie Meßverfahren für Arbeitszeiten sein, das bei offenem Messen mit der Stoppuhr alles erfaßt, was zur Arbeitsstufe gehört, und in solcher Form wiedergibt, daß Teilarbeiten ihrem Umfang nach eindeutig bestimmt und Durchschnittszeiten hierfür ganz oder teilweise zur Sammlung und Zusammensetzung von Zeiten verwendet werden können.

Wenn diese Forderungen erfüllt werden sollen, so gehört zur Aufnahme eine gute, übersichtliche Stoppuhr mit Unterteilung der Minute in 100 Teile, wie sie heute als Industriestoppuhr von ersten Firmen hergestellt wird und überall erhältlich ist. (Vgl. Betrieb, Heft 10, Seite 332 „Die Stoppuhr, ein Meßmittel für Arbeitszeiten in der Industrie“.)

Es gehört ferner zur Aufnahme ein Vordruck für die Eintragung der Beobachtungen, der so ausgearbeitet sein muß, daß er alle für ein Protokoll wichtigen Angaben vorsieht, sowie die rechnerische Bearbeitung erleichtert. (Vgl. Beobachtungsbogen des AwF oder eine andere Ausführung in Abb. 7.)

Die meßbar kleinen Einzelvorgänge einer Arbeitsstufe werden in der Reihenfolge ihrer Erledigung untereinander geschrieben, daneben ist für die Eintragung der Zeiten so viel Raum vorgesehen, daß 20 Arbeitsstücke hintereinander beobachtet, daß also gute Durchschnittswerte ermittelt werden können. Die Zeiten werden als „fortlaufende“ Zeiten in die untere Hälfte der betreffenden Zeile eingetragen, d. h., es wird die bei Beginn der Beobachtung in Gang gesetzte Uhr bei Beendigung der Einzelvorgänge bzw. des ersten Arbeitsstückes nicht angehalten, sondern es wird nur die Zeigerstellung abgelesen und aufgeschrieben. Bei Beendigung des zweiten Einzelvorganges zeigt die Uhr dann die Summe der beiden ersten Einzelzeiten an usw. Gebraucht man nun für die Auswertung der Aufnahme die Einzelzeiten selbst, so ist die Differenz zweier aufeinanderfolgender Ablesungen zu bilden, deren Zahlenwert die Einzelzeit ist, und die man der Übersichtlichkeit wegen am besten rot über die Ablesung in die obere Hälfte der Zeile schreibt.

Das Aufschreiben der fortschreitenden Zeit hat folgende Vorteile:

1. Zwischen zwei Ablesungen kann durch Abstoppen keine Zeit verlorengehen.
2. Am Schluß der Aufnahme hat man die Gesamtzeit der Beobachtung und kann somit später eine Probe auf die Richtigkeit der rechnerischen Auswertung machen.
3. Man kann wegen der Einfachheit des Verfahrens die Zeiten für sehr kurze Griffe beobachten und selbst aufschreiben.

Falls nicht mehr als drei sehr kurze Zeiten aufeinander folgen, kann ein Mann auf diese Weise noch Zeiten von 0,02 Min. messen und selber aufschreiben. Kommt eine stärkere Folge sehr kurzer Zeiten in Frage, so empfiehlt es sich, einen Zeitnehmer beobachten und einen anderen aufschreiben zu lassen. Das wichtigste aber für die Zeitaufnahme ist ein geeigneter Beamter (vgl. Abschnitt I, Seite 10).

Das richtige Erfassen der Bewegungen des Arbeiters, der Maschine und das gleichzeitige bzw. umgehende Ablesen der Zeigerstellung erfordert äußerste Aufmerksamkeit des Zeitnehmers und große Übung. Zur Entlastung der Augen und Erhöhung der Genauigkeit seiner Messung gewöhne er sich deshalb beizeiten daran, wo irgend möglich, akustische Merkmale zu Hilfe zu nehmen: Einschlagen eines Indexes, Ausfallen einer Schnecke, Beginn oder Aufhören von Stahlkratzen und -pfeifen, Aufschlagen von Werkzeugen und Werkstücken beim Ablegen usw. Man sei vorsichtig bei der Beurteilung der Aufnahmen von Anfängern, da hier die Ablesefehler meist größer sind als die tatsächlichen Zeitschwankungen bei den mehrfach wiederholten Griffen usw. von eingearbeiteten Arbeitern. Um den Anfänger vor Mißerfolgen zu bewahren, lasse man ihn die Unterteilung nicht zu weit treiben, sondern begnüge sich zuerst damit, die Hauptzeiten sauber getrennt von den Nebenzeiten aufnehmen zu lassen. Bei einer Schraube auf der Revolverdrehbank würde etwa folgende Unterteilung für den Anfang genügen: 1. schalten, Material vorschieben und spannen, 2. überdrehen, 3. Support zurückführen, schalten, anstellen, 4. Gewinde schneiden, 5. Support zurückführen, schalten, anstellen, 6. Fase vorstechen, 7. schalten, anstellen, 8. abstechen. Erst bei größerer Übung des Zeitnehmers lege man Wert auf saubere Trennung der Griffe, soweit dies bei Arbeitern, die mit zwei Händen arbeiten, möglich ist.

Für die Beurteilung der Arbeit sowohl als auch für die Herauslösung von Werten für die Griffzeitsammlung ist nun in jedem Falle erst die rechnerische Bearbeitung der Aufnahme erforderlich. Man beginnt mit der Errechnung der Einzelzeiten (s. o.). Die in einer wagerechten Zeile stehenden roten Zahlen sind die Einzelzeiten für die gleichen Griffe oder Arbeitselemente bei den verschiedenen aufgenommenen Stücken und weisen gewisse Schwankungen auf. Kommen hierbei Werte vor, die sehr stark von den anderen abweichen, so kann ein Ablesefehler des Zeitnehmers vorliegen, die Zeit kann eine Störung der normalen Abwicklung enthalten od. dgl., was sich aber nachträglich nicht ohne weiteres nachprüfen läßt. Solche Werte werden gestrichen und das Mittel nur aus den übrig bleibenden gebildet.

Vorausgesetzt, daß die Arbeit von einem eingearbeiteten Mann ausgeführt wird, läßt sich aus der Höhe der durchschnittlichen Schwankungen der Handzeiten auf die Arbeitsbedingungen (Maschineneinrichtung, Werkzeug, Arbeitsplatz, Werkstoff usw.) schließen. Je kleiner die Schwankung, desto besser sind die Arbeitsbedingungen durchgebildet. Als Maßstab hierfür setzt man den Mittelwert der Handzeiten ins Verhältnis zur kleinsten als normal anzusprechenden Einzelzeit der Zeile (Minimum) und erhält jeweils einen Faktor, den man auf zwei Stellen hinter dem Komma abrundet. Letztere stellen dann die Abweichung in Prozenten vom Minimum dar. (Vgl. Einzelabweichung, Refa-Mappe VI-1 bzw. Michel „Wie macht man Zeitstudien".) In der Reihenfertigung sollen Schwankungen von mehr als 30 % nicht vorkommen.

Hat man Zeitaufnahmen vorliegen für Arbeiten, denen stets die gleichen und erprobten Bedingungen zugrunde liegen, wie allgemeine Arbeiten an typisierten Werkzeugmaschinen, so kann man auch die Schwankungen zur Beurteilung des Arbeiters mit heranziehen. Durch Addition der Abweichungen für die Teilarbeiten und Division durch die Anzahl derselben erhält man den mittleren Schwankungsfaktor für die ganze Arbeitsstufe.

Soweit müßte jede Arbeit ausgewertet werden, wenn sie zur Beurteilung des Arbeitsverfahrens bzw. des Arbeiters dienen soll. Für die Ermittlung der Arbeitszeit genügt in den meisten Fällen die Addition der Mittelwerte für Hand- und Maschinenzeiten unter Berücksichtigung der Zuschläge für Werkstoff ergänzen, Werkzeuge schleifen oder ähnliches, was bei der Aufnahme nicht erfaßt werden konnte. Ferner ist der Leistungsgrad des Arbeiters in Rechnung zu setzen. Hierzu sei noch folgendes bemerkt:

Zeitaufnahmen sollen nach Möglichkeit nur bei eingearbeiteten Arbeitern vorgenommen werden, besonders wenn man auf die Erfassung von Zeiten für Arbeitselemente Wert legt, die als Zeitnormen verwendet werden sollen. Ein geübter Zeitnehmer kann wohl ziemlich genau schätzen, wieviel Prozent der Leistungsgrad eines guten Arbeiters besser ist als der Durchschnitt seiner Werkstatt, aber die Beurteilung eines Stümpers oder Simulanten bringt meistens Unsicherheit in die Rechnung hinein. Den Leistungsgrad eines eingearbeiteten Durchschnittsarbeiters bezeichnet man zweckmäßig mit 1. Ist die Leistung eines Arbeiters 10 % höher, so wäre sein Leistungsgrad entsprechend mit 1,1 zu beziffern, ist umgekehrt die Leistung 10 % geringer, so wäre der Leistungsgrad 0,9. Nach obigen Ausführungen schließe man, wenn irgend möglich, Leute, deren Leistungsgrad von vornherein geringer als 1 zu bewerten ist, von der Zeitaufnahme aus.

Somit ist es möglich, aus der Zeitaufnahme die Grundzeit zu errechnen, wie es auch auf dem Aufnahmebogen Abb. 7 durchgeführt ist. Weitere Akkordberechnung siehe Abschnitt II, 4, S. 27 ff.

Auf die Auswertung der Zeitaufnahmen nach der reinen Minimamethode einzugehen, sei hier verzichtet, sondern nur auf die ausführliche Literatur hingewiesen: Michel „Wie macht man Zeitstudien“, Hegner „Lehrbuch der Vorkalkulation von Bearbeitungszeiten“, Refa-Mappe VI-1 und AwF „Grundlagen der Arbeitsvorbereitung, Zeitstudien“, Beuth-Verlag. Ebensowenig sei darauf eingegangen, in welcher Weise die photographischen Verfahren zu Bewegungsstudien usw. ausgebaut werden können, da dies nicht mehr in das Arbeitsgebiet einer Vorkalkulation gehört.

Nach vorstehenden Ausführungen ist wohl zu unterscheiden zwischen der Zeitstudie als Rationalisierungsmittel und der Zeitaufnahme als Zeitmeßverfahren. Der Kalkulator, der zur Akkordberechnung für einen weniger umfangreichen Auftrag Zeiten aufnehmen will, soll nicht erst eine Aufnahme machen, dann rationalisieren, wieder aufnehmen usw., sondern er soll sich von vornherein die Arbeitsmethode kritisch betrachten, die ihm auffallenden Mängel, soweit es möglich ist, sofort abstellen und gleich seine endgültige Aufnahme vornehmen. Der Erfolg wird um so größer sein, je gründlicher er sich an Hand der Maschinenkarte und sonstiger Unterlagen auf die Aufnahme vorbereitet. (Vgl. Abschnitt II, 3 b, S. 16.)

Sollen die Zeiten systematisch für ein ganzes Fabrikat oder eine Gruppe aufgenommen werden, so empfiehlt es sich, bei den Zusammenbauarbeiten anzufangen und nach Möglichkeit hierbei dieselben Zeitnehmer zu verwenden, die die Teilfabrikation nachher zu bearbeiten haben. Sie lernen genau die Bestimmung der Teile kennen, vor allem das, „worauf es beim Stück nicht ankommt“, wo also eventuell bei der Teilfertigung gespart werden kann. Ist dies bei kleinen Serien nicht möglich, so gebe man auf jeden Fall dem Kalkulator Gelegenheit, sich an Hand der Konstruktions- bzw. Zusammenbauzeichnungen zu unterrichten.

Ein nicht zu unterschätzender Vorteil der Zeitaufnahme ist es, daß sie gleichsam als Nebenprodukt handgreifliche Unterlagen für die Bemessung der Verlustzeiten liefert, was natürlich durch spezielle Zeitaufnahmen stark gefördert werden kann. Man führe z. B. für eine genügend große Anzahl von aufgenommenen Maschinenzeiten mit den eingestellten Maschinendaten die rechnerische Zeitermittlung durch, und man erhält durch Vergleichen der Ergebnisse Anhaltspunkte dafür, wie hoch Riemenschlupf und Unregelmäßigkeiten in den Stücklängen bei der Berechnung von Laufzeiten durch Zuschläge zu bewerten sind.

Unter dem Gesichtswinkel der Verlustzeiterfassung und -bekämpfung sind auch alle Unterbrechungen bei Zeitaufnahmen genügend zu beachten und zu bewerten und nicht nur als lästige Störung des Aufnehmers zu behandeln. Denn gerade bei der Beseitigung der Anlässe für Unterbrechungen ist der Hebel der Rationalisierung anzusetzen.

Spezielle Aufnahmen zur Erfassung der Verlustzeiten müssen sich nicht nur über einen ganzen Tag, sondern über möglichst viele erstrecken (ca. 10), da die Schwankungen erklärlicherweise ziemlich stark sind.

Bei dieser Handhabung muß die Zeitaufnahme auch ohne großen Rationalisierungsapparat schon bei kleineren Serien und sogar bei Einzelfabrikation sehr gute Erfolge zeitigen.

d) Zusammensetzen aus Sammelwerten. Stückzeiten, Griffzeiten und Verlustzeiten sollen zur Ersparung von Zeit und Arbeit nach ganz bestimmten Gesichtspunkten gesammelt werden. Als Ziel soll dabei angestrebt werden, sowohl für ganze Fabrikationsgegenstände, Konstruktionsgruppen oder Teile die Gesamtzeiten für die Angebotskalkulation zum Zufassen bereitzustellen, als auch für Teilarbeiten und Griffe Zeitnormen zu schaffen, aus denen die Gesamtzeiten für beliebige Arbeitsstufen zusammengesetzt werden können. Für die eigentliche Stückzeitermittlung kommt dem Zusammensetzen von Werten natürlich die weitaus größere Bedeutung zu.

Bei der Sammlung von Zeiten muß berücksichtigt werden, auf Grund welcher Ermittlungsmethode sie gefunden worden sind, um einen Anhalt für ihre Wiederverwendbarkeit zu haben. Es dürfen geschätzte Zeiten nur dort wieder benutzt werden, wo bei neuer Ermittlung ebenfalls Schätzen genügen würde, berechnete Zeiten nur dort, wo die der Rechnung zugrunde gelegte Maschine wieder benutzt werden kann, und gemessene Zeiten nur dort, wo die bei der Messung vorhandenen Werkstattverhältnisse noch fortbestehen.

Die besten Werte sind natürlich die durch Zeitaufnahme gefundenen. Aber auch hier ist noch zu unterscheiden, ob die Zeiten bei der Anfertigung eines einzelnen Stückes, bei einer kleinen Serie oder bei Massenanfertigung gemessen wurden, wenn sie richtig wiederverwendet werden sollen.

Die Sammlung hat ferner unter dem Gesichtswinkel zu erfolgen, daß die gesuchten Werte leicht auffindbar, und daß die die Arbeitsdauer beeinflussenden Umstände leicht erkennbar sind. Für die Teilfertigung empfiehlt es sich, eine Einteilung nach den verschiedenen Betriebsmitteln vorzunehmen, dort zu trennen nach Einrichten und eigentlicher Fertigung und weiter zu unterteilen nach den Abmessungen, wie z. B. Größe der Maschine, des Werkzeugs, des Arbeitsstückes, nach Gewichten, Weglängen od. dgl. Man hüte sich aber, die Abhängigkeiten zu weit zu verfolgen, da durch das Vorschreiben übergroßer Genauigkeit der Gültigkeitsbereich der Werte stark eingeengt und unter Umständen die Wirtschaftlichkeit der ganzen Sammlung in Frage gestellt wird.

Als äußere Form der Sammlung wird zweckmäßig für den Anfang die Zahlentafel gewählt, von der aus man bei genügender Zahl vorhandener Werte zur graphischen Auftragung übergeht. Siehe Abb. 8. Letztere hat den Vorteil, daß sie eine Gesetzmäßigkeit leicht erkennen läßt, nach der fehlende Werte ergänzt werden können (leichtes Interpolieren). Die Zeittafeln für ganze Fabrikationsgegenstände werden mit fertigen Akkordzeiten ausgeführt, während die Griffzeittafeln (Zeitnormen) reine Zeiten ohne Zuschläge geben, die wie die Einzelzeiten einer Zeitaufnahme behandelt werden.

Die Zeitermittlung nach gesammelten Werten kommt für jede Fertigungsart in Frage, falls nicht besondere Umstände (verbesserte Maschinen oder Arbeitsverfahren) eine Berichtigung der Tabellenwerte nach neuer Ermittlung erforderlich machen.

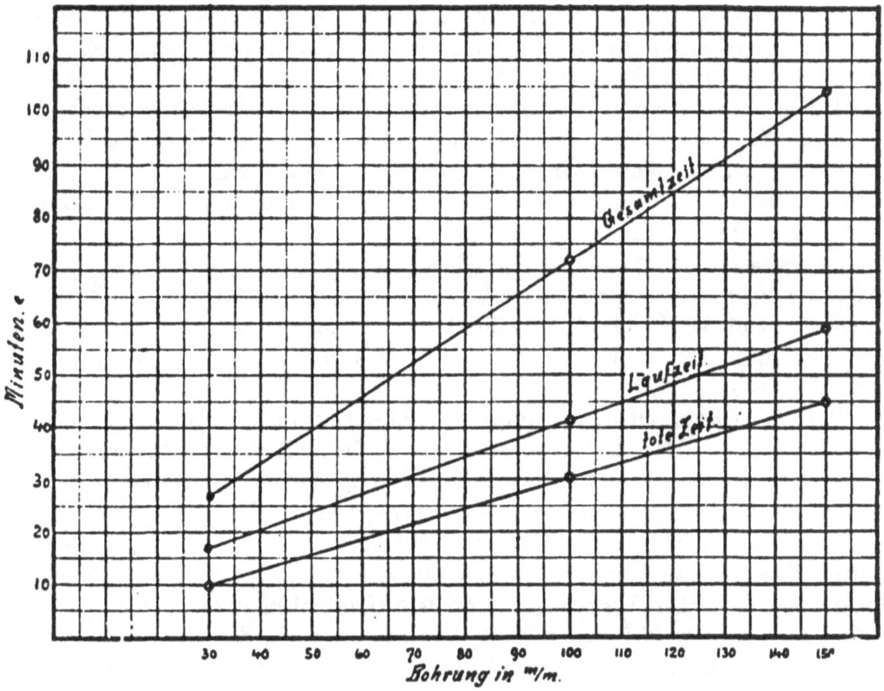

Abb. 8. Graphische Tafel für die Bearbeitung normaler Stellringe.

Grundfalsch ist es jedoch, in einem Betriebe gesammelte Werte, Akkordpreistafeln usw., auf beliebige andere Betriebe zu übertragen; wenn überhaupt, so doch nur äußerst selten, wird man in voneinander unabhängigen Betrieben auch nur annähernd gleiche Betriebsverhältnisse vorfinden.

Die gründliche Beherrschung und Kenntnis moderner Zeitermittlungsmethoden ist aber bei weitem wertvoller als eine noch so große Sammlung von Akkordpreisen.

4. Akkordberechnung.

Die Akkordberechnung nimmt grundsätzlich bezug auf den eingearbeiteten Durchschnittsarbeiter, vgl. S. 25. Bei der Aufstellung der Akkorde beachte man zunächst, daß Einrichtezeiten und Stückzeiten stets getrennt gehalten werden. Dies ist erforderlich, um die einmal ermittelten Zeiten für jede Stückzahl verwendbar zu machen.

Auf einer Revolverdrehbank sollen z. B. 10 Schrauben 5/8″ × 70 mm angefertigt werden. Die Einrichtezeit beträgt 45 Min., die Stückzeit 4 Min. Nähme man Einrichten und Fertigung zusammen in einen Akkord, so müßte man

$$45 + 4 \cdot 10 = 85 \text{ Min. im ganzen oder } 8{,}5 \text{ Min./Stück}$$

vorgeben. Werden 80 dieser Schrauben in Arbeit gegeben, so wären

$$45 + 4 \cdot 80 = 365 \text{ Min. im ganzen oder } 4{,}55 \text{ Min./Stück}$$

einzusetzen. Der Stückpreis von 8,5 Min. wäre in diesem Falle viel zu hoch und nicht verwendbar. Für jede andere Stückzahl müßte demnach ein neuer Stückpreis ermittelt werden. Es ist natürlich viel einfacher und richtiger, nur mit einem konstanten Preis von 4 Min. für das Stück zu rechnen und die Einrichtezeit getrennt vorzugeben, als jedesmal den kombinierten Akkord neu zu ermitteln; ferner ist eine viel leichtere Kontrolle der Akkorde auch von seiten der Arbeiter möglich, so daß unnötige Reklamationen unterbleiben. (Vgl. ferner Abschnitt II, 2, Seite 14.)

Die Art der Akkordbildung aus den Grundzeiten für Einrichten und eigentliche Fertigung ist dieselbe und geschieht durch Zuschlagen von Zeiten für Verluste und besondere Anlässe. Wird bei Maschinenarbeiten die Laufzeit rechnerisch ermittelt, so sind zu den errechneten Zeiten Zuschläge zu machen, die den Riemenschlupf und den Drehzahlenabfall der Antriebsmotoren bzw. der Transmission bei wachsender Belastung ausgleichen. Sie betragen, wie durch besondere Aufnahmen auch festgestellt werden kann, 3—8 % der Laufzeit, die zweckmäßig mit in die Laufzeit, nicht in die Verlustzeit, gerechnet werden. Geschieht die Laufzeitermittlung durch Zeitaufnahme, so sind diese Zuschläge nicht zu machen, da die Mittelwerte der Aufnahmen die Schwankungen und Verluste in der Laufzeit bereits enthalten.

Die Höhe des Verlustzeitzuschlages für Einrichtearbeiten halte man, falls keine Werte aus Zeitaufnahmen vorhanden sind, stets höher als die für laufende Arbeiten, da gerade beim Einrichten einerseits die meisten Unregelmäßigkeiten und Überraschungen auftreten, andererseits die größte Sorgfalt zu verwenden ist, um Störungen von der eigentlichen Arbeit fernzuhalten. Man muß hier gleichsam eine größere Toleranz für die Zeiten gestatten. Es wäre demnach verfehlt, durch weitere Unterteilung der Verlustzeit nach persönlichen und sachlichen Verlusten eine größere Genauigkeit in die Rechnung hineinbringen zu wollen. Man bilde sich vielmehr für das Einrichten Pauschalsätze für die Gesamtverluste, die ja nach der Arbeit und der Arbeitsvorbereitung von einfachster Maschinenarbeit bis zu Arbeiten auf Automaten und Sondermaschinen 15 bis 40 % der Einrichtegrundzeiten betragen. Ergibt sich nun beispielsweise durch Zusammensetzen von Einzelzeiten für das Einrichten einer Revolverdrehbank eine Grundzeit von 36 Min., so ist bei einer Gesamtverlustzeit von 25 % eine Einrichtezeit von

$$36 + 36 \cdot \frac{25}{100} = 36 \left(1 + \frac{25}{100}\right) = 36 \cdot 1{,}25 = 45 \text{ Min.}$$

vorzugeben. Allgemein ist also

$$t_{st} = t_g \left(1 + \frac{V}{100}\right),$$

wobei V den Prozentsatz der Gesamtverluste angibt.

Beim Zusammensetzen der Einrichtezeiten aus geschätzten Einzelzeiten mache man sich klar, ob in der Schätzung bereits ein gewisser Sicherheitszuschlag enthalten ist, und wie weit eine besondere Berücksichtigung von Verlusten am Schluß der Rechnung dadurch überflüssig wird.

Bei der Vorgabe der Einrichtezeit ist ferner darauf zu achten, ob ein Einrichter die Maschine einrichtet, oder ob der Maschinenarbeiter es selbst tut. Im ersteren Falle ist, wenn das Einrichten im Akkord geschehen soll, die Laufzeit für diejenigen Arbeitsstücke mit zu berücksichtigen, die während des Einrichtens fertiggestellt werden. Dem Maschinenarbeiter, der nachher an der Maschine weiterarbeitet, ist die vorgegebene Stückzahl entsprechend zu kürzen. Im zweiten Falle braucht der Einrichteakkord die Laufzeiten nicht zu enthalten, wenn dem Arbeiter der Stückpreis für die volle Stückzahl vorgegeben wird.

Die Verlustzeitzuschläge für Arbeiten der eigentlichen Fertigung können durch Zeitaufnahmen mit größerer Genauigkeit ermittelt werden als die für das Einrichten. Hierbei stellt sich heraus, daß die persönlichen Verluste (vgl. Abschnitt II, 2, Seite 29) in den einzelnen Betriebsabteilungen nahezu konstant zu sein pflegen, wenn eine möglichst gleichmäßige Überdeckung der Maschinenlaufzeiten durch Handarbeiten durchgeführt wird. Sie betragen etwa 5—7 %. Bei Maschinenarbeiten mit sehr langen Laufzeiten dagegen ist ein Zuschlag für persönliche Verluste nicht erforderlich, wenn der Arbeiter während dieser Laufzeiten nicht anderweitig beschäftigt wird.

Die sachlichen Verluste sind abhängig von der Art der Arbeit, der Maschine und den jeweiligen Betriebsverhältnissen, vor allen Dingen von der Arbeitsvorbereitung (vgl. Abschnitt II, 2, Seite 13). Die sachlichen Verlustzeitzuschläge müssen daher auch für jede Maschinengattung und jeden Betrieb gesondert ermittelt werden und dürfen ohne Nachprüfung nicht von einer Werkstatt auf die andere übertragen werden. Schwankungen in den Betriebsverhältnissen wie: Anzahl der beschäftigten Arbeiter, Art der Arbeiten, Besetzungsmöglichkeiten der Maschinen, Belastung der gesamten Werkstatt usw., rufen auch Schwankungen der Verlustzeiten hervor, die häufig zu Beanstandungen der Akkorde Veranlassung geben, falls Meister und Vorkalkulatoren nicht genügend Hand in Hand arbeiten. Die in der Praxis vorkommenden Akkorddifferenzen haben viel öfter ihren Grund in falscher Berücksichtigung der Verluste, als in unrichtiger Ermittlung der Grundzeiten. Es wäre daher falsch, Gebrauchszahlen für sachliche Verluste anzugeben, da diese in den seltensten Fällen zutreffend sein werden. Die folgenden Zahlen haben auch nur den Zweck, annähernd den Bereich anzugeben, in dem sich die sachlichen Verluste bewegen dürfen.

Schlosserarbeiten am Schraubstock	ca.	4—8 %
Zusammenbauarbeiten	ca.	5—25 %
Zus.-Arbeiten m/Vorrichtung	ca.	3—8 %
Arbeiten an Bohrmaschinen	ca.	4—10 %
„ „ Drehbänken	ca.	5—12 %
„ „ Bohrwerken	ca.	6—15 %
„ „ Karusselldrehbänken	ca.	4—15 %
„ „ Fräsmaschinen	ca.	5—12 %
„ „ Hobelmaschinen	ca.	5—10 %
„ „ Stoßmaschinen	ca.	5—10 %
„ „ Schleifmaschinen	ca.	6—12 %
„ „ Revolverdrehbänken	ca.	8—20 %
„ „ Automaten	ca.	25—40 %
„ „ Stanzen	ca.	3—5 %
„ „ Pressen	ca.	4—8 %
„ „ Hämmern	ca.	8—15 % usw.

ohne persönliche Verluste!

Durch Zeitaufnahmen lassen sich die Grenzen ganz bedeutend enger festlegen. Zu den sachlichen Verlusten sind demnach die persönlichen hinzuzurechnen, wodurch man die Gesamtverluste erhält. Sind z. B. für eine Werkstatt die sachlichen Verluste an Revolverdrehbänken mit 16 % ermittelt worden, die persönlichen mit 5 %, so wären für eine Arbeit mit einer Grundzeit von 3,3 Min. als Stückzeit zu zahlen:

$$3{,}3 + 3{,}3 \cdot \frac{16+5}{100} = 3{,}3\,(1 + \frac{21}{100}) = 3{,}3 \cdot 1{,}21 = 4 \text{ Min.}$$

Einzelarbeiten sind dem Einrichten gleichzustellen und müssen mit entsprechend hohen Verlustzeiten berücksichtigt werden. Als besondere Verlustquellen seien noch erwähnt:

Fehlerhaftes Material (Form, Zustand oder Beschaffenheit).
Übermäßige Materialzugaben.
Fehlerhafte oder minderwertige Werkzeuge.
Unwirtschaftliche Maschinen und ähnliche.

Diese Verlustquellen lassen sich nur selten bereits bei der Akkordberechnung erkennen. Die entstehenden Verlustzeiten müssen also meistens nachträglich durch weitere Zuschläge zu den Grundzeiten gedeckt werden. Auch hier ist es wichtig, alle Komponenten, aus denen sich die Zuschläge zusammensetzen, so getrennt zu halten, daß die besonderen Anlässe erforderlichenfalls später wieder erkannt, der eigentliche Akkord nicht verschleiert und die entstehenden Kosten dem „schuldigen Teil" in Rechnung gestellt werden können.

Aus vorstehendem geht hervor, daß die Verlustzeitzuschläge gerechterweise sehr verschieden hoch angesetzt werden müssen. Eine starre Bemessung der Verluste mit beispielsweise 20 % ohne Rücksicht auf Art der Arbeit und auf Betriebsverhältnisse, wie es leider sogar in manchen Tarifen festgelegt ist, kann keine einwandfreien Akkorde ergeben.

Andere Zuschläge als die erwähnten für Verlustzeiten und besondere Anlässe sollten eigentlich nicht gemacht werden. Die weitverbreiteten Überverdienstzuschläge sind grundsätzlich falsch. Sie sind verständlich als Umgehung der tariflich festgesetzten Verdienstsätze, führen aber zur Durchbrechung des eigentlichen Zeitakkordprinzips und machen die Akkordzeiten ungeeignet für die Betriebsrechnung. Werden die Zeiten so festgelegt, daß ein eingearbeiteter Durchschnittsarbeiter in ihnen die Arbeit erledigen kann, so besteht an sich für den besseren Mann die Möglichkeit, durch Achtsamkeit die Verlustzeiten zu verringern und durch Rührigkeit die Handzeiten abzukürzen, d. h. einen Mehrverdienst zu erzielen. Die hierdurch eintretende Abkürzung der vorgesehenen Arbeitszeit ist nicht so groß, daß sie die Betriebsrechnung stört, sondern genügt gerade, die außerhalb der Akkorde liegenden Störungen auszugleichen. Sind also Differenzen vorhanden zwischen den tariflich festgelegten und den werksüblichen Verdienstsätzen, so ändere man den Geldfaktor und nicht die Zeit. Beispiel:

Die Stückzeit für eine Schraube 5/8" × 70 mm betrage 4 Min. Einschließlich aller Nebenarbeiten werden auch im Durchschnitt 15 Stück je Std. fertig. Bei einem Tariflohn für angelernte Akkordarbeiter von 0,80 *M*/Std. verdient der Mann also hierbei 15 · 4 = 60 Min. oder 60 · 1,33 = 0,80 *M*/Std. Damit der Arbeiter den im Werk üblichen Satz von 0,96 *M*/Std. erreicht, soll nun nicht die Akkordzeit um 20 %, also von 4 auf 4,8 Min. erhöht werden, so daß er 15 · 4,8 = 72 Min. oder 72 · 1,33 = 0,96 *M* erreicht, sondern es soll der Akkord von 4 Min./Stück bestehen bleiben und der Geldfaktor um 20 % erhöht werden, also: 15 · 4 = 60 Min. oder 60 · 1,6 = 0,96 *M*/Std.

Hierdurch erspart sich die Kalkulation viele Umstellungen der Akkorde, viel Rechenarbeit und Auseinandersetzungen mit der Belegschaft, während es dem Lohnbureau gleichgültig ist, welcher Geldfaktor ihm zur Umrechnung von Zeit in Geld vorgeschrieben wird.

Wie oben erwähnt, soll der Akkord auf den eingearbeiteten Durchschnittsarbeiter zugeschnitten sein. Bei Zeitaufnahmen muß also besonders auf den Leistungsgrad des Arbeiters geachtet werden, wobei nochmals auf II, 3c, Seite 25 verwiesen sei. Beispiel:

Die Zeitaufnahme Abb. 7 ist bei einem Manne durchgeführt worden, dessen Leistung ca. 12% über dem Durchschnitt liegt. Damit der Durchschnittsarbeiter zu seinem Gelde kommt (auch der gute nicht verleitet wird, bei Zeitaufnahmen mit der Leistung zurückzuhalten), muß die ermittelte Handzeit um 12% erhöht, also mit 1,08, dem „Leistungsgrad", multipliziert werden. Die korrigierte Handzeit ergibt dann zusammen mit der Maschinenzeit die Grundzeit.

Die Stückzeitformel auf dem Aufnahmebogen Abb. 7 kann in der Form gegeben werden, daß sie auch für Kolonnenverrechnung anwendbar ist. Arbeitet z. B. ein Einrichter mit zwei Helfern an sechs Fräsmaschinen, so bilden die drei Leute gleichsam eine Kolonne, in der dem einen der Facharbeitersatz verrechnet wird, den anderen beiden der Satz für Angelernte. Um nun mit einem einheitlichen Faktor rechnen zu können, sind „Bewertungsminuten" b eingeführt. Diese geben an, wieviel Minuten einem Manne mit dem Facharbeitersatz je Stunde verrechnet werden müssen, damit er dasselbe verdient, als wenn ihm 60 Min. mit dem Satz für Angelernte verrechnet würden. In jeder Stunde muß also von der Kolonne die Summe der Bewertungsminuten (Σb), in der Min. also $\frac{\Sigma b}{60}$, aufgebracht werden, bei x Maschinen demnach von jeder Maschine $\frac{\Sigma b}{60 \cdot x}$. Mit diesem Bruch muß die um die Verlustzeit vergrößerte Grundzeit, das ist die für 1 Maschine gültige Zeit, multipliziert werden, damit die Kolonne richtig bezahlt werden kann. Bei $t_g = 5{,}5$ Min., $b_1 = 60$, $b_2 = 53$, $b_3 = 53$, also $\Sigma b = 166$ Min., 10% sachlichen und 5% persönlichen Verlusten ist $t_{st} = \frac{\Sigma b \cdot t_g}{60 \cdot x}\left(1 + \frac{V}{100}\right) = \frac{166 \cdot 5{,}5}{60 \cdot 6}\left(1 + \frac{10+5}{100}\right) = 2{,}9$ Min.

Bei Bedienung mehrerer Maschinen durch einen Mann wird mangels geeigneter Unterlagen oft nach Faustformeln gerechnet. Man gibt z. B. bei 2 Maschinen $^2/_3$ der errechneten Stückzeit, bei 3 Maschinen $^1/_2$ usw., um die Verluste für Maschinenstillstand auszugleichen. Es lohnt sich aber recht oft, diese Sätze nachzuprüfen, die richtige Verlustzeit durch Zeitaufnahme festzustellen und im übrigen mit der vollen Anzahl der bedienten Maschinen wie in der Kolonnenformel zu rechnen.

III. Berechnungen und Arbeiten an Werkzeugmaschinen.

1. Rechnungsgrößen.

Bei den nachstehenden Berechnungen sollen als Rechnungsgrößen und Abkürzungen verwandt werden (vgl. Refa-Mappe II-1:)

v = Schnittgeschwindigkeit in m/Min.
v_a = Arbeitsgeschwindigkeit bei Hobel- und Stoßmaschinen.
v_r = Rücklaufgeschwindigkeit bei Hobel- und Stoßmaschinen.
m = Verhältnis zwischen Rücklauf und Vorlauf.
t_a = Zeit für einen Arbeitshub bei Hobel- und Stoßmaschinen.
t_r = Zeit für einen Rücklauf bei Hobel- und Stoßmaschinen.
n = Anzahl der Umdrehungen oder Doppelhübe in der Minute.
a = Schnittiefe in mm.
i = Anzahl der Schnitte.
s = Vorschub in mm je Umdrehung.
q = Spanquerschnitt in mm².
k_s = spezifischer Zerspanungswiderstand inkg/mm².
K = gesamter Zerspanungswiderstand in kg.
N = Leistung in PS.
v_R = Riemengeschwindigkeit in m/Sek.
p = spezifische Riemenbelastung in kg/mm Riemenbreite.
b = Breite in mm.
l = Bearbeitungslänge in mm.
L = Arbeitsweg des Werkzeuges in der Länge in mm.
B = Arbeitsweg des Werkzeuges in der Breite in mm.

2. Schnittgeschwindigkeit und Spanquerschnitt.

In der spanabhebenden Metallbearbeitung sind Schnittgeschwindigkeit und Vorschub diejenigen zeitbestimmenden Faktoren, die dem Kalkulator die meisten Schwierigkeiten bereiten.

Geschwindigkeit = Weg in der Zeiteinheit.

Die Schnittgeschwindigkeit ist demnach der Weg in Metern, den die Schneide eines Werkzeugs in 1 Min. am Arbeitsstück zurücklegt. Sie wird erzeugt durch die Bewegung des Arbeitsstückes oder Werkzeuges, die entweder geradlinig (hin- und hergehend) oder drehend sein kann. Im ersteren Falle errechnet sich die Geschwindigkeit aus der Weglänge und der Anzahl der Doppelhübe in der Minute (1 Doppelhub = Vorlauf + Rücklauf), im zweiten Falle aus dem Durchmesser des sich drehenden Teiles (Werkzeug oder Werkstück) und der Anzahl der minutlichen Umdrehungen n:

$$1.\ v = \frac{2 \cdot L \cdot n}{1000} \text{ m/Min.}$$

$$2.\ v = \frac{d \cdot \pi \cdot n}{1000} \text{ m/Min.,}$$

wenn die Hublänge L und der Durchmesser d in mm eingesetzt werden.

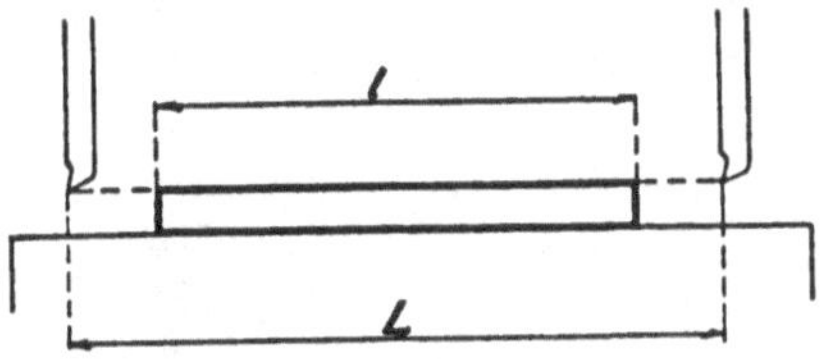

Abb. 9.

Zur Erzielung kurzer Schnittzeiten müssen nun die Schnittgeschwindigkeiten möglichst hoch gewählt werden. Sie werden aber begrenzt durch die beim Schneidvorgang entstehende Wärme, durch Abnutzung der Schneiden und durch die Leistungsfähigkeit der Maschinen. Die Wärmeentwicklung ist abhängig:

1. Von dem zu bearbeitenden Material (Art und Zustand).
2. Vom Spanquerschnitt (Größe und Form, $q = a \cdot s$ mm²).
3. Von der Schnittgeschwindigkeit.
4. Vom Schmiermittel.
5. Vom Werkzeug (Form und Zustand).

Die Wirkung der entwickelten Wärmemenge auf das Werkzeug ist abhängig:

1. Vom Baustoff und Zustand desselben.
2. Von der Wärmeableitung (Werkzeugquerschnitt, Einspannung, Kühlflüssigkeit).

Die Wärme ist der größte Feind der Werkzeugschneiden, da die Härte mit steigender Temperatur abnimmt. Bei gewöhnlichen Kohlenstoffstählen hört die Schneidfähigkeit bereits bei ca. 200° C auf, sie gestatten also nur geringe Arbeitsgeschwindigkeiten. Gute Schnelldrehstähle dagegen (mit ca. 18 % Wolfram) sind bei 700° C und mehr noch durchaus arbeitsfähig, können also bis zur Rotglut beansprucht werden, ehe sie ihre Schneidhärte verlieren. „Hartmetalle" endlich, wie Stellit, Akrit, Volumit, Widia und wie sie heißen mögen, erhalten bei 900° C bei guter Schneidhaltigkeit erst die richtige Zähigkeit, die für die Bewältigung großer Spanquerschnitte erforderlich ist, haben also bei Rotglut erst ihre geeignete Arbeitstemperatur. Kohlenstoffstähle und auch Schnelldrehstähle müssen dagegen bei solchen Temperaturen sofort unbrauchbar werden. Es ist daher durch gute Schmierung und Schneidenausbildung (z. B. Kloppstockschneide) die Reibung und damit die Wärmeentwicklung möglichst klein zu halten und durch ausgiebige Kühlung für Ableitung der entstehenden Wärme und heißer Späne zu sorgen. Bei geringeren Temperaturen tritt nur allmähliche Abnutzung der Schneide ein, die aber um so schneller vor sich geht, je höher die Schneide durch Schnittdruck und Wärme beansprucht wird.

Die für jede Stahlsorte geeigneten Schnittgeschwindigkeiten müssen unter Berücksichtigung ihrer Abhängigkeit von den oben aufgeführten Punkten durch Versuche festgestellt werden, wobei eine bestimmte Schneidhaltigkeitsdauer zugrunde gelegt werden muß. Die für gleiche Werkstoffe, aber für verschiedene Spanquerschnitte ähnlicher Form gefundenen Werte bilden im rechtwinkligen Koordinatenfeld mit logarithmischer Teilung nahezu gerade Linien, wie sie nach den Forschungen des AWF in den Abb. 10 und 11 wiedergegeben sind.

Die bei den Versuchen verwendeten Winkel am Stahl sind in nachstehender Tabelle[1] wiedergegeben.

[1] Aufgestellt nach AWF 100—111.

α = Anstell- oder Brustwinkel
β = Meißel- oder Keilwinkel
γ = Span- oder Brustwinkel
ε = Einstell- oder Schnittwinkel

Werkstoff	Brinellhärte	Winkel am Stahl α	β	γ	ε
Stahl 30—40 kg....	95—120	8°	57°	25°	45°
„ 40—50 kg....	120—140	8°	57°	25°	45°
„ 50—60 kg....	140—170	8°	65°	17°	45°
„ 60—70 kg....	170—195	8°	65°	17°	45°
„ 70—85 kg....	195—235	8°	75°	7°	45°
N- und C-N-Stahl ..	210—220	8°	68°	14°	45°
Temperguß	190—210	8°	65°	17°	45°
Stahlguß	135—150	8°	65°	17°	45°
Grauguß	140—160	8°	75°	7°	45°
Elektron	50—60	10°	45°	35°	60°
Aluminium	65—70	10°	50°	30°	45°
Rotguß............	60—70	10°	80°	0°	60°
Messing (gepreßt)...	80—120	10°	65°	15°	60°

Die Werte der Abb. 10 und 11 dürfen nun aber nicht schematisch für jede Arbeit verwendet werden, sondern müssen je nach der verlangten Schneidhaltigkeitsdauer oder den sonstigen Arbeitsbedingungen nach oben oder unten korrigiert werden. Gibt z. B. die Schnittgeschwindigkeitstafel für Stahl von 60 bis 70 kg Festigkeit bei einem Span von 0,8 mm² Querschnitt (= ca. 4 mm Tiefe und 0,2 mm Vorschub) eine Schnittgeschwindigkeit von 30 m/Min. an, so gilt diese für eine Schneidhaltigkeitsdauer von 60 Min. ohne Verwendung eines Kühlmittels.[1] Ist nun eine große Walze mit einer Laufzeit von ca. 3 Std. mit einem Schnitt nachzudrehen, und will man Stahlwechsel und Absetzen vermeiden, so muß man auf ca. 24 m/Min. zurückgehen, damit der Stahl 3 Std. lang scharf bleibt. Bei einer Dreharbeit, deren Laufzeit ca. 15 Min. beträgt, kann die Schnittgeschwindigkeit höher als 30 m/Min. genommen werden, da der Stahl diese Leistung auf die kurze Dauer von ca. 15 Min. bestimmt aushält. Handelt es sich um eine Revolverarbeit mit ständiger Wiederholung dieses Schnittes, aber nur von ca. 3 Min. Dauer, so kann man in Anbetracht der guten Kühlung und der Unterbrechungen trotz der längeren Gesamtlaufzeit eine Geschwindigkeit von ca. 40 m/Min. und mehr verwenden. Soll der Schnitt dagegen auf einem Automaten genommen werden, so darf die Schnittgeschwindigkeit auch bei bester Kühlung 30 m/Min. kaum übersteigen, wenn der Automatendreher rationell arbeiten, nämlich die wichtigsten Stähle seiner 5 bis 8 Maschinen am Tage höchstens einmal schleifen und trotzdem maßhaltige Teile liefern soll. Ebenso muß mit Rücksicht auf die Material- und Herstellungskosten bei komplizierten Werkzeugen wie Fräsern, Formstählen u. dgl. die Geschwindigkeit niedriger gehalten werden, als die Drehstahlversuche ergeben, um die Lebensdauer dieser Werkzeuge zu erhöhen.

Aus vorstehendem geht hervor, daß trotz der besten Unterlagen für Schnittgeschwindigkeiten und Vorschübe für den Kalkulator immer noch genug Fragen offen bleiben, die sich nicht ohne weiteres nach einem Schema beantworten lassen, und bei denen nur genügend Betriebserfahrungen helfen können.

[1] Durch ausgiebige Kühlung kann die Stahlleistung um ca. 30% gesteigert werden.

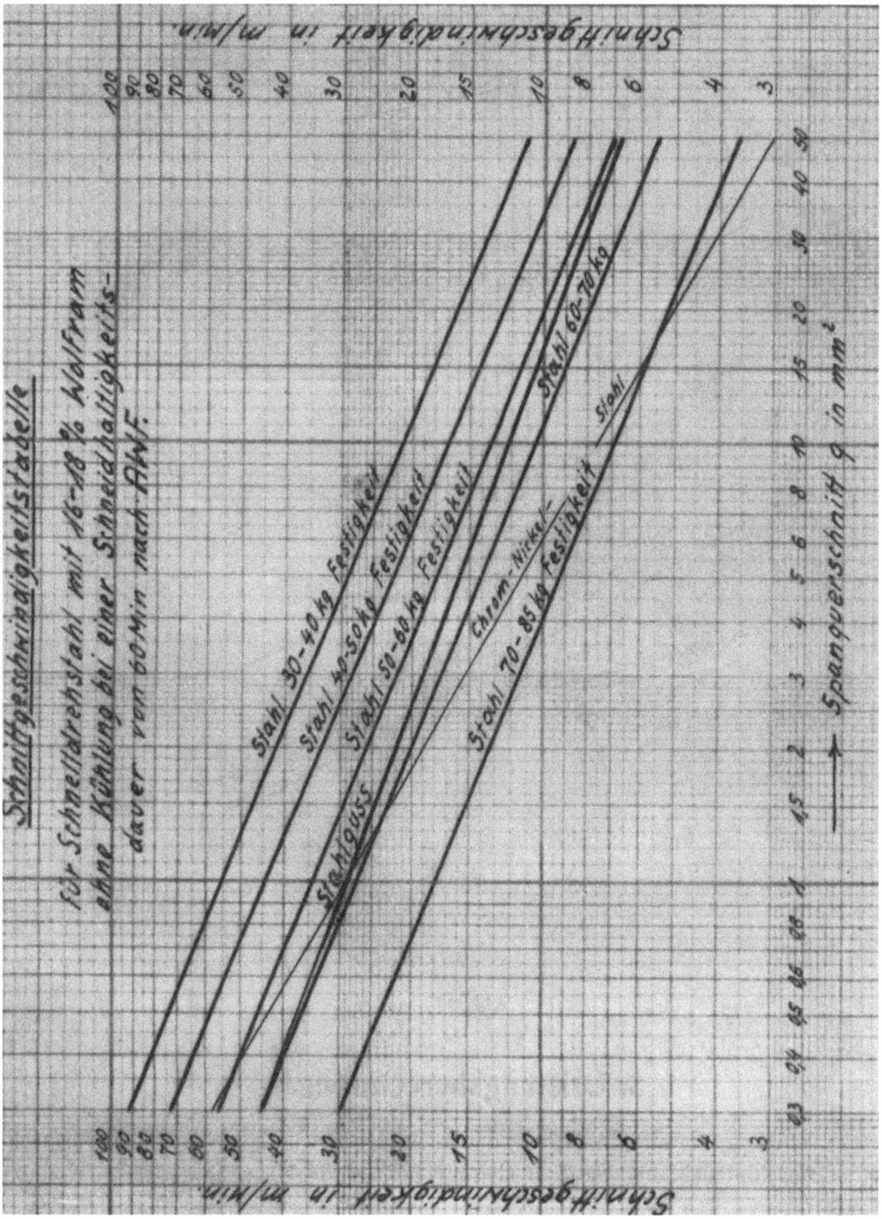
Schnittgeschwindigkeitstabelle
für Schnelldrehstahl mit 16-18 % Wolfram
ohne Kühlung bei einer Schneidhaltigkeits-
dauer von 60 Min nach AWF.
Stahl 30-40 kg Festigkeit
Stahl 40-50 kg Festigkeit
Stahl 50-60 kg Festigkeit
Stahlguss
Chrom-Nickel-Stahl
Stahl 60-70 kg
Stahl 70-85 kg Festigkeit
Schnittgeschwindigkeit in m/min.
Spanquerschnitt q in mm²

Abb. 10.

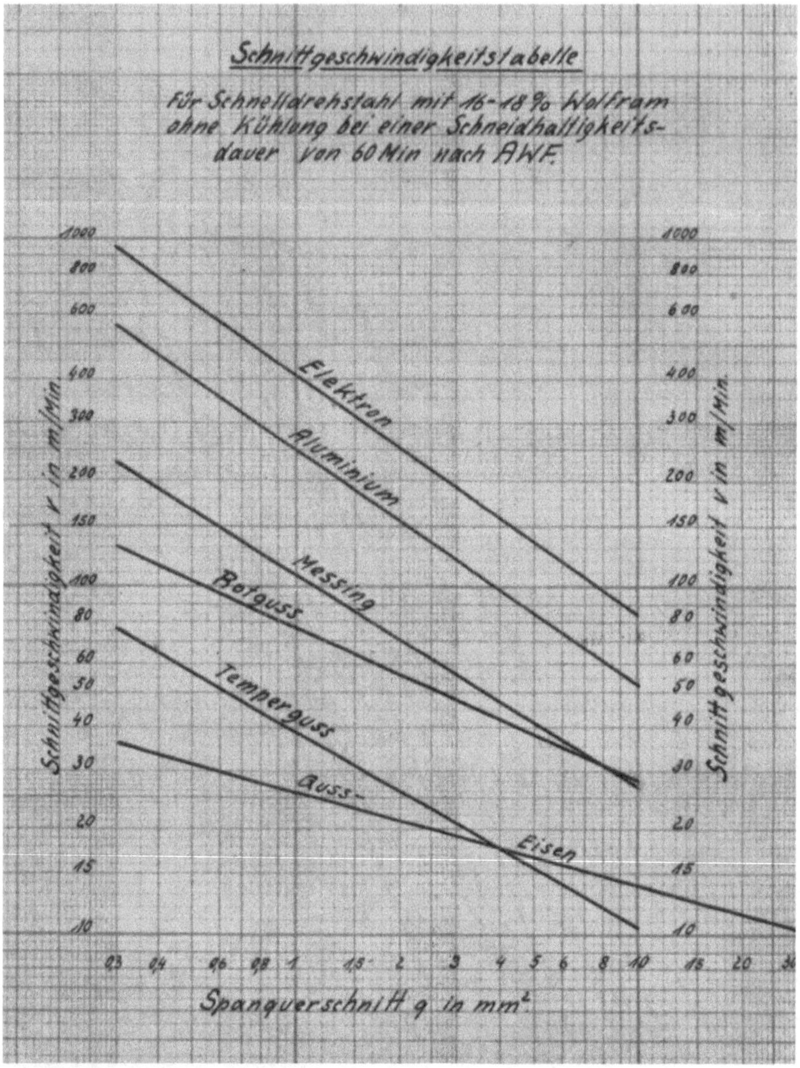

Abb. 11.

3. Leistungsberechnung.

Weniger schwierig als die Ermittlung der Schnittgeschwindigkeit ist die Berücksichtigung der Maschinenleistung, da diese sich mit genügender Genauigkeit rechnerisch erfassen läßt.

Die in eine Maschine hineingeleitete Leistung wird gebildet aus der Zugkraft des Riemens und der Geschwindigkeit ihres Angriffspunktes, d. i. die Umfangsgeschwindigkeit der Antriebscheibe. Bei einer spezifischen Riemenbeanspruchung von p kg/mm Riemenbreite (vgl. Abb. 12), einer Riemenbreite von b mm, einem Antriebscheibendurchmesser von D mm und n_1 Umdrehungen je Min. ist demnach

Kraft × Geschwindigkeit = Leistung

$$b \cdot p \times D \cdot \pi \cdot n_1 = \text{Leistung in mmkg/Min. oder, da } 1\,\text{PS} = 75\,\text{mkg/Sek.,}$$

$$= 75 \cdot 1000\ \text{mm}/{}^1/_{60}\ \text{Min}:$$

$$\frac{b \cdot p \cdot D \cdot \pi \cdot n_1}{1000 \cdot 75 \cdot 60} = \text{Antriebsleistung in PS.}$$

Die Werte p für die zulässige Riemenbeanspruchung je/mm² sind noch recht unsicher, da sie von der Güte der Riemen abhängig sind und Ergebnisse einwandfreier Versuche zur Zeit noch nicht bekannt sind. Die Werte der Riemenbelastungstabelle Abb. 12 sind in Anlehnung an Prof. Hippler „Die Dreherei und ihre Werkzeuge" schätzungsweise aufgestellt.

Die **Leistungsfähigkeit** der Maschine ist nun gleich der Antriebsleistung, vermindert um den Betrag, der durch Reibungsarbeit in den Lagern, an Zahnflanken und in Füh-

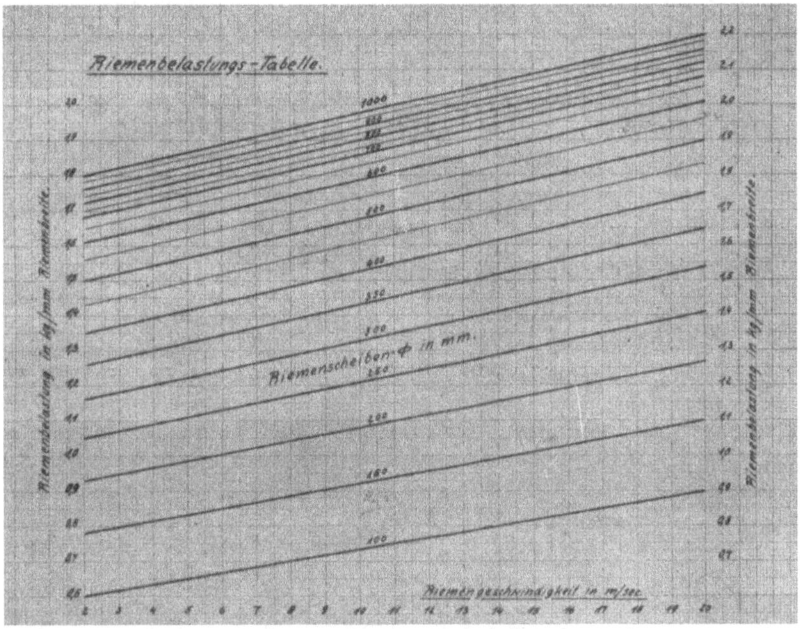

Abb. 12.

rungen verlorengeht. Das Verhältnis der Leistungsfähigkeit zur Antriebsleistung, der Wirkungsgrad η, hängt also vom Aufbau, von der Güte der Ausführung bzw. dem Zustand der Maschine ab und beträgt normalerweise etwa:

für Spindeln mit direktem Antrieb (ohne Rädervorgelege).....	$\eta = 0{,}90$
„ „ „ einfachem Rädervorgelege..................	$\eta = 0{,}81$
„ „ „ doppeltem „	$\eta = 0{,}73$
„ jedes zusätzliche Zahnräderpaar........................	$\eta = 0{,}95$
„ „ „ Schneckengetriebe eingängig.............	$\eta = 0{,}60$
„ „ „ „ zweigängig.............	$\eta = 0{,}75$
„ „ „ „ dreigängig	$\eta = 0{,}80$
„ Bettführung an Hobelmaschinen und ähnlichen...........	$\eta = 0{,}90$

Hiernach ist der Gesamtwirkungsgrad einer Maschinenspindel, die über ein zweigängiges Schneckengetriebe und ein Stirnradgetriebe angetrieben wird:

$$\eta = 0{,}90 \cdot 0{,}75 \cdot 0{,}20 = \sim 0{,}61.$$

Die Leistungsfähigkeit einer Spindel ist also $\dfrac{b \cdot p \cdot D \cdot \pi \cdot n_1}{1000 \cdot 75 \cdot 60} \cdot \eta \ldots\ldots\ldots$ PS.

Genau genommen müßte man bei den meisten Werkzeugmaschinen unterscheiden zwischen Spindelleistung und Vorschubleistung. Letztere ist aber infolge der geringen Vorschubgeschwindigkeit fast immer so klein, daß sie vernachlässigt bzw. durch Abrundung der Spindelleistung berücksichtigt werden kann. Wird eine Berechnung vorgenommen, so ist natürlich der Wirkungsgrad des gesamten Vorschubgetriebes nur auf die Vorschubleistung zu beziehen.

Die zu leistende Arbeit der Maschine ist das Abheben der Späne. Der Widerstand K, der sich dem Eindringen des Werkzeuges in den Werkstoff entgegensetzt, ist abhängig vom Werkstoff und vom Spanquerschnitt q. ($K = q \cdot ks$.) Der Schnittwiderstand bzw. der Schnittdruck, der erforderlich ist, um einen Span von 1 mm² Querschnitt abzulösen, ist nach Refa V-8

für Stahl von	40 kg/mm²	Festigkeit	k =	100 kg
„ „ „	50	„	„	k =	130 kg
„ „ „	60	„	„	k =	160 kg
„ „ „	70	„	„	k =	195 kg
„ „ „	80	„	„	k =	230 kg
„ „ „	90	„	„	k =	270 kg
„ „ „	100	„	„	k =	320 kg
„ Gußeisen weich		„	„	k =	120 kg
„ Messing		„	„	k =	70 kg
„ Rotguß		„	„	k =	80 kg

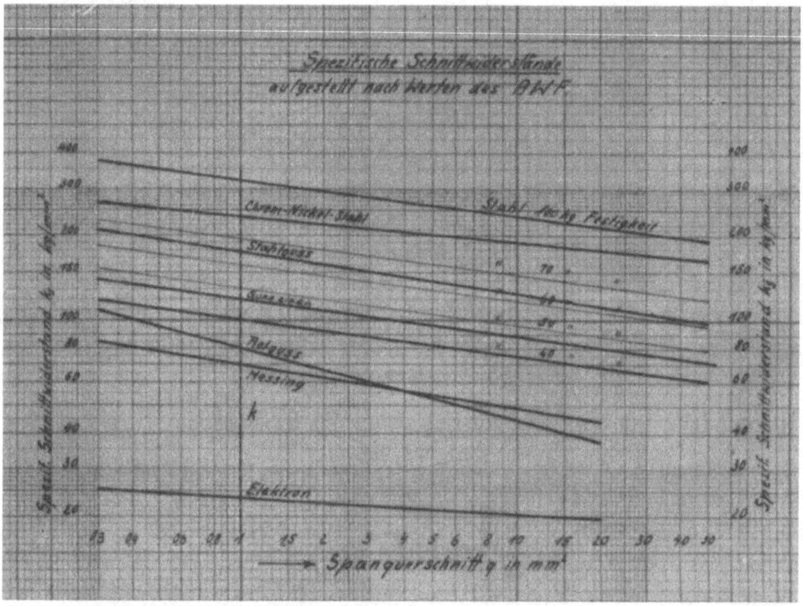

Abb. 13.

Der spezifische Schnittwiderstand k_s, das ist der Widerstand je mm² Spanquerschnitt, ist aber nicht konstant, sondern ändert sich mit dem Spanquerschnitt. Die Gesetzmäßigkeit, nach der diese Änderung vor sich geht, ist noch nicht restlos erforscht. Nach Hippler ist abgerundet $k_s = k \cdot q^{-1/4}$, d. h. mit wachsendem Spanquerschnitt nimmt k_s ab. Die Forschungen des AwF haben zahlenmäßig etwas abweichende Ergebnisse gebracht, die in Abb. 13 graphisch wiedergegeben sind.

Ist also q der Spanquerschnitt und d der Durchmesser des Werkstückes in mm, so ist die Arbeitsleistung beim Abheben des Spanes gleich

Schnittkraft × Schnittgeschwindigkeit, oder

$$q \cdot k_s \times d \cdot \pi \cdot n_2 \; \ldots\ldots \; \text{mmkg/Min., oder}$$

$$\frac{q \cdot k_s \cdot d \cdot \pi \cdot n_2}{1000 \cdot 75 \cdot 60} \; \ldots\ldots \; \text{PS.,}$$ wobei n_2 die minutliche Drehzahl des Arbeitsstückes oder des Werkzeugs bedeutet.

Da bei voller Ausnutzung einer Maschine die Arbeitsleistung der Leistungsfähigkeit gleich sein muß, so ist

$$\frac{q \cdot k_s \cdot d \cdot \pi \cdot n_2}{1000 \cdot 75 \cdot 60} = \frac{b \cdot p \cdot D \cdot \pi \cdot n_1 \cdot \eta}{1000 \cdot 75 \cdot 60}$$

Hieraus ergibt sich

$$q \cdot d = \frac{b \cdot p \cdot D \cdot \pi \cdot n_1 \cdot \eta}{k_s \cdot \pi \cdot n_2} \; \ldots\ldots \; \text{mm}^3.$$

Wird die Maschine von einem Elektromotor angetrieben, der natürlich mit Rücksicht auf die Maschine nicht überdimensioniert sein darf, so ist bei einer Motorleistung von N PS:

$$\frac{q \cdot k_s \cdot d \cdot \pi \cdot n_2}{1000 \cdot 75 \cdot 60} = N \cdot \eta \ldots\ldots \; \text{PS oder}$$

$$q \cdot d = \frac{N \cdot \eta \cdot 1000 \cdot 75 \cdot 60}{n_2 \cdot k_s \cdot \pi} = 1432400 \frac{N \cdot \eta}{n_2 \cdot k_s} \; \ldots\ldots \text{mm}^2.$$

Der Ausdruck $q \cdot d$ gibt, wenn k_s wie früher konstant angenommen wird, die Leistungsfähigkeit der Maschine wieder. Er wurde deshalb für jeden Gang der Maschine und jede Werkstoffart ausgerechnet und in die Maschinenkarte eingetragen (vgl. Seite 18—21). Der Kalkulator brauchte dann nur für die gewählte Maschineneinstellung den Wert $q \cdot d$ durch den in Frage kommenden Werkstückdurchmesser d zu dividieren, um den Spanquerschnitt zu erhalten, durch den die Maschine voll ausgenutzt wird. Beispiel:

Die Maschine S. 18 hat einen Riemen von 140 mm Breite, der mit $v_R = 2{,}88$ m/ Sek. läuft. Nach Tafel Seite 37 kommt also für den Antriebscheibendurchmesser von 400 mm eine spezifische Riemenbelastung von $p = 1{,}37$ kg in Frage. Bei Bearbeitung einer stabilen Welle von 150 mm ⌀ aus St. 37 mit $k = 100$ kg/mm² erhält man für $q \cdot d$ bei Schaltung 7 ($n = 38{,}5$) und $\eta = 0{,}73$:

$$q \cdot d = \frac{b \cdot p \cdot D \cdot n_1 \cdot \eta}{k \cdot n_2} = \frac{140 \cdot 1{,}37 \cdot 400 \cdot 137 \cdot 0{,}73}{100 \cdot 38{,}5} = \sim 2000 \text{ mm}^3.$$

Demnach wird die Maschine ausgenutzt, wenn ein Span von $\frac{q \cdot d}{d} = \frac{2000}{150} = \sim 13{,}3 \text{mm}^2$ Querschnitt angesetzt wird.

Angenommen, die Maschine würde direkt durch einen Motor von 6,5 PS angetrieben, so wäre bei $\eta = 0{,}75$:

$$q \cdot d = 1432\,400 \frac{6{,}5 \cdot 0{,}75}{100 \cdot 38{,}5} = 1820 \text{ mm}^3.$$

Der Motor würde also nur einen Span von $\frac{1820}{150} = \sim 12 \text{ mm}^2$ Querschnitt ziehen.

Die Berücksichtigung der Veränderlichkeit von k_s ergibt nun aber für große Spanquer-

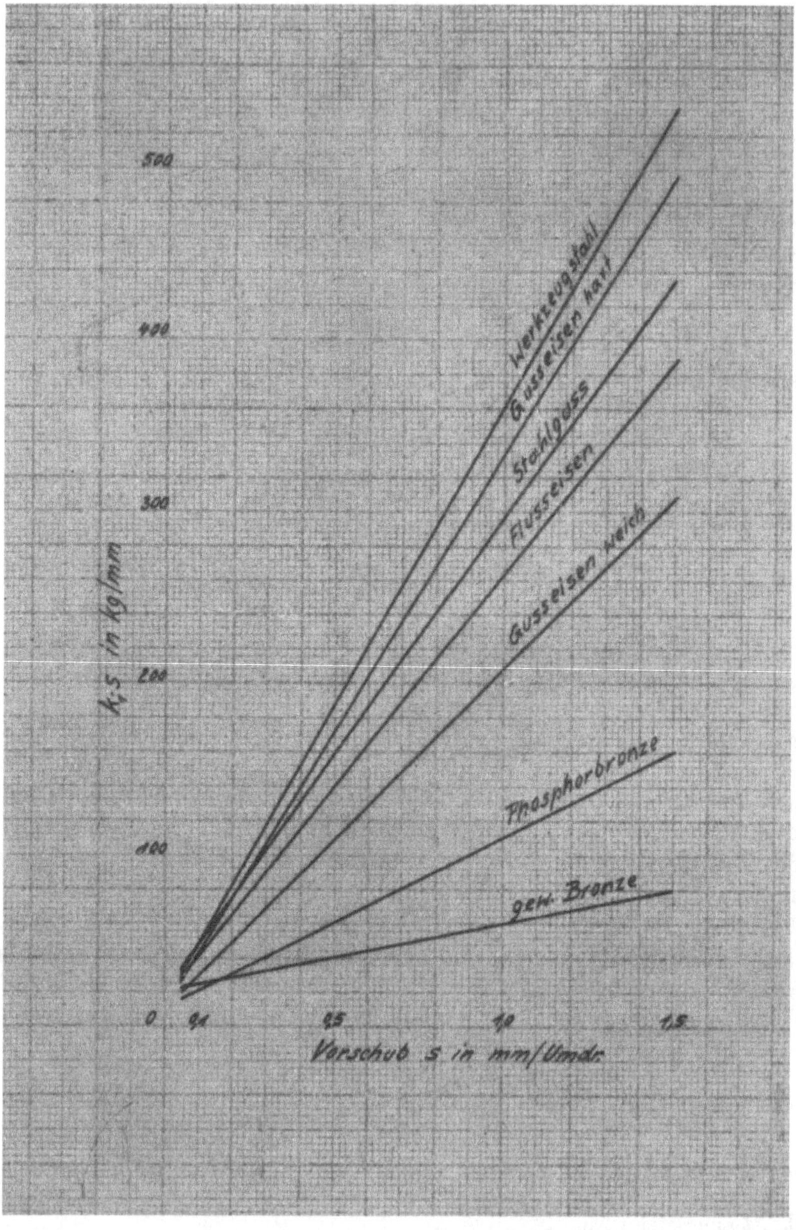

Abb. 14. Spezifische Vorschubwiderstände beim Bohren.

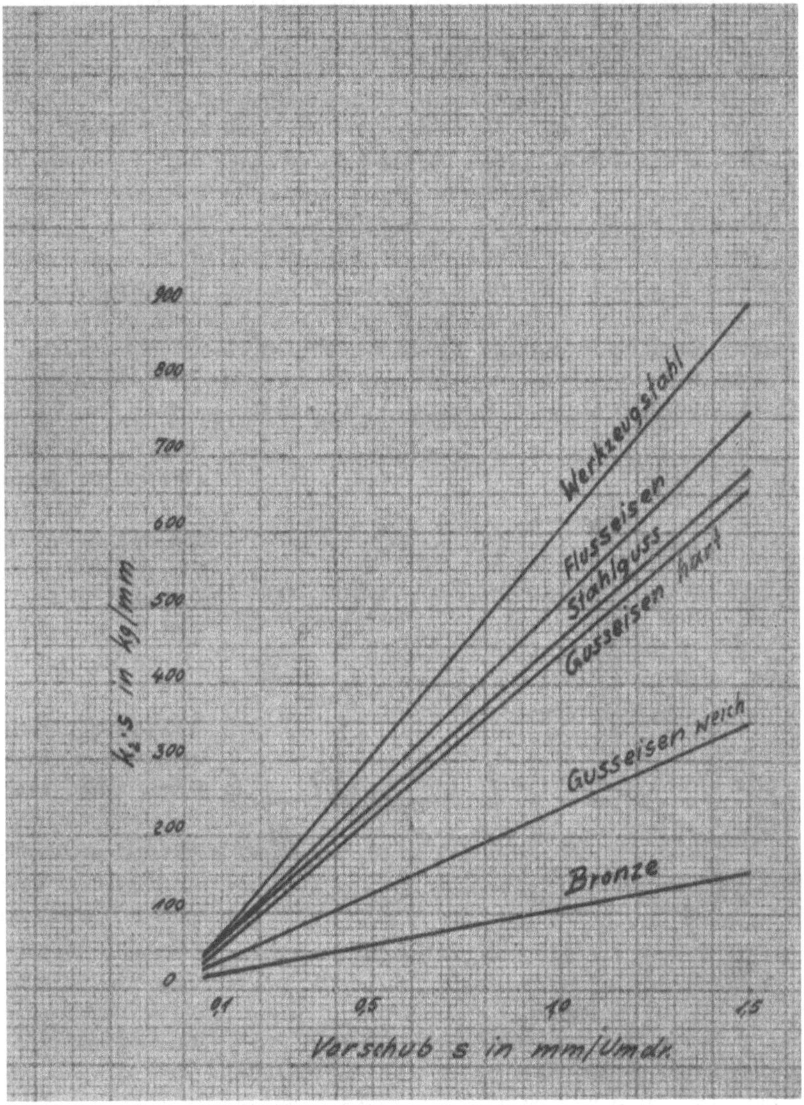

Abb. 15. Spezifische Schnittwiderstände beim Bohren.

schnitte höhere Spanleistungen bei gleicher Antriebsleistung. Es erhebt sich also die Forderung, wo irgend möglich, große Spanquerschnitte (große Vorschübe) zu verwenden, um mit der zur Verfügung stehenden Antriebsleistung der Maschine ein möglichst großes Spanvolumen zu bewältigen, da hierdurch die Bearbeitungszeit abgekürzt wird. Ist nun für die Errechnung von $q \cdot d$ in der Maschinenkarte k_s konstant angenommen, so findet man den berichtigten Wert von q, indem man q im Verhältnis der entsprechenden Werte für k_s nach Tafel Abb. 13 umrechnet. Beispiel: Aus der Maschinenkarte soll sich ein Wert für den Spanqurschnitte von 6 mm² für Gußeisen ergeben haben. Da dieser Wert bei konstantem k mit 120 kg/mm² errechnet ist, bei 6 mm² Spanquerschnitt nach Abb. 13

k_s nur noch 95 kg/mm² beträgt, so würden sich bei Berücksichtigung dieses Wertes statt 6 mm² $\frac{6 \cdot 120}{95} = \sim 7{,}6$ mm² ergeben.

Die Vorteile der Veränderlichkeit von k_s treten natürlich nur dort in Erscheinung, wo es sich bei dem einzelnen Schnitt um nahezu gleichbleibende Spanquerschnitte handelt, wie beim Drehen und Hobeln. Aber auch hier kann die volle Ausnutzung der Maschine fast nur für Schrupp- und Vorarbeiten in Frage kommen. Bei Fertigarbeiten muß in den meisten Fällen mit Rücksicht auf die verlangte Genauigkeit, Sauberkeit der Oberfläche oder die Widerstandskraft des Arbeitsstückes (Einspannung) der Spanquerschnitt klein gewählt werden, d. h. in der Gleichung: Leistung = Kraft × Geschwindigkeit wäre der Faktor Kraft eventuell sehr klein. Um bei voller Maschinenleistung die Gleichung zu erfüllen, müßte also eine entsprechend höhere Schnittgeschwindigkeit verwendet werden. Sehr häufig ist dann aber die Maschinenleistung bereits durch die Leistung der Spindellager (höchste Drehzahl) begrenzt, bei denen im allgemeinen bei Rotgußausführung eine Gleitgeschwindigkeit[1] von 2 m/Sek., bei Ringschmierung von 3 bis $3^1/_2$ m/Sek. und bei Kugellagerung von 3 bis 5 m/Sek. nicht überschritten werden darf. Z. B. die Bearbeitung von Aluminium: Bei den neuzeitlichen guten Schnelldrehstählen, geringen Materialzugaben und der Forderung der Sauberkeit (kleiner Vorschub) kann man fast behaupten, daß für Aluminium immer die höchste Drehzahl der Maschine genommen werden muß. Schnittgeschwindigkeiten von 400 und 500 m/Min. sind hierbei nicht selten und nicht zu hoch. Bei dem geringen Schnittwiderstand wird aber die Antriebsleistung der Maschine nicht ausgenützt, da die Lager auf die Dauer keine höhere Drehzahl aushalten würden.

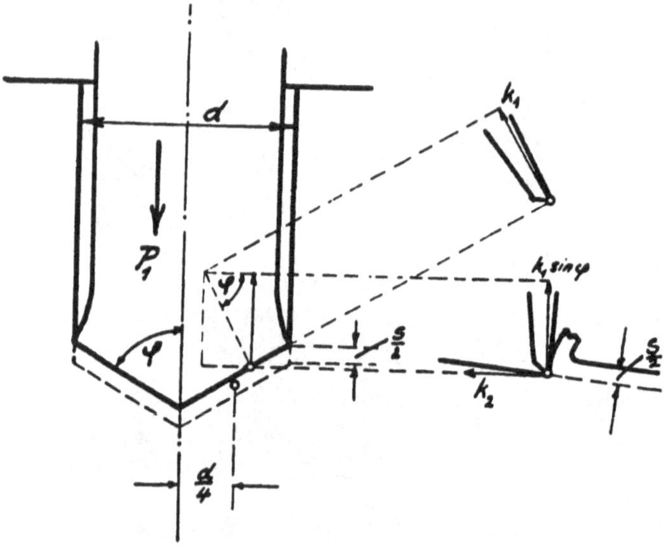

Abb. 16.

Beim Bohren ins volle Material werden die Zerspanungsvorgänge durch die Querschneide so stark beeinflußt, daß die Leistungsberechnung nach anderen Richtwerten durchgeführt werden muß. Neuere Versuchsergebnisse liegen leider nicht vor. In den Abb. 14 und 15 sind aber Diagramme von Codron[2] wiedergegeben, die die Vorschub- und Schnittwiderstände je mm Schneidenlänge in Abhängigkeit vom Vorschub je Umdrehung darstellen. Nach Abb. 16[2)] ist die Vorschubkraft

$$P_1 = d \cdot \frac{s}{2} \cdot k \cdot \sin\varphi = (k_1 \cdot s)\frac{d \cdot \sin\varphi}{2} \ldots\ldots \text{kg.}$$

[1] Vgl. Hippler, Die Dreherei und ihre Werkzeuge.

[2] Vgl. Dubbel, Taschenbuch für den Maschinenbau, 2. Aufl., S. 1273.

Die Vorschubgeschwindigkeit bei n Umdr./Min. und s mm Vorschub/Umdr. ist

$$v_1 = n \cdot s \text{ mm/Min.} = \frac{n \cdot s}{1000 \cdot 60} \text{ ..... m/Sek.}$$

Die Vorschubleistung ist

$$N_1 = P_1 \cdot v_1 = \frac{(k_1 \cdot s) \cdot d \cdot \sin\varphi \cdot n \cdot s}{2 \cdot 1000 \cdot 60 \cdot 75} \text{ ..... PS.}$$

Die Schnittkraft ist

$$P_2 = d \cdot \frac{s}{2} \cdot k_2 = (k_2 \cdot s) \cdot \frac{d}{2} \text{ ..... kg.}$$

Die Geschwindigkeit des Kraftangriffpunktes ist

$$v_2 = \frac{d}{2} \cdot \pi \cdot n \text{ mm/Min.} = \frac{d \cdot \pi \cdot n}{2 \cdot 1000 \cdot 60} \text{ ..... m/Sek.}$$

Die Schnittleistung ist

$$N_2 = P_2 \cdot v_2 = \frac{(k_2 \cdot s) \cdot d^2 \cdot \pi \cdot n}{4 \cdot 1000 \cdot 60 \cdot 75} \text{ ..... PS.}$$

Hieraus ergibt sich eine erforderliche Leistung für den Antrieb der Maschine von

$$N = \frac{N_1 + N_2}{\eta} \text{ .....PS,}$$

wobei N_1 infolge der geringen Vorschubgeschwindigkeit wiederum so klein wird, daß es vernachlässigt werden kann. Es ist dann

$$N \cdot \eta = N_2 \text{ oder ähnlich wie oben}$$

$$\frac{b \cdot p \cdot D \cdot \pi \cdot n_1 \cdot \eta}{1000 \cdot 75 \cdot 60} = \frac{k_2 \cdot s \cdot d^2 \cdot \pi \cdot n_2}{4 \cdot 1000 \cdot 75 \cdot 60} \text{ oder, da der Spanquerschnitt } q = d \cdot \frac{s}{2}:$$

$$q \cdot d = \frac{b \cdot p \cdot D \cdot n_1 \cdot \eta \cdot 2}{k_2 \cdot n_2} \text{ ..... mm}^3.$$

Noch anders gestaltet sich die Rechnung beim Fräsen,[1] die aber nur für das Fräsen mit Walzenfräsern durchgeführt werden soll. Es ist wie beim Drehen

$$q \cdot d = \frac{b \cdot p \cdot D \cdot n_1 \cdot \eta}{k \cdot n_2} \text{ ..... mm}^3 \quad (d = \text{Fräserdurchmesser}).$$

Bei Fräsern mit z Zähnen haben wir es mit z Schneiden zu tun, von denen aber nur ein Teil (z') im Eingriff ist. Bei s mm Vorschub je Fräserumdrehung beträgt der Vorschub für jeden Zahn $\frac{s}{z}$ mm, wodurch die Spanstärke für den einzelnen Fräserzahn bedingt wird. Wie aus Fig. 17 ersichtlich ist, nimmt diese von 0 beim Eingriffspunkt 1 bis zu einem Größtwert beim Punkt 2 stetig zu und beträgt dort annähernd $\frac{s}{z} \cdot \sin\alpha$ mm. Hieraus ergibt sich bei einer Fräsbreite von b mm ein Spanquerschnitt, der von 0 bis $b \cdot \frac{s}{z} \cdot \sin\alpha$ mm² anwächst, oder ein mittlerer Spanquerschnitt von $\frac{b \cdot s \cdot \sin\alpha}{2z}$ mm². Die Anzahl der im Eingriff befindlichen Zähne z' verhält sich zur Zähnezahl des Fräsers wie $\alpha : 360°$, also $z' = \frac{\alpha \cdot z}{360}$. Da auf jeden der im Eingriff befindlichen Zähne der mittlere Spanquerschnitt

[1] Vgl. auch Fräsen, S. 127.

entfällt, so beträgt die Summe der Einzelspanquerschnitte, die den vom Antrieb zu bewältigenden Gesamtspanquerschnitt q ausmacht,

$$q = z' \cdot \frac{b \cdot s \cdot \sin \alpha}{2 z} = \frac{\alpha \cdot b \cdot s \cdot \sin \alpha}{360 \cdot 2} \text{ mm}^2.$$

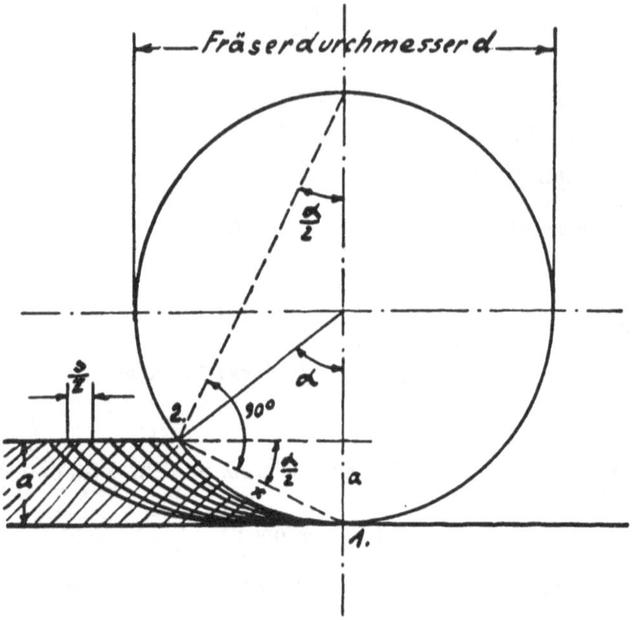

Abb. 17.

Hiermit kann natürlich ein Kalkulator, der den Wert $q \cdot d$ in seiner Maschinenkarte hat, nicht viel anfangen. In diesem Falle müßte man ihm eine Rechentafel zur Hand geben, mit deren Hilfe er sich aus $q \cdot d$, der Schnittiefe a und den übrigen Daten den Vorschub errechnen kann, den seine Maschine bei gegebenem Fräserdurchmesser und angenommener Schnittgeschwindigkeit durchzieht.

Mit den angeführten Rechnungsarten ist es möglich, die Zerspanungsleistungen der wichtigsten Arbeitsverfahren so zu überprüfen, daß eine näherungsweise Ausnutzung der Maschinen möglich wird. Genauere Berechnungen besonders der Bohr- und Fräsvorgänge sind allerdings erst dann möglich, wenn einwandfreie Unterlagen für die spezifischen Schnittwiderstände gerade für diese Spanarbeiten geschaffen sind.

4. Laufzeitberechnung und Arbeiten an Werkzeugmaschinen.

a) Langhobelmaschinen.

Wenn man die in einem Betriebe vorhandenen Langhobelmaschinen in 3 Gruppen einteilt z. B.:

Gruppe 1: größte Hublänge 2 m,
„ 2: „ „ 4 m,
„ 3: „ „ 8 m,

so wird man selbst unter den Maschinen derselben Gruppe ziemlich bedeutende Unterschiede in der Zahl der minutlichen Doppelhübe und der daraus zu errechnenden Schnittgeschwindigkeit feststellen können.[1]

Bei allen Langhobelmaschinen mit Riemenumsteuerung ist die Schnittgeschwindigkeit stark begrenzt, d. h. wenn der verwendete Hobelstahl auch eine Schnittgeschwindigkeit beispielsweise von 20 m/Min. für St. 37 bei 12 mm² Spanquerschnitt ohne weiteres

[1] Vgl. Abb. 2 S. 15.

gestattet, so ist es doch nicht möglich, eine gewöhnliche Langhobelmaschine dieser Art mit derselben Geschwindigkeit laufen zu lassen, da das Getriebe, welches die Umsteuerung (den Wechsel) beim Vor- und Rücklauf betätigt, selbst bei der besten Konstruktion eine so starke Beanspruchung nicht verträgt. Die Ursache liegt darin, daß die Masse des Tisches mit dem darauf gespannten Arbeitsstück zu groß ist, um in der kurzen Zeit der Umsteuerung aus der einen Bewegungsrichtung in die andere gebracht zu werden.

Gute Durchschnittsleistungen von Langhobelmaschinen entsprechen ungefähr folgender Tabelle:

Tabelle 1.

Durchschnittswerte für Langhobelmaschinen.

Gruppe	Hobellänge bis	Zahl der Doppelhübe p. Min. bei Hublänge 1000 mm	Zeit für 1 Doppelhub von 1000 mm Länge in Sek.	Mittlere Tischgeschwindigkeit v in m/Min.	Überlauf[1] und Anlauf $L - l$ in mm	Verhältnis $Va : Vr$
I	2 m	4,75	12,6	9,5	100—150	1 : 3
II	4 m	4,25	14,1	8,5	100—250	1 : 2,5
III	8 m	3,75	16	7,5	300—350	1 : 2

Unter mittlerer Tischgeschwindigkeit ist hier das Mittel zwischen Arbeits- und Rückläufgeschwindigkeit zu verstehen, das sich aus der Anzahl der minutlichen Doppelhübe ergibt: $v = \frac{2 \cdot L \cdot n}{1000}$ m/Min. Ist v_a die Arbeitsgeschwindigkeit und v_r die Rücklaufgeschwindigkeit, so ist die mittlere Tischgeschwindigkeit $v = \frac{v_a + v_r}{2}$. Bei einem Verhältnis von $\frac{v_r}{v_a} = \mathrm{m}$, welches durch Aufnahme zu ermitteln und in die Maschinenkarte einzutragen ist, ist $v_r = \mathrm{m} \cdot v_a$. Folglich ist

$$v = \frac{v_a + \mathrm{m} \cdot v_a}{2} = \frac{v_a\,(\mathrm{m} + 1)}{2} \quad \text{oder}$$

$$v_a = \frac{2 \cdot v}{\mathrm{m} + 1}\ \text{m/Min.,}$$ das ist die wirkliche Schnittgeschwindigkeit des Werkzeuges, ausgedrückt durch die mittlere Tischgeschwindigkeit. Der Konstruktion nach ist v_a bei Langhobelmaschinen konstant und bei allen Hublängen gleich. Die Veränderlichkeit von v kommt dadurch zustande, daß bei kleinen Hublängen verhältnismäßig viel Zeit für den Wechsel verloren geht, während bei sehr großen Hublängen dieser Verlust im Verhältnis zur Hubdauer so gering ist, daß für v nahezu das theoretische Mittel von $v_a : v_r$ erreicht wird.

Bei der Leistungsberechnung muß mit der Arbeitsgeschwindigkeit v_a gerechnet werden.

Die Anzahl der Doppelhübe n/Min. ändert sich mit der Hublänge. Die Maschinenkarten für Langhobelmaschinen müssen also Tabellen enthalten, die die minutlichen Doppelhübe in Abhängigkeit von den Hublängen wiedergeben. Die Entwicklung solcher Tafeln zeigt Abb. 18 und 19. An der Maschine nach Abb. 18 z. B. wurde zunächst der kürzeste Hub = 400 mm eingestellt, und hierbei wurden mit der Stoppuhr 8 Doppelhübe beobachtet; diese dauerten zusammen 54 Sekunden, demnach dauerte ein Doppelhub $\frac{54}{8} = 6{,}75$ Sek. oder 0,112 Min. Hieraus ergibt sich eine mittlere Tischgeschwindigkeit von

[1] Vgl. Abb. 9 S. 33.

$v = \frac{2 \cdot L}{1000 \cdot t} = \frac{2 \cdot 400}{1000 \cdot 0{,}112} = 7{,}1$ m/Min., wenn $t = \frac{1}{n}$ die Zeit für einen Doppelhub in Minuten ist. Ferner findet man

$$n = \frac{v \cdot 1000}{2 \cdot L} = \frac{7{,}1 \cdot 1000}{2 \cdot 400} = 8{,}9 \text{ Doppelhub/Min.}$$

$$\text{oder auch } n = \frac{1}{t} = \frac{1}{0{,}112} = 8{,}9 \text{ Doppelhub/Min.}$$

Die in den Tafeln Abb. 18 und 19 in der zweiten senkrechten Spalte angegebene Zahl der beobachteten Doppelhübe ist willkürlich gewählt und fällt mit steigender Hublänge ab. Es ist bei der Durchführung derartiger Aufnahmen zu empfehlen, möglichst viele Doppelhübe zu beobachten, um genaue Ergebnisse zu erhalten.

Bestehen in einer Werkstatt unter den Langhobelmaschinen derselben Gruppe wesentliche Unterschiede in den Hubzahlen und Vorschüben, und will man trotzdem einheitliche Akkordzeiten vorgeben, so ist es nötig, an den betreffenden Maschinen die Antriebscheiben so zu wählen, daß die Maschinen gleichmäßig schnell laufen; desgleichen sind die Vorschübe durch Änderung der Schalträder oder der Supportspindeln zu vereinheitlichen.

Langhobelmaschine.

Hobellänge 5000. Hobelbreite 2000. Hobelhöhe 2000.
Überlauf 300 mm. Kürzester einstellbarer Hub 400 mm.

Hub-länge	Doppelhübe		Zeit für 1 Doppelhub in		Mittl. Tischgeschw- in		Zahl der Doppel-hübe
mm	Zahl	Zeit Sek.	Sek.	Min.	mm/Sek.	m/Min.	pro Min.
400	8	54	6,75	0,11	118	7,1	8,9
600	5	48,5	9,7	0,16	124	7,4	6,1
800	3	38,7	12,85	0,21	124	7,4	4,6
1000	2	32	16	0,27	124	7,4	3,7
1250	2	39,6	19,8	0,33	126	7,55	3
1500	2	46	23	0,38	130	7,8	2,6
1750	2	54	27	0,45	130	7,8	2,2
2000	2	60	30	0,5	131	7,85	1,96
2500	1	37	37	0,62	134	8,05	1,6
3000	1	45	45	0,75	134	8,05	1,34
3500	1	52	52	0,87	134	8,05	1,15
4000	1	60	60	1	134	8,05	1
4500	1	66	66	1,1	136	8,15	0,9
5000	1	73,5	73,5	1,22	136	8,15	0,8

Vorschub pro Doppelhub in mm.

Vorschub-richtung	Zähne						
	1	2	3	4	5	6	7
Horizontal	0,6	1,2	1,8	2,4	3	3,6	4,2
Vertikal	0,4	0,8	1,2	1,6	2	2,4	2,8

Abb. 18.

Langhobelmaschine.

Hobellänge 2500. Hobelbreite 700. Hobelhöhe 700.
Überlauf 100 mm. Kürzester einstellbarer Hub 200 mm.

Hublänge mm	Doppelhübe Zahl	Doppelhübe Zeit Sek.	Zeit für 1 Doppelhub in Sek.	Zeit für 1 Doppelhub in Min.	Mittl. Tischgeschw. in mm/Sek.	Mittl. Tischgeschw. in m/Min.	Zahl der Doppelhübe pro Min.
200	10	29	2,9	0,048	138	8,3	20,8
300	10	38	3,8	0,063	158	9,5	15,8
400	10	46	4,6	0,076	174	10,4	13
600	6	41	6,8	0,011	176	10,6	8,8
800	6	54,5	9,1	0,15	176	10,6	6,6
1000	5	57	11,4	0,19	176	10,6	5,2
1250	3	42	14	0,23	178	10,7	4,3
1500	4	67	16,8	0,28	178	10,7	3,5
1750	3	59	19,7	0,32	178	10,7	3,1
2000	3	67	22,3	0,37	178	10,7	2,7
2250	3	75	25	0,41	178	10,7	2,4
2500	2	56	28	0,46	178	10,7	2,1

Vorschub pro Doppelhub in mm.

Vorschubrichtung	Zähne 1	2	3	4	5	6
Horizontal. . , . . .	0,45	0,9	1,35	1,8	2,25	2,7
Vertikal	0,35	0,7	1,05	1,4	1,75	2,1

Abb. 19.

Will man diesen Weg nicht gehen, dann müssen die Stücklöhne für jede Hobelmaschine getrennt berechnet werden.

Als Beispiel sei an obigen beiden Maschinen die Laufzeit für 1 Schnitt an ein und derselben Hobelfläche (Abb. 20) berechnet.

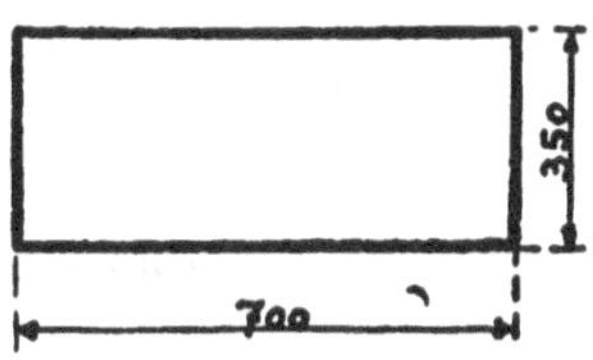

Abb. 20.

Die Laufzeit (Hauptzeit) berechnet man nach der Formel:

$$t_h = \frac{\text{Breite} \times \text{Schnittzahl}}{\text{Hubzahl} \times \text{Vorschub}} = \frac{b \cdot i}{n \cdot s} \text{ Min.}$$

Die Bearbeitungszugabe sei so stark, daß ein Vorschub von 0,6 mm nicht überschritten werden kann; dann ergibt sich folgende Gegenüberstellung:

Maschine Abb. 18.		Maschine Abb. 19.	
Arbeitslänge	= 700 mm	Arbeitslänge	= 700 mm
Überlauf	= 300 „	Überlauf	= 100 „
Hublänge	= 1000 „	Hublänge	= 800 „
Doppelhübe pro Min.	= 3,7 „	Doppelhübe pro Min.	= 6,6 „
Vorschub	= 0,6 „	Vorschub	= 0,45 „
Schnittzahl	= 1	Schnittzahl	= 1
Laufzeit $t_h = \frac{350 \cdot 1}{3,7 \cdot 0,6}$	= 157 Min.	Laufzeit $t_h = \frac{350 \cdot 1}{6,6 \cdot 0,45}$	= 118 Min.

Ist in vorstehender Aufgabe angenommen, daß die Fläche in Längsrichtung gehobelt wird, so soll jetzt die Laufzeit für das Hobeln in Querrichtung berechnet werden.

Maschine Abb. 18.		Maschine Abb. 19.	
Arbeitslänge	= 350 mm	Arbeitslänge	= 350 mm
Überlauf	= 300 „	Überlauf	= 100 „
Hublänge	= 650 „	Hublänge	= 450 „
Doppelhübe pro Min.	= 5,7 „[1]	Doppelhübe pro Min.	= 11,6 „[1]
Vorschub	= 0,6 „	Vorschub	= 0,45 „
Schnittzahl	= 1	Schnittzahl	= 1
Laufzeit $t_h = \frac{700 \cdot 1}{5,7 \cdot 0,6}$	= 205 Min.	Laufzeit $t_h = \frac{700 \cdot 1}{11,6 \cdot 0,45}$	= 134 Min.

Aus der Gegenüberstellung dieser 4 Resultate geht hervor, daß es nicht gleichgültig ist, in welcher Richtung eine rechteckige Fläche gehobelt wird, und daß es **falsch** ist, Hobelarbeiten nach Flächeninhalt zu bezahlen. Wir haben hier für ein und dieselbe Hobelfläche auf 2 verschiedenen Maschinen und in verschiedener Hobelrichtung 4 voneinander stark abweichende Resultate und müßten bei Bezahlung nach Flächeninhalt 4 verschiedene Werte je cm² einsetzen, womit das Unhaltbare einer solchen Berechnungsart wohl zur Genüge bewiesen ist.

Ist statt der minutlichen Hubzahl die mittlere Tischgeschwindigkeit bekannt, so kann man für die Laufzeit auch die Formel verwenden:

$$t_h = \frac{2 \cdot L \cdot b \cdot i}{1000 \cdot v \cdot s} \text{ .... Min.}$$

Man kann auch die Formel so umschreiben, daß sie die Arbeitsgeschwindigkeit v_a enthält.

[1] In der Tafel der Hobelmaschine Abb. 18 ist die Hublänge von 650 mm nicht enthalten. Um nun die Zahl der minutlichen Doppelhübe bei 650 mm Hublänge festzustellen, sucht man in der 4. Hauptspalte die Schnittgeschwindigkeit, die dort für 600—1000 mm Hublänge mit 7,4 m/Min. angegeben ist; dann ist die Zahl der minutlichen Doppelhübe $= \frac{7,4}{0,65 \cdot 2} = 5,7$.

In derselben Weise geschieht die Berechnung der Hubzahl für Maschine Abb. 19.

Es ist:

$$t_h = \left(\frac{L}{v_a} + \frac{L}{v_r}\right)\frac{b \cdot i}{1000 \cdot s} \text{ oder, da } v_r = \mathrm{m}\, v_a,$$

$$= \frac{\mathrm{m}L + L}{\mathrm{m} \cdot v_a} \cdot \frac{b \cdot i}{1000 \cdot s} = \frac{(\mathrm{m} + 1)\, L \cdot b \cdot i}{\mathrm{m} \cdot v_a \cdot 1000 \cdot s} \text{ Min.}$$

Diese Formeln dürften wohl nur höchst selten Anwendung finden, da das Arbeiten mit der ersten Laufzeitformel viel bequemer ist.

Mit Hilfe der gegebenen Formeln lassen sich die Laufzeiten für Arbeiten auf Langhobelmaschinen genau genug berechnen, sobald die Maschinenleistungen und Maschinenkarten oder dergleichen zur Hand sind. Um aber auch dem Kalkulator Anhaltspunkte für seine Stückzeitermittlung zu geben, der solche Unterlagen nicht zur Verfügung hat, seien in folgendem einige Tabellen auch für Nebenzeiten gegeben, mit denen er einigermaßen wahrheitsgetreue Bearbeitungszeiten zusammensetzen und errechnen kann (vgl.: „Schätzen und Überschlagen“, Abschnitt II, 3a, S. 14 und 15).

Durchschnittswerte für das Arbeiten an Langhobelmaschinen.

Tabelle 2.

Zeiten in Minuten für das erstmalige Einrichten von Hobelmaschinen.

Bettlänge in m	Einrichtezeit in Minuten	Bettlänge in m	Einrichtezeit in Minuten
2	4—8	6	8—16
3	5—10	7	8—18
4	6—12	8	10—20
5	7—14	10	12—24

In den Zeiten der Tafel ist enthalten:

1. Das Säubern der Hobelmaschine.
2. Das Einstellen des oder der Supporte.
3. Das Einstellen des Hubes.
4. Das Heranschaffen von Schrauben und Spanneisen.
5. Das Heranschaffen etwa benötigter Aufspannvorrichtungen.

Vorausgesetzt ist hierbei, daß der Arbeiter keine weiteren Aufenthalte durch eigenes Heranschaffen, besonders der Arbeitsstücke usw., hat. In allen Fällen, wo der Arbeiter das Heranschaffen der Werkzeuge, Zeichnungen und anderes selbst erledigt, sind zu den obigen Zeiten noch Zuschläge zu machen.

Tabelle 3.

Zeiten in Minuten für das Aufspannen und Ausrichten kastenförmiger Körper auf der Hobelmaschine.

Grundfläche mm			Höhe in mm 100	200	300	400	600	800	1000
200 × 200	I	Min.	5	5	5	6			
270 × 150	II	„	7	7	7	8			
400 × 100		kg	11	21	31	42		ohne Kran	
300 × 300	I	Min.	5	5	9	10	12	mit Kran	
400 × 225	II	„	7	7	12	14	17		
600 × 150		kg	23	47	70	93	135		
400 × 400	I	Min.	5	9	10	11	13		
550 × 300	II	„	7	12	13	15	19		
800 × 200		kg	42	82	125	165	250		
600 × 600	I	Min.	9	10	12	14	17	20	
800 × 450	II	„	13	15	17	19	24	27	
1200 × 300		kg	94	186	285	375	560	750	
800 × 800	I	Min.	14	15	16	18	22	25	28
1100 × 600	II	„	19	20	22	25	30	34	38
1600 × 400		kg	165	330	500	660	1000	1300	1660
1000 × 1000	I	Min.	17	18	19	21	25	28	31
1350 × 750	II	„	23	25	27	29	35	39	43
2000 × 500		kg	260	520	780	1040	1550	2050	2600
1500 × 1500	I	Min.	19	22	25	28	32	35	38
2000 × 1125	II	„	27	31	35	39	45	49	53
3000 × 750		kg	580	1160	1750	2300	3500	4700	5800

Das gerechnete Gewicht entspricht ungefähr $^1/_3$ des Gewichts voller Körper von denselben Abmessungen.

I = einfaches Ausrichten nach rohen Flächen ohne Riß.

II = schwieriges Ausrichten nach Riß oder bearbeiteten Flächen.

Für das Umspannen auf eine gehobelte Fläche sind 80 % der Werte der Gruppe I einzusetzen.

Die Werte der Tafel verstehen sich für das Aufspannen ohne Benutzung von Spezialspannvorrichtungen. Die Angaben der Tafeln betreffs der Abmessungen der Grundfläche eines Körpers sind so zu verstehen, daß dieselbe Aufspannzeit in Frage kommt, wenn z. B. der Körper an der Grundfläche 200 × 200 oder 270 × 150 oder 400 × 100 mm mißt.

Tabelle 4.

Schnittwerte für Langhobelmaschinen.

Hublänge in m	Schnittgeschwindigkeit v_m/Min.	Schnitttiefe mm	Vorschub mm	
2	9—10	5—7	0,7—2	Für Breitschlichten kann ein Vorschub von 10—15 mm genommen werden.
4	8—9	6—8	1—3	
8	7—8	7—9	1,5—5	

Tabelle 5.

Schnittgeschwindigkeiten und minutliche Doppelhübe für Langhobelmaschinen[1].

Größte Hublänge 2 m				Größte Hublänge 4 m				Größte Hublänge 8 m			
Hublänge mm	Schnittgeschw. v in mm/Sek.	Schnittgeschw. v in m/Min.	Doppelhübe pro Minute	Hublänge mm	Schnittgeschw. v in mm/Sek.	Schnittgeschw. v in m/Min.	Doppelhübe pro Minute	Hublänge mm	Schnittgeschw. v in mm/Sek.	Schnittgeschw. v in m/Min.	Doppelhübe pro Minute
300	150	9	15	400	134	8,04	10	400	108	6,48	8,1
400	151	9,06	11,3	500	134	8,04	8	500	108	6,48	6,5
500	152	9,12	9,1	600	135	8,1	6,7	600	109	6,54	5,4
600	153	9,18	7,7	700	135	8,1	5,7	700	109	6,54	4,7
700	154	9,24	6,6	800	136	8,16	5,1	800	110	6,6	4,1
800	155	9,3	5,8	900	136	8,16	4,5	900	110	6,6	3,7
900	156	9,36	5,2	1000	137	8,2	4,1	1000	111	6,66	3,3
1000	157	9,42	4,7	1200	138	8,28	3,4	1200	111	6,66	2,8
1100	158	9,48	4,3	1400	139	8,34	3	1400	112	6,7	2,4
1200	159	9,54	4	1600	140	8,4	2,6	1600	112	6,7	2,1
1300	160	9,6	3,7	1800	141	8,46	2,3	1800	113	6,78	1,9
1400	161	9,66	3,4	2000	142	8,52	2,1	2000	113	6,78	1,7
1500	162	9,72	3,2	2200	143	8,58	1,95	2200	114	6,84	1,55
1600	163	9,78	3	2400	144	8,64	1,8	2400	114	6,84	1,42
1700	164	9,84	2,9	2600	145	8,7	1,67	2600	115	6,9	1,33
1800	165	9,9	2,75	2800	146	8,76	1,56	2800	115	6,9	1,23
1900	166	9,96	2,6	3000	147	8,82	1,47	3000	116	6,96	1,16
2000	167	10,02	2,5	3200	148	8,88	1,4	3200	116	6,96	1,09
				3400	149	8,94	1,32	3400	117	7,02	1,03
				3600	149	8,94	1,24	3600	117	7,02	0,97
				3800	150	9	1,18	3800	118	7,08	0,93
				4000	150	9	1,12	4000	118	7,08	0,88
								4200	119	7,14	0,85
								4400	119	7,14	0,81
								4600	120	7,2	0,78
								4800	120	7,2	0,75
								5000	120	7,2	0,72
								5200	121	7,26	0,7
								5400	121	7,26	0,67
								5600	121	7,26	0,65
								5800	122	7,32	0,63
								6000	122	7,32	0,61
								6200	122	7,32	0,59
								6400	123	7,38	0,58
								6600	123	7,38	0,56
								6800	123	7,38	0,54
								7000	124	7,44	0,53
								7200	124	7,44	0,52
								7400	124	7,44	0,5
								7600	125	7,5	0,49
								7800	125	7,5	0,48
								8000	125	7,5	0,47

[1] Gemessen bei belasteten Maschinen; Zuschläge sind nicht erforderlich.

Tabelle 5a.

Ausgerechnete Laufzeiten in Minuten für 10 mm Hobelbreite und 1 Schnitt an Langhobelmaschinen von 2 und 4 m Hublänge.

Grösste Hublänge 2 m					
Hub-Länge	Vorschub in mm 0,8	1	1,25	1,5	1,75
300	0,83	0,66	0,53	0,44	0,36
400	1,1	0,88	0,7	0,58	0,5
500	1,38	1,1	0,88	0,73	0,63
600	1,6	1,28	1,12	0,75	0,73
700	1,9	1,52	1,22	1	0,87
800	2,15	1,72	1,37	1,14	0,98
900	2,4	1,92	1,54	1,28	1,1
1000	2,65	2,22	1,7	1,4	1,21
1100	2,9	2,32	1,86	1,54	1,32
1200	3,12	2,5	2	1,66	1,42
1300	3,4	2,73	2,18	1,8	1,56
1400	3,68	2,95	2,35	1,96	1,68
1500	3,9	3,12	2,5	2,08	1,78
1600	4,16	3,33	2,67	2,2	1,9
1700	4,3	3,45	2,75	2,3	1,97
1800	4,55	3,65	2,9	2,42	2,08
1900	4,8	3,85	3,08	2,55	2,2
2000	5	4	3,2	2,65	2,3

Grösste Hublänge 4 m					
Hub-Länge	Vorschub in mm 0,8	1	1,25	1,5	1,75
400	1,25	1	0,8	0,66	0,57
500	1,56	1,25	1	0,83	0,71
600	1,86	1,48	1,19	0,99	0,85
700	2,2	1,76	1,4	1,17	1
800	2,45	1,96	1,57	1,3	1,12
900	2,78	2,23	1,78	1,48	1,27
1000	3,05	2,45	1,95	1,62	1,4
1200	3,68	2,95	2,35	1,96	1,68
1400	4,16	3,33	2,66	2,22	1,9
1600	4,8	3,85	3,07	2,55	2,2
1800	5,4	4,3	3,45	2,88	2,46
2000	5,95	4,75	3,8	3,17	2,72
2200	6,45	5,1	4,1	3,4	2,92
2400	6,95	5,57	4,45	3,7	3,18
2600	7,5	6	4,8	4	3,43
2800	8	6,4	5,1	4,25	3,65
3000	8,5	6,8	5,42	4,5	3,88
3200	9	7,1	5,7	4,75	4,07
3400	9,5	7,6	6,1	5	4,35
3600	10,1	8,1	6,45	5,35	4,6
3800	10,6	8,5	6,8	5,65	4,85
4000	11,2	9	7,15	6	5,1

Tabelle 5b.

Ausgerechnete Laufzeiten in Minuten für 10 mm Hobelbreite und 1 Schnitt an Langhobelmaschinen von 8 m Hublänge

Grösste Hublänge 8 m					
Hub-Länge	Vorschub in mm 0,8	1	1,25	1,5	1,75
400	1,54	1,23	0,98	0,82	0,7
500	1,94	1,47	1,24	1,03	0,89
600	2,3	1,84	1,47	1,22	1,05
700	2,65	2,12	1,7	1,42	1,2
800	3,05	2,45	1,95	1,62	1,4
900	3,38	2,7	2,15	1,8	1,58
1000	3,8	3,05	2,45	2,02	1,75
1200	4,55	3,65	2,9	2,42	2,07
1400	5,2	4,15	3,3	2,77	2,37
1600	5,95	4,75	3,8	3,17	2,72
1800	6,6	5,3	4,2	3,5	3
2000	7,35	5,9	4,7	3,92	3,35
2200	8,1	6,5	5,2	4,3	3,7
2400	8,8	7	5,6	4,7	4
2600	9,4	7,5	6	5	4,3
2800	10,1	8,1	6,45	5,4	4,6
3000	10,8	8,6	6,9	5,75	4,95
3200	11,5	9,2	7,35	6,15	5,25
3400	12,2	9,75	7,8	6,5	5,6
3600	12,9	10,3	8,2	6,9	5,9
3800	13,5	10,8	8,6	7,2	6,2
4000	14,2	11,3	9,1	7,55	6,5

Grösste Hublänge 8 m					
Hub-Länge	Vorschub in mm 0,8	1	1,25	1,5	1,75
4200	14,8	11,8	9,5	7,9	6,7
4400	15,4	12,3	9,8	8,2	7
4600	16	12,8	10,2	8,5	7,3
4600	16,7	13,4	10,7	8,9	7,6
5000	17,4	13,9	11,1	9,3	7,95
5200	18	14,4	11,5	9,6	8,2
5400	18,6	14,9	11,9	9,9	8,5
5600	19,2	15,4	12,3	(10,2	8,75
5800	19,8	15,9	12,7	10,6	9,05
6000	20,5	16,4	13,1	11	9,35
6200	21,2	17	13,6	11,3	9,7
6400	21,8	17,6	14	11,6	10
6600	22,3	18	14,35	11,9	10,25
6800	23	18,5	14,7	12,2	10,5
7000	23,7	19	15,2	12,6	10,8
7200	24,4	19,5	15,6	13	11,1
7400	25	20	16	13,3	11,4
7600	25,5	20,4	16,3	13,6	11,65
7800	26	20,8	16,6	13,9	11,9
8000	26,5	21,2	17	14,2	12,1

Übungsbeispiele.

1.[1] An einer gußeisernen Platte (Abb. 21) sollen die Oberfläche und die beiden Fußflächen mit je 2 Schnitten gehobelt werden.

Einrichtezeit: Nach Tabelle 2 für 2 m Bettlänge		8 Min.
Transport des Arbeitsstückes		4 „
Skizze holen		3 „
(Verlustzeit ist in der Schätzung enthalten)	t_e =	15 Min.

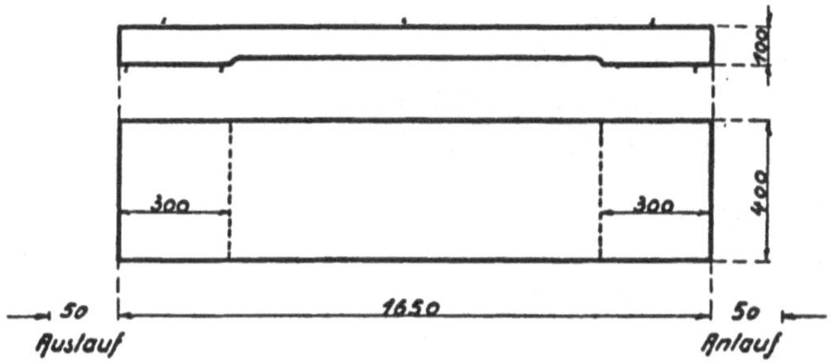

Abb. 21.

Hauptzeit:[2] Hublänge $L = 1650 + 120 =$ abgerundet 1800 mm.

Nach Tabelle 5 für $L = 1800$ ist $n = 2{,}75$/Min.

Für die Fußflächen ist $L = 300 + 120 = 420$ mm, $n =$ ca. 11/Min.

Vorschub $s = 2$ mm/Doppelhub,

$$t_h = \frac{b \cdot i}{n \cdot s} = \frac{400 \cdot 2}{2{,}75 \cdot 2} + 2 \cdot \frac{400 \cdot 2}{11 \cdot 2} = 145 + 73 = \ldots\ldots\ldots \quad 218 \text{ Min.}$$

Nebenzeit: Aufspannen nach Tabelle 3		14 „
6mal anstellen und messen geschätzt		9 „
2mal umspannen nach Tabelle 3 Anm. $= 2 \cdot 0{,}8 \cdot 14 =$	~	22 „
Abspannen geschätzt		6 „
Stähle schleifen während der Laufzeit.		
Einspannen der Stähle		5 „
	t_n =	56 Min.
Grundzeit: $t_g = t_h + t_n = 218 + 56 =$		274 „
Verlustzeit: Vgl. S. 29 Gesamtverluste ca. 10 %	t_v =	27 „
Stückzeit: $t_{st} = t_g + t_v = 274 + 27 = 301$	t_{st} =	300 Min.

---

2. Eine gußeiserne Prismaschiene hobeln. (Abb. 22.)

Einrichtezeit: Nach Tabelle 2 für 3 m Bettlänge	t_e =	10 Min.
(Werkzeuge und Zeichnung sind am Platz)		

[1] Bei diesem Beispiel sind der Übersichtlichkeit wegen die Bearbeitungszugaben nicht berücksichtigt.

[2] Riemenschlupf usw. ist in den Tabellenwerten enthalten.

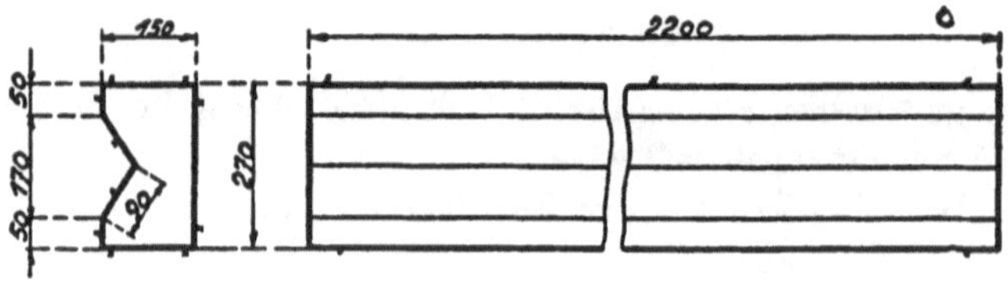

Abb. 22.

Hauptzeit:[1] 1. untere Fläche.

$L = 2200 + 200 = 2400$ mm; nach Tabelle 5: $n = 1{,}8$/Min.

$b = 270 + 20$ mm; $i = 2$; $s = 2$ mm für den 1. Schnitt, 3 mm für den 2. Schnitt,

$$t_{h_1} = \frac{b \cdot i}{n \cdot s} = \frac{290 \cdot 1}{1{,}8 \cdot 2} + \frac{290 \cdot 1}{1{,}8 \cdot 3} = \ldots\ldots\ldots\ldots \quad 135 \text{ Min.}$$

2. beide Seitenflächen.

$b = 2 \cdot (150 + 15)$ mm; $i = 2$; $s = 1$ mm für den 1. Schnitt, 2 mm für den 2. Schnitt,

$$t_{h_2} = \frac{b \cdot i}{n \cdot s} = \frac{2 \cdot 165 \cdot 1}{1{,}8 \cdot 1} + \frac{2 \cdot 165 \cdot 1}{1{,}8 \cdot 2} = \ldots\ldots\ldots\ldots \quad 275 \;\text{„}$$

3. obere Flächen.

$b = 2 \cdot (50 + 15)$ mm; $i = 2$; $s = 2$ mm für den 1. Schnitt, 3 mm für den 2. Schnitt,

$$t_{h_3} = \frac{b \cdot i}{n \cdot s} = \frac{2 \cdot 65 \cdot 1}{1{,}8 \cdot 2} + \frac{2 \cdot 65 \cdot 1}{1{,}8 \cdot 3} = \ldots\ldots\ldots\ldots \quad 60 \;\text{„}$$

4. beide schräge Flächen.

$b = 2 \cdot 90$ mm; $i = 3$; $s = 1$ mm für den 1. und 2. Schnitt, 2 mm für den 3. Schnitt

$$t_{h_4} = \frac{b \cdot i}{n \cdot s} = \frac{2 \cdot 90 \cdot 2}{1{,}8 \cdot 1} + \frac{2 \cdot 90 \cdot 1}{1{,}8 \cdot 2} = \ldots\ldots\ldots\ldots \quad 250 \;\text{„}$$

$t_h = 720$ Min.

Nebenzeit: Aufspannen nach Tabelle 3 .... 17 Min.
14mal anstellen und messen geschätzt .... 20 „
Umspannen nach Tabelle 3 Anm. $= 0{,}8 \cdot 17 =$ .... 14 „
Abspannen geschätzt .... 6 „
Stähle schleifen während der Laufzeit.
Einspannen der Stähle .... 13 „

$t_n = 70$ Min.

Grundzeit: $t_g = t_h + t_n = 720 + 70 =$ .... 790 „
Verlustzeit: Gesamtverlust ca. 10 % .... $t_v =$ 79 „
Stückzeit: $t_{st} = t_g + t_v =$ .... 869 Min.
Akkord: bei Bedienung von 3 Maschinen ca. 50 % des ermittelten Wertes = 435 „

[1] Vgl. Anmerkung S. 53.

3. Ein gußeisernes Drehbankgestell (Abb. 23) hobeln.

Einrichtezeit: Nach Tabelle 2 für 4 m Bettlänge .... 10 Min.
Zeichnung besorgen .... 5 „

t_e = 15 Min.

Hauptzeit:[1] 1. beide unteren Leisten.

$L = 3150 + 250 = 3400$ mm; nach Tafel 1 geschätzt.

$v = 9$ m/Min.; $i = 2$; $b = 2 \cdot 70$ mm; $s = 1{,}5$ mm,

$$t_{h_1} = \frac{2 \cdot L \cdot b \cdot i}{1000 \cdot v \cdot s} = \frac{2 \cdot 3400 \cdot 2 \cdot 70 \cdot 2}{1000 \cdot 9 \cdot 1{,}5} = \ldots\ldots \sim 142 \text{ Min.}$$

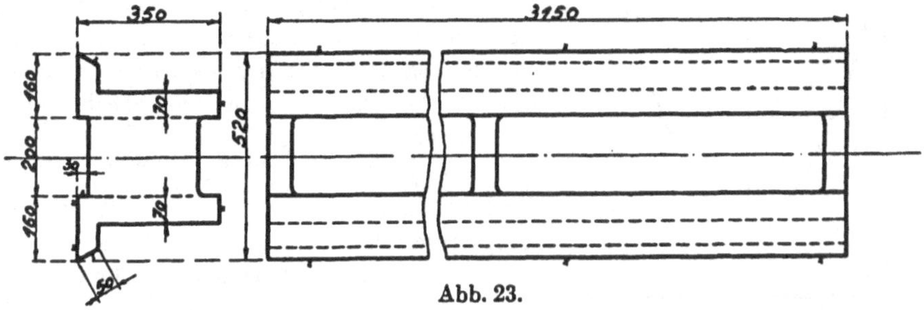

Abb. 23.

2. beide oberen Flächen.

$b = 2 \cdot (160 + 25)$ mm; $i = 2$; $s = 1$ mm für den 1. Schnitt, 2 mm für den 2. Schnitt,

$$t_{h_2} = \frac{2 \cdot L \cdot b \cdot i}{1000 \cdot v \cdot s} = \frac{2 \cdot 3400 \cdot 2 \cdot 185 \cdot 1}{1000 \cdot 9 \cdot 1} + \frac{2 \cdot 3400 \cdot 2 \cdot 185 \cdot 1}{1000 \cdot 9 \cdot 2} = 420 \text{ Min.}$$

3. beide inneren Führungskanten.

$b = 2 \cdot 30$ mm; $i = 2$; $s = 1$ und 2 mm,

$$t_{h_3} = \frac{2 \cdot L \cdot b \cdot i}{1000 \cdot v \cdot s} = \frac{2 \cdot 3400 \cdot 2 \cdot 30 \cdot 1}{1000 \cdot 9 \cdot 1} + \frac{2 \cdot 3400 \cdot 2 \cdot 30 \cdot 1}{1000 \cdot 9 \cdot 2} = \sim 68 \text{ „}$$

4. beide schrägen Flächen.

$b = 2 \cdot 50$ mm; $i = 3$; $s = 1$ mm für den 1. und 2. Schnitt, 2 mm für den 3. Schnitt,

$$t_{h_4} = \frac{2 \cdot L \cdot b \cdot i}{1000 \cdot v \cdot s} = \frac{2 \cdot 3400 \cdot 2 \cdot 50 \cdot 2}{1000 \cdot 9 \cdot 1} + \frac{2 \cdot 3400 \cdot 2 \cdot 50 \cdot 1}{1000 \cdot 9 \cdot 2} = \sim 188 \text{ „}$$

t_h = 818 Min.

Nebenzeit: Aufspannen nach Tabelle 3 .... 28 „
16mal anstellen und messen geschätzt .... 30 „
Umspannen nach Tabelle 3 Anm. = $0{,}8 \cdot 28 = \sim$ .... 23 „
Abspannen geschätzt .... 12 „
Stähle schleifen während der Laufzeit.
Einspannen der Stähle .... 15 „

t_n = 108 Min.

Grundzeit: $t_g = t_h + t_n = 818 + 108 =$ .... 926 „
Verlustzeit: Gesamtverluste ca. 12 % .... t_v = 111 „
Stückzeit: $t_{st} = t_g + t_v = 926 + 111 =$ .... 1037 „
Akkord: Bei Bedienung von 3 Maschinen ca. 50 % des ermittelten Wertes = 519 „

[1] Vgl. Anmerkung S. 53.

b) Shaping- und Stoßmaschinen.

Vertikale und horizontale Stoßmaschinen (Shapingmaschinen, Kurzhobler) werden hauptsächlich für sperrige Teile und für solche mit kurzer Bearbeitungslänge verwendet, da hierfür die Langhobelmaschinen mit den zu bewegenden großen Massen nicht geeignet sind. Shaping- und Stoßmaschinen mit Riemenumsteuerung und Spindel- oder Zahnstangenantrieb arbeiten in genau derselben Weise wie Langhobelmaschinen und bieten für die Berechnung nichts Neues. Bei Shaping- und Stoßmaschinen mit Stufenscheibenantrieb, Kurbel und Kulisse ist die Berechnung der Laufzeit zwar grundsätzlich auch die gleiche wie bei den Langhobelmaschinen $\left(t = \frac{b \cdot i}{n \cdot s}\right)$, für die richtige Ermittlung der Geschwindigkeiten ist aber die Kenntnis der Wirkungsweise solcher Kurbelgetriebe erforderlich.

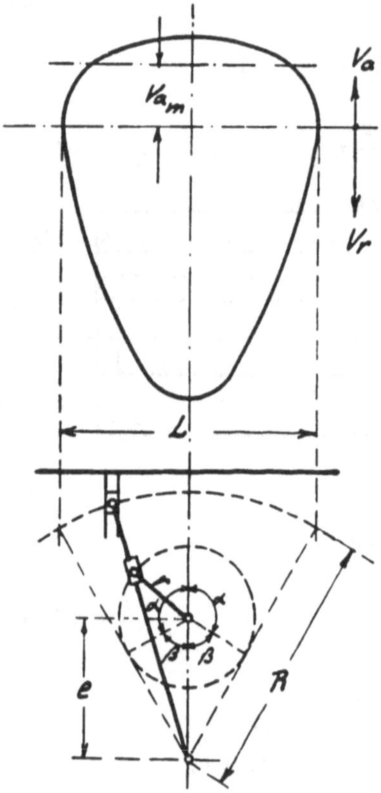

Abb. 24.

An Ausführungsarten sind hauptsächlich anzutreffen:

1. Die schwingende Kurbelschleife (Kulisse),
2. die umlaufende (exzentrische) Kurbelschleife,
3. die schwingende Kurbelschleife mit vorgelagerter, umlaufender und exzentrisch angetriebener Kurbel,

die in den Abb. 24 bis 25 mit ihren Geschwindigkeitsdiagrammen skizziert sind.[1]

Bei allen drei Konstruktionen erhält hiernach der Stössel erhöhte Rücklaufgeschwindigkeit, die aber im Gegensatz zu den Langhobelmaschinen nicht gleichbleibend ist. Die Arbeitsgeschwindigkeit ist

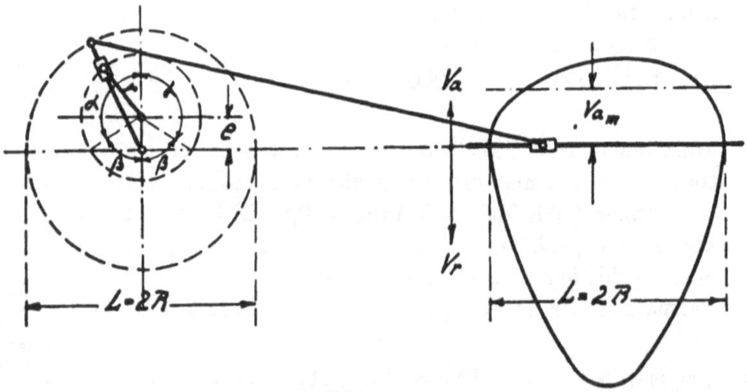

Abb. 24 a.

bei der schwingenden und bei der umlaufenden Kurbelschleife ebenfalls veränderlich, so daß bei der Leistungsberechnung mit einem Mittelwerte der Arbeitsgeschwindig-

[1] Vgl. Dubbel, Taschenbuch für den Maschinenbau, 2. Aufl., S. 1304.

keit v_{am} gerechnet werden muß. Bei der schwingenden Kurbelschleife mit vorgelagerter Kurbel ist dagegen der Verlauf der Arbeitsgeschwindigkeit gleichbleibend, wie bei der Langhobelmaschine, also $v_a = \sim v_{am}$.

v_{am} und die Höchstwerte für v_a und v_r lassen sich an Hand obiger Abbildungen mathematisch berechnen:

Der Vorlauf des Stössels entspricht einer Drehung der Kurbel um den Winkel 2α, ebenso der Rücklauf dem Winkel 2β. Da der Kurbelzapfen eine gleichförmige Drehbewegung ausführt und die Geschwindigkeit proportional der Zeit ist, so ist

$$\frac{\alpha}{\beta} = \frac{t_a}{t_r} = \frac{v_r}{v_a} = \mathrm{m}; \qquad \alpha + \beta = 180^0$$

$$\frac{\alpha}{180 - \alpha} = \mathrm{m}; \text{ oder } \frac{\alpha}{180} = \frac{\mathrm{m}}{\mathrm{m} + 1}$$

Ferner ist bei n Doppelhüben/Min., also $t = \frac{1}{n}$ Min.-je Doppelhub:

$$\frac{t_a}{1/n} = \frac{2\alpha}{360}$$

$$t_a = \frac{2\alpha}{360 \cdot n} = \frac{\alpha}{180 \cdot n} = \frac{\mathrm{m}}{(\mathrm{m}+1) \cdot n} \ldots \text{ Min.}$$

Bei L mm Hublänge ist demnach

$$v_{am} = \frac{L}{t_a} = \frac{L\,(\mathrm{m}+1)\,n}{\mathrm{m} \cdot 1000} \ldots \text{m/Min.}$$

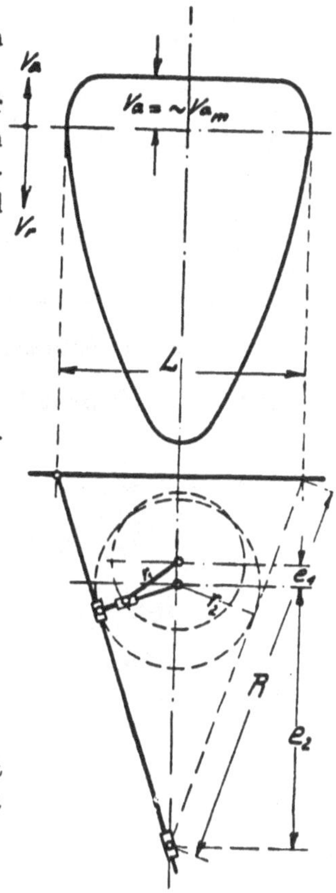

Abb. 25.

Zu Abb. 24. Die mittlere Arbeitsgeschwindigkeit v_{am} ist somit abhängig von der Hublänge L, von der Hubzahl n und dem Verhältnis $\mathrm{m} = \frac{\alpha}{\beta}$ oder, da $\cos\beta = \frac{L}{2 \cdot R}$, vom Radius der Schwinge R. Zur Ermittlung von v_{am} für die Maschinenkarte stellt man sich daher zweckmäßig folgende Entwicklungstabelle auf:[1]

L in m/m	cos β $\left(\frac{L}{2R}\right)$	β in Grad	α (180−β)	m $\left(\frac{\alpha}{\beta}\right)$	$V_{am} = \frac{L}{t_a} = \frac{L\,(m+1)\,n}{1000 \cdot m}$ m/Min.							
					n = 10	n = 16,6	n = 27	n = 44,5	n =	n =	n =	n =
50	0,023	88,7	91,3	1,03	1	1,6	2,7	4,4				
100	0,0435	87,5	92,5	1,05	2	3,2	5,3	8,6				
150	0,0651	86,3	93,7	1,08	2,9	4,8	7,8	13				
200	0,0870	85,0	95,0	1,11	3,8	6,4	10,2	16,8				
250	0,1087	83,8	96,2	1,15	4,7	7,8	12,5	20,5				
300	0,1305	82,5	97,5	1,18	5,5	9,2	15	24,5				
350	0,1520	81,2	98,8	1,21	6,4	10,5	17,2	28				
400	0,1740	80,0	100	1,25	7,2	12	19,5	32				
450	0,1955	78,7	101,3	1,29	8	13	21,5	35				
500	0,2175	77,4	102,3	1,33	8,8	14,5	23,5	39				

Abb. 26.

[1] Vgl. Abb. 6, S. 21.

Die Höchstgeschwindigkeiten für v_a und v_r treten auf, wenn Kurbel und Schwinge sich decken. In diesen Augenblicken ist dann nach Abb. 24.

$\frac{v}{2r\pi \cdot n} = \frac{R}{e \pm r}$; mit $e = \frac{r}{\cos\beta}$ und $\cos\beta = \frac{L}{2R}$ werden dann die Höchstwerte

$$v_a \text{ bzw. } v_r = \frac{2 \cdot \pi \cdot n \cdot R \cdot L}{(2R \pm L) \cdot 1000} \ldots \text{m/Min.}$$

Das Einstellen der Hublänge geschieht durch Verändern des Kurbelradius r. Je kleiner r, desto größer wird β, d. h. m wird bei sehr kleinen Hublängen sehr klein (ungünstig!).

Zu Abb. 24a. Das Einstellen der Hublänge geschieht durch Verändern des Kurbelradius R, die Hublänge L ist also immer gleich $2R$. Das Verhältnis $\frac{a}{\beta} = m$ ist, da $\cos\beta = \frac{e}{r}$ nur von den einmal festliegenden Konstruktionsgrößen e und r abhängig ist, für alle Hublängen gleich. Somit ist auch $\frac{m+1}{1000 \cdot m}$ gleich einem konstanten Faktor C_1 und es wird

$$v_{am} = C_1 \cdot L \cdot n \ldots \text{m/Min.}$$

Die Höchstwerte für v_a und v_r ergeben sich wieder aus

$$\frac{v}{2r\pi \cdot n} = \frac{R}{r \pm e}; \qquad R = \frac{L}{2}$$

$$v_a \text{ bzw. } v_r = \frac{2r\pi \cdot n \cdot L}{1000\,(r \pm e)\,2} = C_{2\,\text{bzw.}\,3} \cdot n \cdot L \ldots \text{m/Min.}$$

Für v_{am} und v_a lassen sich hier also sehr bequem graphische Tafeln auf logarithmischem Papier aufzeichnen:

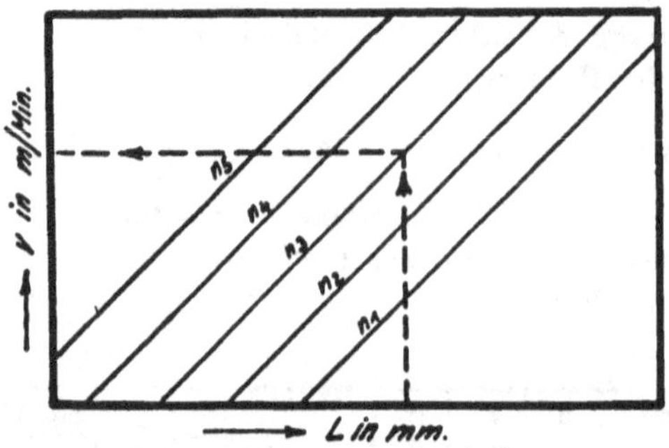

Abb. 27.

Zu Abb. 25. Ist v die Höchstgeschwindigkeit des Stössels und v_2 die Geschwindigkeit des Kurbelzapfens r_2, so ist, wenn die Kurbeln sich decken

$$\frac{v_2}{2r_1\pi \cdot n} = \frac{r_2}{r_1 \pm e_1}; \qquad v_2 = \frac{2r_1\pi \cdot n \cdot r_2}{r_1 \pm e_1}$$

$$\frac{v}{v_2} = \frac{R}{e_2 \pm r_2}; \; v_a \text{ bzw. } v_r = \frac{2r_1\pi n \cdot r_2 \cdot R}{(r_1 \pm e_1)(e_2 \pm r_2)},$$

mit $r_2 = e_2 \cdot \cos\beta$ und $\cos\beta = \frac{L}{2 \cdot R}$ werden dann die Höchstwerte

$$v_a \text{ bzw. } v_r = \frac{2\pi r_1 R}{1000\,(r_1 \pm e_1)} \cdot \frac{n \cdot L}{(2R \pm L)} = C \cdot \frac{n \cdot L}{2R \pm L} \ldots \text{m/Min.}$$

Wie oben schon angedeutet, können in diesem Falle (Abb. 25) v_a und v_{am} mit genügender Genauigkeit gleichgesetzt werden. Es sind somit alle Hilfsmittel gegeben, um nötigenfalls eine Überprüfung der Leistung bzw. der Geschwindigkeiten durchführen zu können. Selbstverständlich müßte die Maschinenkarte die jeweils erforderlichen Abmessungen von Schwinge (R), Kurbelradius (r) oder Exzentrizität enthalten. (Beispiel Abb. 6.)

Aus den Tabellen Seite 60 ff. bzw. aus der Maschinenkarte Seite 21 geht hervor, daß bei verschiedenen Gangarten und Hublängen dieser Maschinen ganz erhebliche Unterschiede in den mittleren Arbeitsgeschwindigkeiten auftreten. Zur Vermeidung zu starker Erschütterungen und zur Schonung der Maschine wird man aber die höchsten einstellbaren Geschwindigkeiten nicht verwenden, sondern im allgemeinen unter 30 m/Min. bleiben. Bis zu dieser Grenze können die mittleren Arbeitsgeschwindigkeiten nach Abb. 10 u. 11 Seite 35 gewählt werden, ohne Rücksicht auf die höher liegenden Höchstgeschwindigkeiten in der Hubmitte (vgl. Abb. 24), da bei den intermittierenden Arbeiten der Hobel- und Stoßstähle nicht so große Wärmestauungen eintreten.

Damit der Arbeiter in der Werkstatt auch tatsächlich den Gang der Maschine einstellt, den der Kalkulator seiner Rechnung zugrunde gelegt hat, stellt man für jede Maschine noch eine Tafel nach folgendem Schema auf:

Material	Festigkeit in kg/mm²	Hublänge in mm						
		bis 100	100 bis 150	150 bis 200	200 bis 250	250 bis 300	300 bis 350	350 bis 375
		Stufe	Stufe	Stufe	Stufe	Stufe	Stufe	Stufe
Chrom-Nickelstahl	80	c	b	b	a	a	a	—
Chrom-Nickelstahl	70	c	b	b	a	a	a	a
Nickelstahl und Stahlguß	60	c	c	b	a	a	a	a
Nickelstahl und Stahlguß, Gußeisen und harte Bronze	50	d	c	b	b	a	a	a
St. 34—60 kg		d	d	c	c	c	b	b
Weiche Bronze, Rotguß, Aluminium		d	d	d	d	c	c	c

Sie bietet in allen Fällen, in denen keine besondere Arbeitsunterweisung erfolgt, genügenden Anhalt, um bei mittleren Spanquerschnitten eine zweckmäßige Schnittgeschwindigkeit zu erzielen, was selbst dem geübtesten Arbeiter nach Augenmaß gar nicht möglich ist.

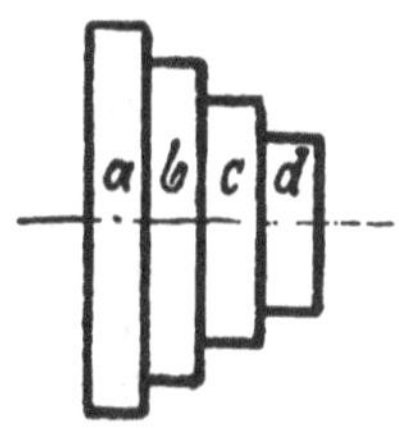

Abb. 28. Untere Stufenscheibe an der Maschine.

Im folgenden seien wieder Durchschnittswerte angegeben, die für überschlägliche Kalkulationen verwendet werden können, falls keine genaueren Unterlagen in Form von Maschinenkarten oder dergleichen vorhanden sind.

Durchschnittswerte für Arbeiten an Shaping- und Stoßmaschinen.

Das erstmalige **Einrichten** von Shaping- und Stoßmaschinen erfordert 3—5 Min.

Tabelle 6.

Zeiten in Minuten für das Einspannen und Ausrichten kastenförmiger Körper im Schraubstock der Shaping- oder Tischfräsmaschine.

Grundfläche in mm		Höhe in mm 25	50	100	200	300	400
50 × 50 75 × 35 100 × 25	I	1,5	1,5	2			
	II	2	2	2,5			
100 × 100 150 × 65 200 × 50	I	2	2	2	2,5		
	II	2,5	2,5	3	3,5		
150 × 150 225 × 100 300 × 75	I	2	2	2,5	2,5	3	3
	II	2,5	2,5	3	3,5	3,5	4
200 × 200 300 × 130 400 × 100	I	2,5	2,5	3	3	3,5	3,5
	II	3	3	3,5	3,5	4	4
300 × 300 450 × 200 600 × 150	I	3	3	3,5	3,5	4	4
	II	4	4	4,5	4,5	5	5

I = einfaches Ausrichten nach rohen Flächen. II = schwieriges Ausrichten nach rohen Flächen.
Für jedes Umspannen auf eine bearbeitete Fläche sind 70 % des Tafelwertes der Gruppe I einzusetzen.

Tabelle 7.

Durchschnittswerte für Shapingmaschinen bis 300 mm Hublänge.

Stufe	a	b	c	d
Doppelhübe i. d. Min.	41	50	60	74
Hublänge in mm	**Höchstgeschwindigkeit** in m/Min.			
50	4,5	5,5	6,6	8,1
75	6,75	8,25	9,9	12,2
100	9	11	13,2	16,2
125	11,3	13,7	16,5	20,3
150	13,5	16,5	19,8	24,4
175	15,8	19,2	23,1	28,5
200	18	22	26,4	32,5
225	20,3	24,6	29,7	36,5
250	22,5	27,5	33	40,6
275	24,8	30,2	36,3	44,6
300	27	33	39,6	49

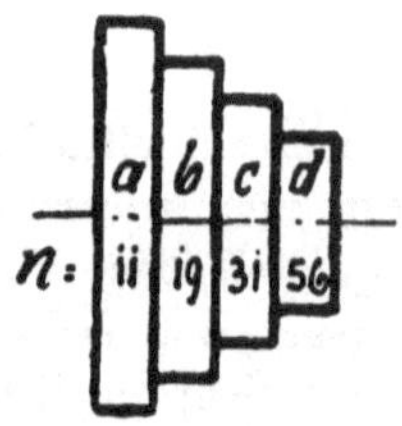

Abb. 29.
Untere Stufenscheibe an der Maschine.

Vorschübe.

Zähne	1	2	3	4	5
mm	0,5	1	1,5	2	2,5

Tabelle 8.

Durchschnittswerte für Shapingmaschinen bis 375 mm Hublänge.

Stufe	a	b	c	d
Doppelhübe i. d. Min.	11	19	31	56
Hublänge in mm	Höchstschnittgeschwindigkeit in m/Min.			
50	1,2	2,1	3,4	6,3
75	1,8	3,1	5,1	9,2
100	2,4	4,2	6,8	12,3
125	3	5,2	8,5	15,4
150	3,6	6,2	10,2	20
175	4,2	7,3	12	21,5
200	4,8	8,3	13,7	24,5
225	5,4	9,4	15,3	27,6
250	6	10,4	17	30,6
275	6,7	11,5	18,7	34
300	7,2	12,5	20,2	37
325	7,8	13,5	22	40
350	8,5	14,6	23,8	43
375	9	15,7	25,5	46

Vorschübe.

Zähne	1	2	3	4	5
mm	0,35	0,7	1,05	1,4	1,75

Durchschnittswerte für Shapingmaschinen bis 500 mm Hublänge.
vgl. Maschinenkarte S. 21.

Tabelle 9.

Durchschnittswerte für Shapingmaschinen bis 700 mm Hublänge.

Stufe	a	b	c	d
Doppelhübe i. d. Min.	9	15	25	40
Hublänge in mm	Höchstschnittgeschwindigkeit in m/Min.			
50	0.9	1,5	2,5	4
100	1,8	3	5	8
150	2,7	4,5	7,5	12
200	3,6	6	10	16
250	4,5	7,5	12,5	20
300	5,4	9	15	24
350	6,3	10,5	17,5	28
400	7,2	12	20	32
450	8,1	13,5	22,5	36
500	9	15	25	40
550	9,9	16,5	27,5	44
600	10,8	18	30	48
650	11,7	19,5	32,5	52
700	12,6	21	35	56

Vorschübe in mm.

Zähne	1	2	3	4	5	6	7
Horizontal ..	0,35	0,70	1,05	1,40	1,75	2,10	2,45
Vertikal	0,18	0,36	0,54	0,72	0,90	1,08	1,26

Tabelle 10.

Zeiten in Minuten für das Aufspannen und Ausrichten kastenförmiger Körper auf der Stoßmaschine.

Grundfläche mm			Höhe in mm 100	200	400	600	800	1000	1500
200 × 200	I	Min.	5	5	5,5				
300 × 135	II	„	6	6	7				
400 × 100		kg	11	21	44			ohne Kran	
300 × 300	I	Min.	5	5	12			mit Kran	
450 × 200	II	„	6	6	13				
600 × 150		kg	23	47	92				
400 × 400	I	Min.	5	10	12	13			
600 × 275	II	„	6	12	14	16			
800 × 200		kg	42	82	168	250			
600 × 600	I	Min.	10	11	13	15	17		
900 × 400	II	„	12	13	16	17	18		
1200 × 300		kg	94	187	375	565	750		
800 × 800	I	Min.	12	13	15	17	20	23	26
1200 × 550	II	„	15	16	18	21	25	28	31
1600 × 400		kg	165	330	600	1000	1300	1660	2500
1000 × 1000	I	Min.	13	14	17	20	24	27	31
1500 × 700	II	„	17	18	20	24	29	32	38
2000 × 500		kg	260	520	1040	1560	2050	2600	3900
1500 × 1500	I	Min.	15	17	20	23	27	32	37
2250 × 1000	II	„	18	20	24	27	33	38	43
3000 × 750		kg	580	1160	2300	3500	4700	5800	8700

Die Gewichtsangaben entsprechen ca. $^1/_3$ des Gewichts voller Körper von denselben Abmessungen.

I = einfaches Aufspannen und Ausrichten.

II = schwieriges Aufspannen und Ausrichten.

Für jedes Umspannen auf eine bearbeitete Fläche sind 70 % des Wertes der Gruppe I einzusetzen.

Tabelle 11.

Zeiten für das Aufspannen und Ausrichten von Rädern, Büchsen, Scheiben, Ringen usw. zum Stoßen von Nuten.

Äußerer Durchmesser	Breite resp. Höhe in mm									
	50	75	100	150	200	300	400	600	800	1000
mm	Min.	Min.	Min.	Min.	Min.	Min.	Min.	Min.	Min.	Min.
50	3	3	3,5	3,5	3,5					
75	3	3,5	3,5	3,5	4	4				
100	3,5	3,5	3,5	4	4	5				
150	3,5	3,5	4	4	5	5	5		ohne Kran	
200	3,5	4	4	5	5	5	6	10	mit Kran	
300	4	4	5	5	5	9	10	11		
400	4	5	5	5	9	10	11	13	15	
600	8	9	10	10	11	12	13	15	18	
800	10	11	12	12	13	14	16	18	21	25
1000	11	12	13	14	15	17	19	21	24	27
1250	12	13	15	16	17	19	20	23	26	29
1500	14	15	17	18	19	21	23	25	28	31
2000	16	17	19	20	21	23	25	27	32	35
3000	20	21	23	24	25	27	29	33	37	42

Tabelle 12.

Durchschnittswerte für Stoßmaschinen bis 350 mm Hublänge.

Stufe	a	b	c	d
Doppelhübe i. d. Min.	10	15	24	37
Hublänge mm	Höchstschnittgeschwindigkeit m/Min.			
25	0,55	0,82	1,32	2,04
50	1,1	1,65	2,65	4,05
75	1,65	2,5	3,95	6,1
100	2,2	3,3	5,3	8,1
125	2,75	4,1	6,6	10,2
150	3,3	4,95	7,9	12,2
175	3,85	5,8	9,3	14,2
200	4,4	6,6	10,6	16,3
225	4,95	7,4	11,9	18,3
250	5,5	8,25	13,2	20,4
275	6,05	9,1	14,5	22,3
300	6,6	9,9	15,8	24,5
325	7,15	10,7	17,2	26,5
350	7,7	11,5	18,5	28,5

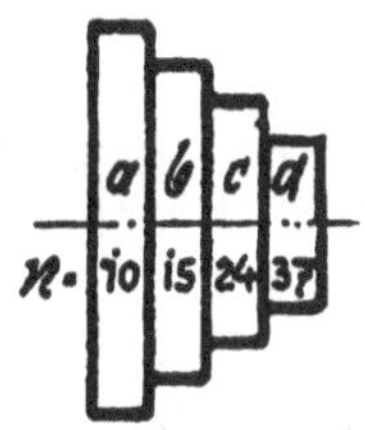

Abb. 30. Untere Stufenscheibe an der Maschine.

Vorschübe.

Richtung	Zähne			
	1	2	3	4
Längs[1]	0,18	0,36	0,54	0,72
Quer	0,36	0,72	1,08	1,44

[1] Vorschub in Längsrichtung fein, da er zum Stoßen von Nuten benutzt wird.

Schaubild für die Bestimmung der Vorschübe bei Kreisbewegung des Tisches an Senkrecht-Stoßmaschinen

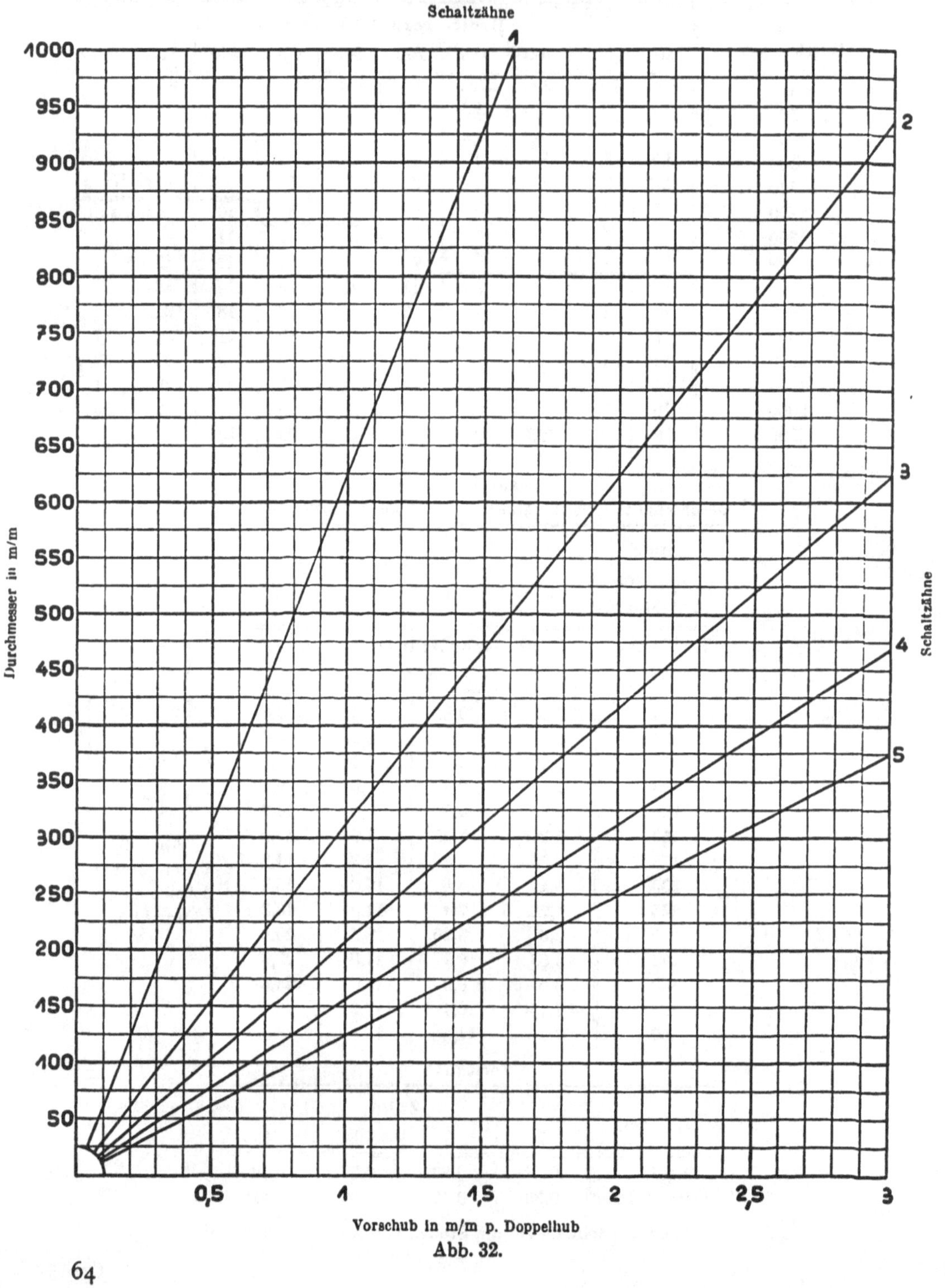

Abb. 32.

Tabelle 13.

Durchschnittswerte für das Stoßen von Keilnuten

Nutenbreite mm	Schnittzahl	Vorschub mm
20	1	ca. 0,15
20—30	2	ca. 0,20
über 30	3	ca. 0,30

Vorschübe an Stoßmaschinen bei Kreisbewegung des Tisches.

Das Verhältnis zwischen Durchmesser des Werkstückes und Vorschub ist aus Abb. 31 ohne weiteres ersichtlich, d. h. legt der Stößel bei gegebener Hubzahl pro Minute und gegebenem Vorschub in der Zeiteinheit auf dem Umfang des Kreises d die Strecke a zurück, dann würde er unter denselben Bedingungen auf dem Umfang des Kreises $\frac{d}{2}$ nur die Strecke $\frac{a}{2}$ zurücklegen.

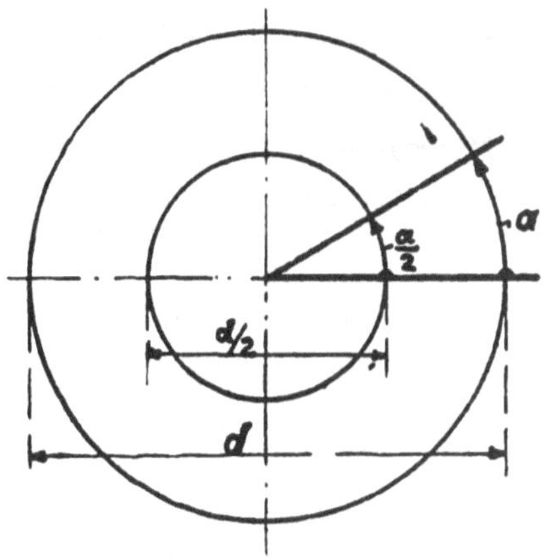

Abb. 31.

Um jederzeit ein genaues Bild der Vorschübe bei der Kreisbewegung zu haben, empfiehlt es sich, an den in Frage kommenden Stoßmaschinen bei einem beliebigen Durchmesser mit 1, 2 oder 3 Zähnen Vorschub die zu einer Kreisbewegung (auch Halb- oder Viertelkreis) erforderlichen Doppelhübe zu zählen und daraus den Vorschub pro Doppelhub zu errechnen.

Trägt man die gewonnenen Werte in eine graphische Tafel (Abb. 32) ein, so kann man für jeden beliebigen Durchmesser bei gegebener Anzahl Vorschubzähne den Vorschub pro Doppelhub genau ablesen.

Die graphische Tafel Abb. 32 soll natürlich nur das Verfahren angeben, nach welchem die Vorschübe bei Kreisbewegung des Tisches aufzumessen sind. — Zur korrekten Laufzeitberechnung ist es erforderlich, für jede Stoßmaschine getrennt ein solches Diagramm aufzuzeichnen, sofern es sich nicht um Maschinen von genau gleicher Bauart handelt.

Übungsbeispiele.

1. An einer gußeisernen Kupplungshälfte die Teilfläche hobeln: (Abb. 33.)

Hublänge L einschließlich Bearbeitung = ...	265	mm
Hobelbreite (einschl. Bearbeitungszugabe) $b = 120—50 + 20 =$	90	„
Vorschub 2 Zähne : s (vgl. Tabelle 8, Seite 61) = ...	0,7	„
Schnittzahl $i =$	2	
Doppelhübe/Min. $n =$	31	

(Bei einer angenommenen Spantiefe von 5 mm ist $q = 0,7 \cdot 5 = 3,5$ mm²; demnach wird v nach Tabelle Seite 36 für Gußeisen ca. 18,5 m, was bei der Maschine Tabelle 8 mit Stufe $c,n = 31$, erreicht wird.)

Einrichtezeit: geschätzt einschl. Verluste .... $t_e = 4$ Min.

Hauptzeit: $t_h = \frac{b \cdot i}{n \cdot s} = \frac{90 \cdot 2}{31 \cdot 0{,}7} = 8{,}3$, zuzüglich 6 % = ... 8,8 Min.

Nebenzeit: In den Schraubstock einspannen und ausrichten, abspannen. 2,5 „

Messen und Schnitte anstellen .... 2,0 „

Stahl schleifen und einspannen .... 3,0 „

$t_n =$ 7,5 Min.

Grundzeit: $t_g = t_h + t_n = 8{,}8 + 7{,}5 =$ .... 16,3 „

Stückzeit: $t_{st} = t_g\left(1 + \frac{V}{100}\right) = 16{,}3\left(1 + \frac{10}{100}\right) = 16{,}3 \cdot 1{,}1$ .... $= 18{,}0$ „

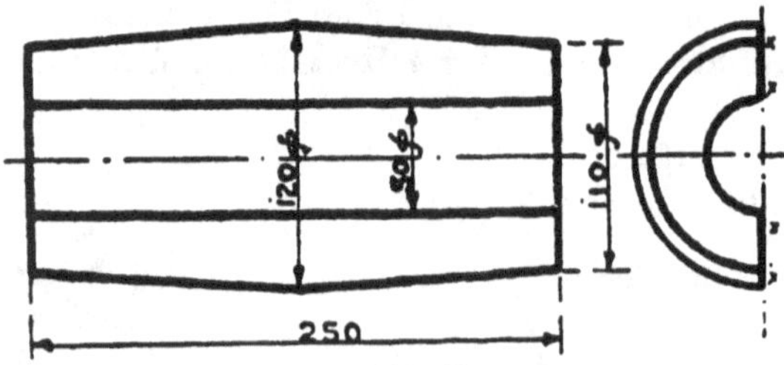

Abb. 33.

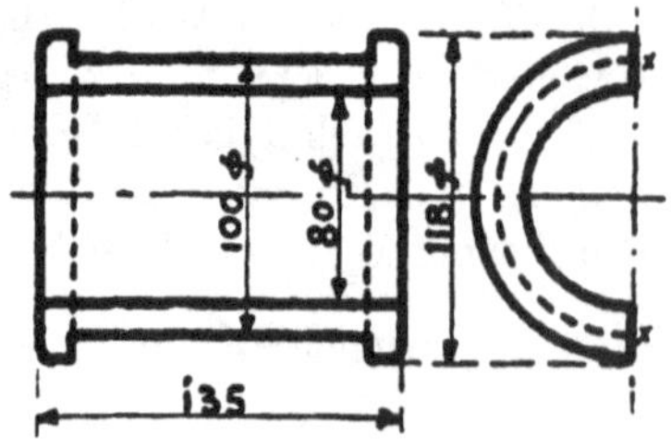

Abb. 34.

2. An einer Lagerschale aus Rotguß die Teilfläche hobeln. (Abb. 34.)

Hublänge einschl. Bearbeitung L .... = 150 mm

Hobelbreite .... $b = 118 - 80 + 12 =$ 50 „

Vorschub 2 Zähne (Tabelle 8, Seite 61) .... $s =$ 0,7 „

Schnittzahl .... $i =$ 2

Doppelhübe/Min. .... $n =$ 56

($n = 56$ entspricht bei $L = 150$ mm einer Höchstgeschwindigkeit von $\sim$ 20 m/Min., was bei Rotguß durchaus zulässig ist.)

Einrichtezeit: Zeichnung besorgen, Schraubstock umdrehen, Hub einstellen, Tisch hochkurbeln .... $t_e =$ 12 Min.

Hauptzeit: $t_h = \frac{b \cdot i}{n \cdot s} = \frac{50 \cdot 2}{56 \cdot 0{,}7} = \sim 2{,}5$, zuzüglich 4 % .... = 2,7 Min.

Nebenzeit: Einspannen, ausrichten, abspannen .... $\sim$ 2,5 „

Messen und Schnitte anstellen .... $\sim$ 2,0 „

Stahl wechseln .... $\sim$ 1,0 „

$t_n =$ 5,5 Min.

Grundzeit: $t_g = t_h + t_n = 2{,}7 + 5{,}5$ .... = 8,2 „

Stückzeit: $t_{st} = t_g\left(1 + \frac{V}{100}\right) = 8{,}2\left(1 + \frac{10}{100}\right) = 8{,}2 \cdot 1{,}1$ .... $= 9{,}0$ „

---

3. Aufgabe für Shapingmaschine Tabelle 7 und 8.

An einer schmiedeeisernen Lasche, Abb. 35, sind die beiden 160 mm breiten Flächen in Querrichtung zu hobeln.

Hublänge............. = 175 mm
Hobelbreite........... = 400 „
Schnittzahl .... = je 2 „

	Maschine Tabelle 8.		Maschine Tabelle 7.	
Minutliche Doppelhübe .... =	31		50	
Stufe .... =	c		*b*	
Vorschub .... =	0,7		0,5 mm	
Aufspannen in Querrichtung ... =		3 Min.		3 Min.
4 Schnitte .... t_h =	$\frac{400 \cdot 2 \cdot 2}{31 \cdot 0,7}$ =	74 „	$\frac{400 \cdot 2 \cdot 2}{50 \cdot 0,5}$ =	64 „
Stahl schleifen, Schnitt anstellen und messen.............. =		3 „		3 „
1mal umspannen............. =		2 „		2 „
Abspannen .... =		1 „		1 „
		83 Min.		73 Min.

Hierbei zeigt sich, daß eine Bezahlung nach Flächeninhalt falsch wäre. Die relativ größten Unterschiede in der Laufzeit entstehen beim Hobeln kleiner Flächen auf verschieden schnell laufenden Shapingmaschinen, und zwar erhält man die ungünstigsten Resultate, wenn an einem an sich großen Arbeitsstück eine kleine Fläche gehobelt werden soll, auf einer Shapingmaschine, die mit Stufenscheibe und Rädervorlage ausgestattet ist, also 6—8 Geschwindigkeiten hat. Diese Maschinen, deren Hub 1 m und darüber erreicht, laufen auch ohne Vorgelege infolge ihrer schwereren Bauart verhältnismäßig langsam.

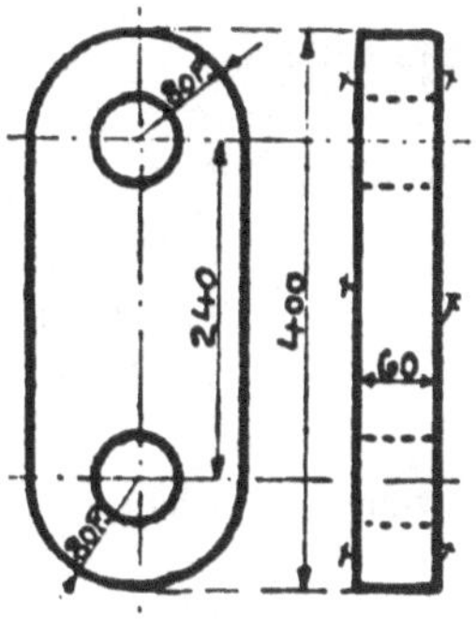

Abb. 35.

Macht z. B. eine solche Maschine bei ihrem schnellsten Gang 38 Doppelhübe in der Minute, so wäre bei einer Hublänge $L = 50$ mm, einer Flächenbreite = 300 mm und einem Vorschub = 0,8 mm, die Laufzeit für 2 Schnitte $t_h = \frac{300 \cdot 2}{38 \cdot 0,8} = 19,7$ Min.

Würde diese Fläche jedoch auf der Shapingmaschine Nr. 7 gehobelt werden, welche bei ihrem schnellsten Gang 56 Doppelhübe in der Minute macht, so würde sich bei dem gleichen Vorschub von 0,8 mm eine Laufzeit $t_h = \frac{300 \cdot 2}{56 \cdot 0,8} =$ 13,4 Min. ergeben. Der Unterschied beträgt also 46 %. Hieraus geht unzweifelhaft hervor, daß eine **genaue** Berechnung der Hobelzeiten nur möglich ist an Hand der oben dargestellten Maschinentafeln oder Maschinenkarten.

---

4. An zwei aufeinander gelegten Laschen aus St. 34. 11 nach obiger Abb. 35 sind beide Seitenkanten mit je 2 Schnitten zu stoßen.

Höhe beider Laschen zusammen.....	= 120 mm
Hublänge........................ L	= 130 mm
Schnittzahl i	= 2
Breite .... b	= 2 · 240 mm
Vorschub nach Tabelle 12 2 Zähne, s	= 0,72 mm
Doppelhübe/Min., Tabelle 12, Stufe d, n	= 37

Einrichtezeit: einschl. Verluste und Zeichnung besorgen .... $t_e =$ 8 Min.

Hauptzeit: $t_h = \frac{b \cdot i}{n \cdot s} = \frac{2 \cdot 240 \cdot 2}{37 \cdot 0{,}72} = 36$, zuzüglich 5 % = ∼ .... 38 Min.

Nebenzeit: Aufspannen, ausrichten, abspannen .... 7 „

Schnitte anstellen und messen .... 2 „

$t_n =$ 9 Min.

Grundzeit: $t_g = t_h + t_n = 38 + 9 =$ .... 47 „

Stückzeit: $t_{st} = t_g \left(1 + \frac{V}{100}\right) = 47 \left(1 + \frac{10}{100}\right) = 47 \cdot 1{,}1 =$ .... ∼ 52 „

---

5. In ein gußeisernes Zahnrad, Abb. 36, eine Keilnute stoßen.

Nabenlänge..................	=	100 mm
Hublänge.................. L	=	110 „
Doppelhübe i. d. Min. (Stufe d). n	=	37 „
Vorschub.................. s	=	0,18 „
Nutentiefe.................. b	=	13 „
Nutenbreite..................	=	30 „
Schnittzahl i	=	2 „

Einrichtezeit: .... $t_e =$ 4 Min.

Hauptzeit: $t_h = \frac{b \cdot i}{n \cdot s} = \frac{13 \cdot 2}{37 \cdot 0{,}18} = 3{,}9$, zuzüglich 5 % = ∼ .... 4 Min.

Nebenzeit: Aufspannen, ausrichten, abspannen .... 12 „

Schnitte anstellen, messen............................... 3 „

Stähle schleifen, einspannen .... 6 „

$t_n =$ 21 Min.

Grundzeit: $t_g = t_h + t_n = 4 + 21$ .... = 25 „

Stückzeit: $t_{st} = t_g \left(1 + \frac{V}{100}\right) = 25 \left(1 + \frac{10}{100}\right) = 25 \cdot 1{,}1$ .... = 27,5 „

Abb. 36.

6. Von den in Abb. 37 dargestellten schmiedeeisernen Laschen sollen je 4 aufeinandergelegt und an beiden Enden mit je 2 Schnitten bestoßen werden.

Die Hubhöhe beträgt ca. ..... $L = 200$ mm.
Die Zahl der minutlichen Doppelhübe nach Tabelle 12 (Stufe d), n .... = 37.

Vorschub beim 1. Schnitt 2 Schaltzähne.

Vorschub beim 2. Schnitt 1 Schaltzahn.

Der Vorschub pro Doppelhub bei 300 mm Durchmesser (150 mm rad.) beträgt nach Abb. 32

bei 2 Schaltzähnen $s = 0{,}96$ mm

bei 1 Schaltzahn $s = 0{,}48$ mm.

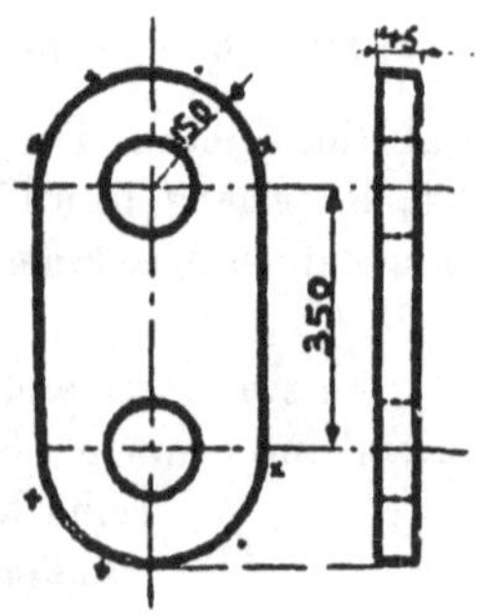

Abb. 37

Die abgewickelte Länge der zu bearbeitenden Fläche ist für jede Seite

$$b = 150 \cdot \pi = 471 \text{ mm.}$$

Einrichtezeit: einschl. Verluste .... $t_e =$ 15 Min.

Hauptzeit: $4 \cdot t_h = \frac{b \cdot i}{n \cdot s} = \left(\frac{471 \cdot 1}{37 \cdot 0{,}96} + \frac{471 \cdot 1}{37 \cdot 0{,}48}\right) \cdot 2 = \sim 80;\ + 6\% =$ 85 Min.

Nebenzeit: Aufspannen .... 15 „
Umspannen .... 15 „
Abspannen .... 5 „
Stahl schleifen und einspannen $2 \times 3 =$ .... 6 „
Schnitte anstellen und messen .... 6 „

$4 \cdot t_n =$ 47 Min.

Grundzeit: $4 \cdot t_g = 4\,(t_h + t_n) = 85 + 47 =$ .... 132 „

Stückzeit: $t_{st} = t_g \left(1 + \frac{V}{100}\right) = \frac{132 \cdot 1{,}1}{4} =$ .... $\sim$ 36 „

---

7. An dem in Abb. 38 dargestellten Hebel aus SM-St. soll das vom Drehen bzw. Hobeln stehengebliebene Material — in der Figur strichpunktiert dargestellt — auf der Stoßmaschine Tabelle 12 weggestoßen werden.

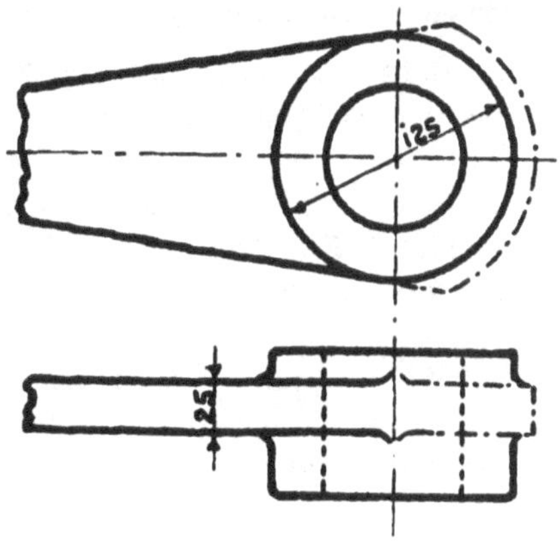

Abb. 38.

Hublänge = 25 mm + 2 Hohlkehlen je ca. 5 mm = ca. 35 mm.

Zahl der minutl. Doppelhübe (Stufe d) $n = 37$.

die Schnittzahl sei $i = 2$, und zwar

der 1. Schnitt mit 3 Zähnen Vorschub,

der 2. Schnitt mit 2 Zähnen Vorschub;

der Vorschub pro Doppelhub bei 125 mm Durchmesser beträgt nach Abb. 32

bei 3 Schaltzähnen $s = 0{,}6$ mm,

bei 2 Schaltzähnen $s = 0{,}4$ mm,

b = abgewickelte Länge der zu bearbeitenden Fläche $= 62{,}5 \cdot \pi = 196{,}4$ mm.

Einrichtezeit: geschätzt einschl. Verluste .... $t_e =$ 10 Min.

Hauptzeit: $t_h = \frac{b \cdot i}{n \cdot s} = \frac{196{,}4 \cdot 1}{37 \cdot 0{,}6} + \frac{196{,}4 \cdot 1}{37 \cdot 0{,}4} = 22$, zuzüglich 4 % ... = 23 Min.

Nebenzeit: Aufspannen, ausrichten, abspannen .... 7 „
Stahl schleifen und einspannen .... 3 „
Schnitte anstellen .... 1 „

$t_n =$ 11 Min.

Grundzeit: $t_g = t_h + t_n = 23 + 11 =$ .... 34 „

Stückzeit: $t_{st} = t_g \left(1 + \frac{V}{100}\right) = 34 \cdot 1{,}1 =$ .... $\sim$ 38 „

---

c) Drehbänke.

Beim Drehen ist die Arbeitseinheit die Umdrehung des Arbeitsstückes. Die Zeit hierfür ist bei n Umdr./Min. $\frac{1}{n}$ Min. Für 1 mm Drehlänge sind bei s mm Vorschub je Umdrehung $\frac{1}{s}$ Umdrehungen erforderlich. Die Laufzeit für 1 mm ist also, ganz analog der beim Hobeln, wenn i die Anzahl der Schnitte bedeutet:

$$t = \frac{l \cdot i}{n \cdot s} \ldots \text{Min.}$$

Dies ist die bequemste Formel für die Laufzeitberechnung; sie läßt sich am leichtesten dem Gedächtnis einprägen und ohne schriftliche Zwischenrechnung vollständig mit dem Rechenschieber lösen. Sie gilt für Plandrehen ebenso wie für Langdrehen, wenn für l stets die Weglänge des Stahles in Vorschubrichtung, also beim Plandrehen einer Fläche von d mm Durchmesser $\frac{d}{2}$ mm eingesetzt wird.

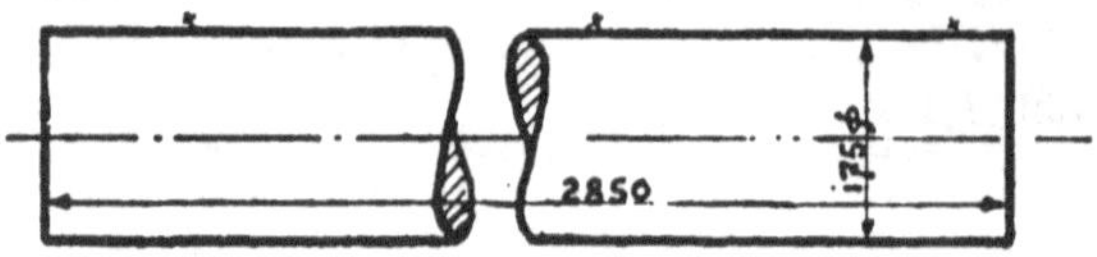

Abb. 39.

Beispiel 1. Eine Welle aus Stahl 50 . 11 nach Abb. 39 soll mit 1 Schnitt überdreht werden. $n = 29{,}5$ Umdr./Min., $s = 0{,}5$ mm/Umdr.

$$t_h = \frac{l \cdot i}{n \cdot s} = \frac{2850 \cdot 1}{29{,}5 \cdot 0{,}5} = \sim 193 \text{ Min.}$$

Beispiel 2. Ein Ring aus Gußeisen nach Abb. 40 soll mit 2 Schnitten abgeflächt werden. $n = 7{,}1$ Umdr./Min., $s = 0{,}5$ mm/Umdr.

$$t_h = \frac{l \cdot i}{n \cdot s} = \frac{100 \cdot 2}{7{,}1 \cdot 0{,}8} = \sim 35 \text{ Min.}$$

Beispiel 3. Die Welle aus Beispiel 1 soll an der Stirnfläche mit 2 Schnitten gedreht werden. n und s wie oben.

$$t_h = \frac{l \cdot i}{n \cdot s} = \frac{\frac{d}{2} \cdot i}{n \cdot s} = \frac{87{,}5 \cdot 2}{29{,}5 \cdot 0{,}5} = 11{,}85 \text{ Min.}$$ (Vgl. hierzu S. 79, Beispiel).

Die Bestimmung der Drehzahl n aus der Schnittgeschwindigkeit v und dem Drehdurchmesser d wird zweckmäßig mit Hilfe der Zahlentafel (Abb. 41), oder sehr leicht auch graphisch vorgenommen. (Abb. 42.) Hierfür einige Beispiele.

1. Eine Riemenscheibe von 700 mm Durchmesser soll mit einer Schnittgeschwindigkeit von $v = 15$ m/Min. überdreht werden. $n = ?$

In Abb. 42 gehe am unteren Rande in der Durchmesserreihe von 70 aus senkrecht aufwärts bis zur wagerechten Geschwindigkeitslinie 15 m/Min. Die durch diesen Punkt gelegte, unter 45° verlaufende n-Linie würde etwa der Zahl 68 entsprechen, das ergibt bei Berücksichtigung der richtigen Dezimalstellen die Drehzahl $n = 6{,}8$ Umdr./Min.

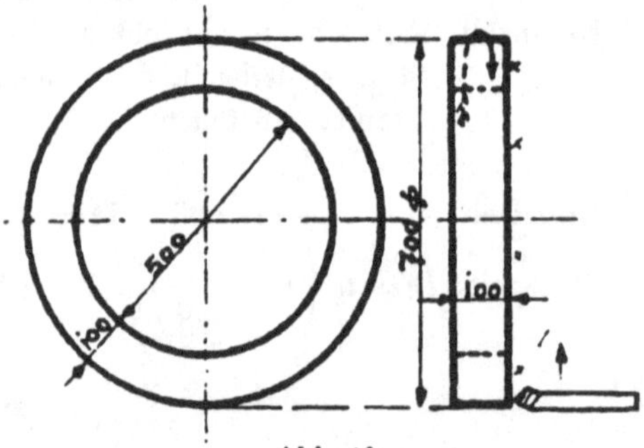

Abb. 40.

v in m/Min.	10	12	14	16	18	20	22	24	26	28	30	35	40	45	50	55	60	65	70	75	80	85	90	95	100
⌀ mm	Umdrehungen pro Minute $n =$																								
100	31.8	38.2	44.5	51	57,3	63.6	70.1	76.4	82.8	89.2	95.5	111,3	127.2	143.2	159	175	191	206.8	222.9	238.8	254.7	270.7	286.6	302.5	318.4
110	28.9	34.7	40.5	46.3	52.1	57.8	63.7	69.5	75.2	81	86.8	101	115.6	130.2	144.5	159	173.6	188.1	202.6	217	231.5	245.9	260.5	274.9	289.5
120	26.5	31.8	37.1	42.4	47.7	53.1	58.4	63.6	69	74.3	79.5	92.8	106.2	119.3	132.5	145.9	159	172.2	185.7	198.9	212.1	225	238.8	252	265.3
130	24.4	29.4	34.2	39.1	44.1	48.9	53.8	58.7	63.7	68.6	73.4	85.6	98	110.1	122.3	134.8	147	159.1	171.3	183.7	195.8	207.9	220.5	232.7	245
140	22.7	27.2	31.8	36.4	40.8	45.4	50	54.5	59.2	63.7	68.2	79.6	91	102.3	113.7	125	136.4	147.8	159	170.4	181.9	193.1	204.5	216	227.5
150	21.2	25.4	29.6	33.9	38.2	42.4	46.7	50.9	55.2	59.4	63.6	74.3	84.9	95.5	106	116.8	127.2	137.9	148.5	159.1	169.8	180.2	191	201.8	212.1
160	19.9	23.9	27.8	31.8	35.8	39.8	43.8	47.7	51.7	55.7	59.7	69.6	79.7	89.5	99.4	109.4	119.4	129.3	139.2	149.1	159	169	179.1	188.9	199
170	18.7	22.4	26.2	29.9	33.7	37.4	41.2	44.9	48.7	52.4	56.1	65.5	75	84.3	93.6	102.9	112.2	121.6	131	140.4	149.8	159	168.6	177.8	187.3
180	17.7	21.2	42.8	28.3	31.8	35.4	38.9	42.4	46	49.5	53	61.8	70.8	79.6	88.4	97.4	106.1	115	123.8	132.5	141.4	150.1	159.1	168	177
190	16 7	20.1	23.4	26.8	30.1	33.5	36.9	40.2	43.6	46.9	50.2	58.6	67.1	75.3	83.8	92.2	100.4	108.9	117.2	125.5	134	142.2	150.8	159	167.6
200	15.9	19.1	22.2	25.4	28.6	31.8	35	38.2	41.3	44.6	47.7	55.7	63.7	71.6	79.5	87.5	95.5	103.3	111.2	119.2	127.3	135.1	143.2	151	159.1
210	15.1	18.2	21.2	24.2	27.3	30.3	33.4	36.4	39.4	42.4	45.4	53	60.7	68.2	75.8	83.4	91	98.5	106	113.8	121.2	128.8	136.4	143.9	151.6
220	14.5	17.4	20.2	23.2	26	29	31.8	34.7	37.6	40.5	43.4	50.6	57.8	65.1	72.3	79.6	86.8	94.1	101.2	108.5	115.8	122.9	130.2	137.4	144.8
230	13.8	16.6	19.4	22.1	24.9	27.6	30.5	33.2	36	38.8	41.5	48.4	55.4	62.3	69.2	76.1	83.1	90	96.9	103.8	110.8	117.5	124.6	131.3	138.5
240	13.3	15.9	18.6	21.2	23.9	26.5	29.2	31.8	34.5	37.2	39.8	46.4	53.1	59.7	66.3	73	79.6	86.2	92.8	99.5	106.1	112.8	119.3	125.9	132.7
250	12.7	15.3	17.8	20.3	22.9	25.4	28	30.5	33.1	35.7	28.2	44.5	51	57.3	63.6	70	76.4	82.8	89.2	95.5	101.8	108.2	114.7	120.9	127.3
260	12.2	14.7	17.1	19.6	22	24.4	26.9	29.4	31.8	34.3	36.7	42.8	49	55.1	61.2	67.3	73.5	79.5	85.7	91.8	97.9	104	110.2	116.2	122.4
270	11.8	14.1	16.5	18.8	21.2	23.6	25.9	28.3	30.6	33	35.3	41.2	47.2	53	58.9	64.8	70.8	76.7	82.5	88.4	94.4	100.2	106.1	111.9	117.9
280	11.4	13.6	15.9	18.2	20.5	22.7	25	27.3	29.6	31.8	34.1	39.8	45.5	51.2	56.8	62.5	68.2	74	79.6	85 3	91	96.7	102.3	108	113.8
290	11	13.2	15.4	17.6	19.8	21.9	24.1	26.3	28.6	30.7	32.9	38.4	43.9	49.3	54.8	60.3	65.8	71.3	76.8	82.4	87.8	93.3	98.9	104.2	109.9
300	10.6	12.7	14.8	17	19.1	21.2	23.4	25.4	27.6	29.7	31.8	37.1	42.5	47.7	53	58.3	63.7	69	74.3	79.6	84.9	90.3	95.5	100.7	106.1
310	10.3	12.3	14.4	16.4	18.5	20.5	22.6	24.6	26.7	28.8	30.8	36	41.2	46.2	51.3	56.4	61.6	66.7	71.9	77	82.2	87.3	92.4	97.5	102.7
320	9.9	11.9	13.9	15.9	17.9	19.9	21.9	23.8	25.8	27.8	29.8	34.8	39.8	44.8	49.7	54.7	59.7	64.7	69.7	74.6	79.6	84.5	89.7	94.5	99.6
330	9.6	11.6	13.5	15.4	17.4	19.3	21.2	23.1	25.1	27	28.9	33.8	38.7	43.4	48.2	53.1	57.9	62.7	67.5	77.2	77.2	82	86.9	91.6	96.5
340	9.4	11.2	13.1	15	16.9	18.7	20.6	22.4	24.3	26.2	28.1	32.7	37.5	42.2	46.8	51.5	56.2	60.8	65.5	70.2	74.9	79.7	84.3	89	93.7
350	9.1	10.9	12.7	14.5	16.4	18.2	20	21.8	23.6	25.5	27.2	31.8	36.4	40.8	45.4	50	54.6	59.1	63.6	68.2	72.8	77.3	81.9	86.4	91
360	8.8	10.6	12.4	14.1	15.9	17.7	19.5	21.2	23	24.8	26.5	30.9	35.4	39.8	44.2	48.7	53.1	57.5	61.9	66.3	70.7	75.2	79.7	84	88.5

420	7.6	9.1	10.6	12.1	13.6	15.2	16.7	18.2	19.7	21.2	22.7	26.5	30.3	34.1	37.9	41.7	45.5	49.3	53	56.8	60.6	64.4	68.3	72	75.8
430	7.4	8.9	10.4	11.8	13.3	14.8	16.3	17.8	19.3	20.7	22.2	25.9	29.6	33.3	37	40.7	44.4	48.1	51.8	55.5	59.2	63	66.7	70.3	74.1
440	7.2	8.7	10.1	11.6	13	14.5	15.9	17.4	18.8	20.7	21.7	25.3	29	32.6	36.2	39.8	43.4	47	50.7	54.2	57.8	61.5	65.2	68.8	72.4
450	7.1	8.5	9.9	11.3	12.7	14.1	15.6	17	18.4	19.8	21.2	24.8	28.4	31.8	35.3	38.9	42.5	46	49.5	53	56.7	60.2	63.7	67.2	70.8
460	6.9	8.3	9.7	11.1	12.5	13.8	15.2	16.6	18	19.4	20.8	24.2	27.7	31.2	34.6	38.1	41.5	45	48.4	51.9	55.3	58.8	62.3	65.8	69.3
470	6.8	8.1	9.5	10.8	12.2	13.5	14.9	16.2	17.6	19	20.3	23.7	27.1	30.5	33.8	37.3	40.7	44	47.4	50.8	54.2	57.6	61	64.3	67.8
480	6.6	8	9.3	10.6	11.9	13.2	14.6	15.9	17.2	18.6	19.9	23.2	26.5	29.8	33.1	36.5	39.8	43.1	46.4	49.7	53	56.3	59.8	63	66.4
490	6.5	7.8	9.1	10.4	11.7	13	14.3	15.6	16.9	18.2	19.5	22.7	26	29.2	32.5	35.8	39	42.2	45.5	48.7	51.9	55.2	58.5	61.7	65
500	6.4	7.6	8.9	10.2	11.5	12.7	14	15.3	16.6	17.8	19.1	22.3	25.5	28.6	31.8	35	38.2	41.3	44.6	47.7	50.9	54.2	57.3	60.5	63.7
525	6.1	7.3	8.5	9.7	10.9	12.1	13.3	14.5	15.8	17	18.2	21.2	24.2	27.3	30.3	33.4	36.4	39.4	42.4	45.5	48.5	51.6	54.6	57.6	60.7
550	5.8	6.9	8.1	8.3	10.4	11.6	12.7	13.9	15.1	16.2	17.3	20.2	23.2	26	28.9	31.8	34.7	37.6	40.5	43.4	46.3	49.2	52.2	55	58
575	5.5	6.6	7.8	9.9	10	1.1	12.2	13.3	14.4	15.5	16.6	19.4	22.2	24.9	27.7	30.4	33.2	36	38.8	41.5	44.3	47.1	49.8	52 6	55.4
600	5.3	6.4	7.4	8.5	9.6	10.6	11.7	12.7	13.8	14.9	15.9	18.6	21.2	23.9	26.5	29.2	31.8	34.5	37.1	39.8	42.4	45.2	47.8	50.4	53.2
625	5.1	6.1	7.1	8.1	9.2	10.2	11.2	12.2	13.2	14.3	15.3	17.8	20.4	22.9	25.4	28	30.6	33.1	35.7	38.2	40.7	43.3	45.8	48.4	51
650	4.9	5.9	6.9	7.8	8.8	9.8	10.8	11.8	12.7	13.7	14.7	17.1	19.6	22	24.5	26.9	29.4	31.8	34.3	36.7	39.2	41.7	44.2	46.6	49.1
675	4.7	5.7	6.6	7.5	8.5	9.4	10.4	11.3	12.3	13.2	14.1	16.5	18.9	21.2	23.6	25.9	28.3	30.6	33	35.4	37.8	40.1	42.5	44.8	47.2
700	4.5	5.5	6.4	7.3	8.2	9.1	10	10.9	11.8	12.7	13.6	15.9	18.2	20.5	22.7	25	27.3	29.5	31.8	34.1	36.4	38.7	40.9	43.2	45.6
725	4.4	5.3	6.1	7	7.9	8.8	9.7	10.5	11.4	12.3	13.2	15.4	17.6	19.8	22	24.2	26.4	28.6	30.8	33	35.2	37.4	39.6	41.7	43.9
750	4.2	5.1	5.9	6.8	7.6	8.5	9.4	10.2	11	11.9	12.7	14.9	17.1	19.1	21.2	23.4	25.5	27.6	29.7	31.8	34	36.1	38.2	40.3	42.5
775	4.1	4.9	5.7	6.6	7.4	8.2	9 1	9.9	10.7	11.5	12.3	14.4	16.4	18.5	20.5	22.6	24.6	26.7	28.8	30.8	32.9	34.9	37	39	41.2
800	4	4.8	5.6	6.4	7.2	8	8.8	9.6	10.3	11.1	11.9	13.9	15.9	17.9	19.9	21.9	23.9	25.8	27.9	29.8	31.8	33.8	35.8	37.8	39.8
825	3.9	4.6	5.4	6.2	7	7.7	8.5	9.3	10	10.8	11.6	13.5	15.5	17.4	19.3	21.2	23.2	25.1	27	29	30.9	32.8	34.8	36.7	38.7
850	3.7	4.5	5.2	6	6.7	7.5	8.2	9	9.7	10.5	11.2	13.1	15	16.9	18.7	20.6	22.5	24.3	26.2	28.1	30	31.8	33.7	35.6	37.6
875	3.6	4.4	5.1	5.8	6.5	7.3	8	8.7	9.5	10.2	10.9	12.7	14.6	16.4	18.2	20	21.8	23.6	25.5	27.3	29.1	30.9	32.8	34.6	36.5
900	3.5	4.2	5	5.7	6.4	7.1	7.8	8.5	9.2	9.9	10.6	12.4	14.2	15.9	17.7	19.5	21.2	23	24.8	26.5	28.3	30	31.8	33.6	35.6
925	3.4	4.1	4.8	5.5	6.2	6.9	7.6	8.3	9	9.6	10.3	12	13.8	15.5	17.2	18.9	20.6	22.4	24.1	25.8	27.5	29.2	31	32.7	34.5
950	3.4	4	4.7	5.4	6	6.7	7.4	8	8.7	9.4	10.1	11.7	13.4	15.1	16.7	18.4	20.1	21.8	23.5	25.1	26.8	28.5	30.2	31.8	33.6
975	3.3	3.9	4.6	5.2	5.9	6.5	7.2	7.8	8.5	9.2	9.8	11.4	13.1	14.7	16.3	18	19.6	21.2	22.8	24.5	26.1	27.8	29.4	31	32.8
1000	3.2	3.8	4.5	5.1	5.7	6.4	7	7.6	8.3	8.9	9.6	11.1	12.7	14.3	15.9	17.5	19.1	20 7	22.3	23.9	25.5	27.1	28.7	30.3	32

Abb. 41. Umrechnungstabelle.

von 10 mm Drehlänge aufstellt (vgl. Maschinenkarte S. 19 und Tab. 21, S. 85), oder auch, indem man nach graphischen Rechentafeln arbeitet, so daß nur noch eine Umrechnung auf die wirkliche Drehlänge und Berücksichtigung der Schnittzahl übrig bleibt. Z. B.: Wenn $v = 20$ m/Min., $d = 50$ mm und $s = 0{,}6$ mm, dann ist die Laufzeit für 10 mm Drehlänge

$$t = \frac{d \cdot \pi \cdot l \cdot i}{1000 \cdot 20 \cdot 0{,}6} = \frac{50 \cdot 3{,}14 \cdot 10 \cdot 1}{1000 \cdot 20 \cdot 0{,}6} = 0{,}13 \text{ Min.}$$

Sollen nun aber 85 mm Drehlänge mit 3 Schnitten überdreht werden, so braucht man das Ergebnis 0,13 Min. nur noch mit 3 × 8,5 zu multiplizieren, um das endgültige Resultat, nämlich 3,32 Min. zu erhalten.

Die folgende graphische Tafel Abb. 43 ermöglicht es, die Laufzeit für 10 mm Drehlänge

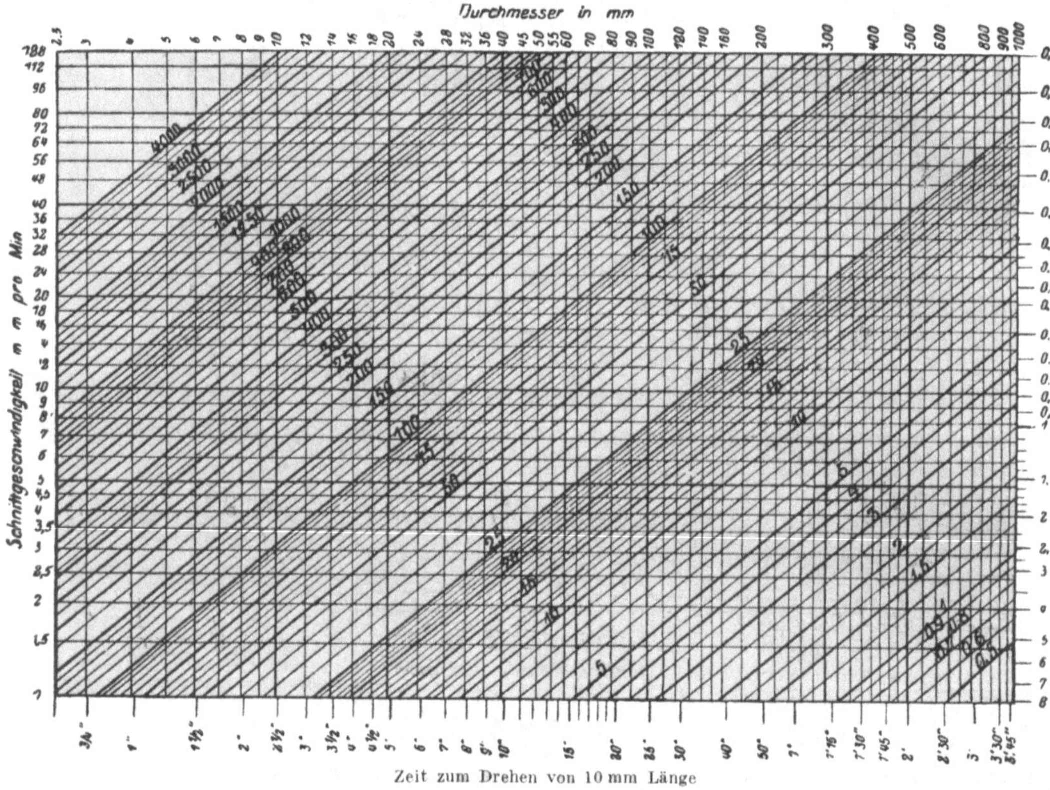

Abb. 43. Graphische Laufzeittafel.[1]

bei den verschiedensten Durchmessern, Drehzahlen und Vorschüben schnell zu bestimmen. Beispiel (siehe Abb. 44):

Eine Welle aus SM-Stahl, 400 mm Durchmesser, 1250 mm lang, soll mit 1 Schnitt überdreht werden; v sei $= 10$ m/Min., $s = 2$ mm. Man verfolge Pfeil 1 und 2 bis zu ihrem Schnittpunkt, gehe dann (Pfeil 3) an der schrägen Linie abwärts, bis diese die Horizontale schneidet, welche am rechten Rande der Tafel den Vorschub von 2 mm anzeigt; von diesem Schnittpunkt gehe man senkrecht nach unten, Pfeil 4, wo man die Zeit für 10 mm Drehlänge = 38 Sek. abliest.

[1] Aus „Werkstattstechnik" 1910, S. 134.

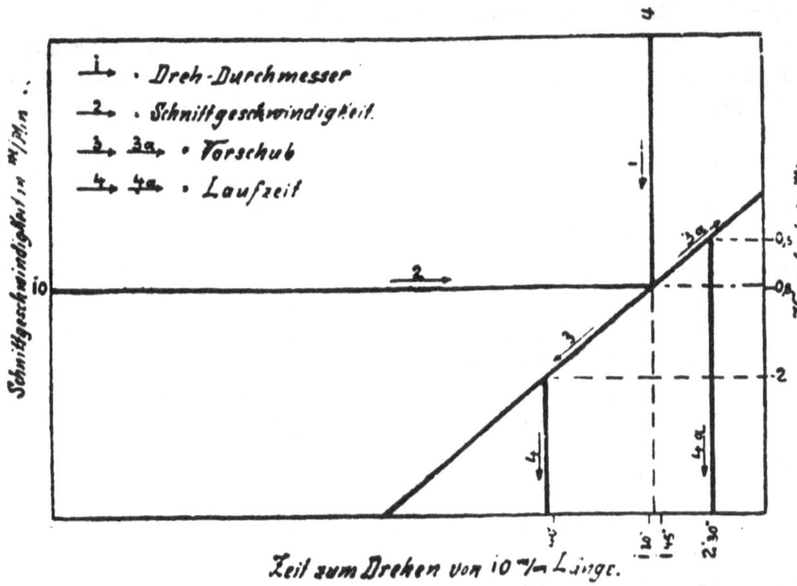

Abb. 44. Drehdurchmesser in m/m.

Bei einer Drehlänge = 1250 mm ist dann die Zeit für 1 Schnitt über die ganze Welle in Minuten:

$$t_h = \frac{1250 \cdot 38}{10 \cdot 60} = \sim 79 \text{ Min.}$$

Die schrägen Linien geben die zugehörigen Umdrehungszahlen pro Minute an.

Im allgemeinen wird man bei der Berechnung der Laufzeiten mit den bis jetzt dargestellten Formeln und Tafeln auskommen.

Schwierigkeiten treten bei der üblichen Zusammenwürfelung der verschiedensten Maschinentypen nur dann auf, wenn dem Kalkulator keine Maschinenkarte zur Verfügung steht, bzw. wenn er nicht weiß, für welche Maschine oder Maschinengruppe er die Arbeit zu kalkulieren hat. Die Schwierigkeiten beruhen darauf, daß zur Durchführung der theoretisch günstigsten Zerspanung, die man bei den allgemein gültigen Schnittgeschwindigkeitstabellen anstrebt (vgl. Seite 35 und 36), stufenlose Einstellungsmöglichkeiten für Drehzahlen und Vorschübe an den Maschinen vorhanden sein müßten, eine Forderung, die aber in der Praxis erst in verschwindend seltenen Fällen erfüllt wird. Man trifft vielmehr an Drehbänken wie auch an anderen Werkzeugmaschinen meist nur eine beschränkte Anzahl von Drehzahlen und Vorschüben an, 3 bis 16, die leider auch heute noch oft recht unzweckmäßig gestuft sind.

Selbst angenommen, daß die Drehzahlen aller Drehbänke vorschriftsmäßig geometrische Reihen bilden, d. h., daß die Quotienten aus je zwei aufeinander folgenden Drehzahlen jedesmal denselben Wert ergeben, und daß diese Werte, die Stufungsfaktoren, im Rahmen der als zulässig geltenden Grenzen von 1,2 bis 1,33 (1,5) liegen, so treten dennoch zwischen den theoretisch günstigen und den an den Maschinen einstellbaren Werten Abweichungen auf, die den Quotienten entsprechend nahezu 20 bis 33 (50) % betragen. In Wirklichkeit kommen sogar noch viel größere Abweichungen vor.

Nachstehend die Drehzahlenreihe einer Drehbank Nr. x:

$n = 20$ 11,9 7,1 4,2 3,8 2,27 1,35 0,8 Umdr./Min.

Soll z. B. ein Ring aus SM-Stahl nach Abb. 45 im Durchmesser überdreht werden, so würde bei Zugrundelegung einer Schnittgeschwindigkeit von 12 m/Min. rechnerisch die

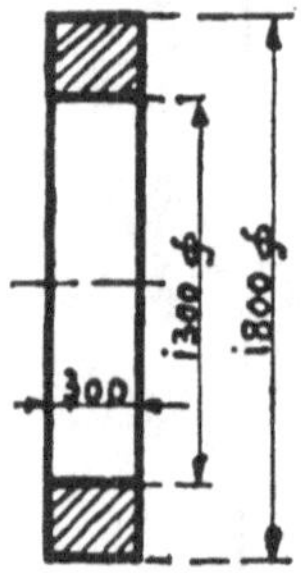

Abb. 45.

minutliche Umdrehungszahl $n = \frac{12}{1{,}8 \cdot \pi} = 2{,}13$ sein; soll der Ring nun auf dieser Drehbank überdreht werden, und nehmen wir an, daß mit Rücksicht auf die Härte des Materials eine Überschreitung der Schnittgeschwindigkeit von 12 m/Min. nicht zulässig ist, dann käme nur die Stufe mit 1,35 minutlichen Umdrehungen in Frage. In diesem Fall ist die Schnittgeschwindigkeit aber nicht mehr = 12 m/Min., sondern nur noch $1{,}8 \cdot \pi \cdot 1{,}35 = 7{,}6$ m/Min.

Setzt man den Vorschub $s = 0{,}8$ mm, dann ist beim Überdrehen des Ringes mit 1 Schnitt und 2,13 minutlichen Umdrehungen die Laufzeit $t_h = \frac{300 \cdot 1}{2{,}13 \cdot 0{,}8} = 176$ Min.

Setzt man jedoch die tatsächliche Umdrehungszahl der Bank = 1,35 ein, dann ist die Laufzeit $t_h = \frac{300 \cdot 1}{1{,}35 \cdot 0{,}8} = 277$ Min.

Der Mehrverbrauch an Laufzeit beträgt hier 57 %.

Die folgende Abb. 46 gibt die Stufung dieser Drehbank wieder, $q = \sim 1{,}68$! Der

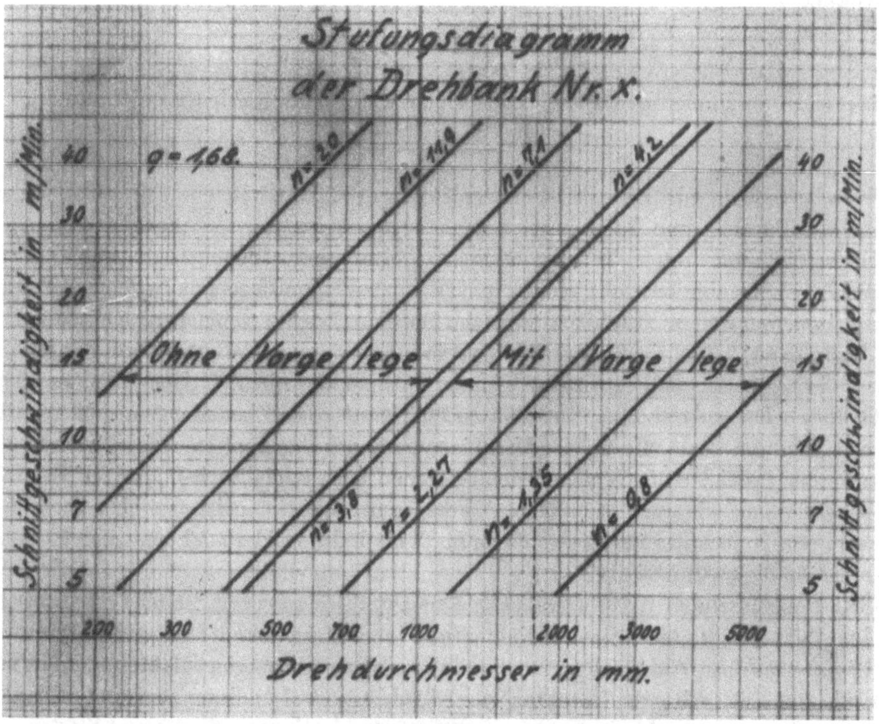

Abb. 46.

Durchmesser von 1800 mm (für das soeben durchgerechnete Beispiel) ist durch die gestrichelte Linie kenntlich gemacht.

Das Bild zeigt weiter die falsche Stufung beim Übergang vom langsamen Gang ohne Vorgelege zum schnellen Gang mit Vorgelege.

Eine 13 m lange Wellendrehbank hat folgende Drehzahlen:

$n =$ 147	109	81	60
38	28	20,1	15,4
9,5	7	5,1	3,85.

Das Diagramm, Abb. 47, zeigt die Stufung dieser Wellendrehbank, $q = \sim 1{,}35$.

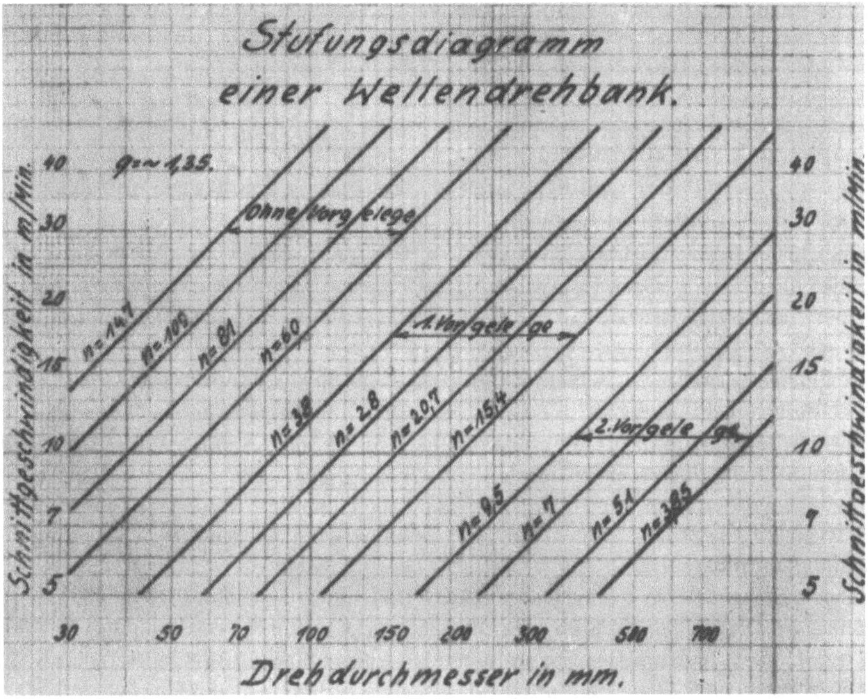

Abb. 47.

Wenn man auf dieser Bank eine Welle von 400 mm Durchmesser und 13 m Länge mit einer Schnittgeschwindigkeit $v = 18$ m/Min. und einem Vorschub $s = 1{,}25$ mm pro Umdrehung überdrehen will, so würde man, wenn die Umdrehungszahlen und Vorschübe der Bank nicht bekannt sind, die Laufzeit rechnerisch folgendermaßen ermitteln:

$$n = \frac{18}{0{,}4 \cdot \pi} = 14{,}4; \text{ Laufzeit in Minuten } t_h = \frac{13000}{14{,}4 \cdot 1{,}25} = 720 \text{ Min.}$$

Setzt man jedoch die tatsächliche Umdrehungszahl der Bank ein, so käme, wenn v nicht größer als 18 m/Min. sein darf, nur $n = 9{,}5$ in Frage.

$$\text{Dann ist die Laufzeit in Minuten } t_h = \frac{13000}{9{,}5 \cdot 1{,}25} = 1094 \text{ Min.}$$

Diese großen Unterschiede in der Laufzeit entstehen also durch die Abweichung der tatsächlichen von der angenommenen Umdrehungszahl; es kommt nun hinzu, daß in allen Betrieben, wo Maschinenaufnahmen nicht durchgeführt sind, außer den Umdrehungszahlen auch die Vorschübe dem Kalkulator unbekannt sind.

Der Vorschub von 1,25 mm in der letzten Aufgabe war willkürlich angenommen; in Wirklichkeit hatte die obige Wellendrehbank folgende Vorschübe: 0,5 — 1 — 1,5 — 2 mm pro Umdrehung.

Ist nun bei entsprechend großer Schnittiefe der nächst größere Vorschub nicht anwendbar, dann käme der nächst geringere = 1 mm in Frage; dann ist die Laufzeit in Minuten:

$$t_h = \frac{13000}{9,5 \cdot 1} = 1368 \text{ Min.}$$

Dieses Resultat weicht von dem ersten bereits um 90 % ab. Es soll zugegeben werden, daß die Fälle nicht immer so ungünstig liegen, wie hier gezeigt wurde, und daß oftmals durch die mögliche Überschreitung von v und s ein Ausgleich herbeigeführt wird. Immerhin sind derartige Fälle keine Seltenheit, und besonders bei Werkstücken von großem Durchmesser oder großer Länge, die an sich eine erhebliche Laufzeit erfordern, machen diese Unterschiede zwischen der theoretisch errechneten und der auf der betreffenden Maschine erreichbaren Laufzeit einen erheblichen Teil der Gesamtbearbeitungszeit aus.

Eine einwandfreie Kalkulation darf aber solche Fehler in der Laufzeitermittlung nicht dulden, sondern muß fordern, daß nur mit den tatsächlich einstellbaren Werten gerechnet wird. Hierzu ist erforderlich: 1. Daß der Kalkulator, zum mindesten bei größeren Arbeitsstücken, genau nach Maschinenkarte arbeitet, d. h., es ist mit der alten Methode des Kalkulierens ins Blaue hinein zu brechen! 2. Daß der Arbeiter an der Maschine zu wissen bekommt, welche Einstellung der Maschine der Kalkulator seiner Rechnung zugrunde gelegt hat: Arbeitsanweisung! (Vgl. II, 3, S. 15 ff.).

Für allgemeine Arbeiten kleineren Umfangs, bei denen man größeren Aufwand für Vorbereitungen nicht machen will, ist es zweckmäßig, dem Arbeiter an der Maschine etwa dieselben Unterlagen in die Hand zu geben, nach denen der Kalkulator arbeitet. Unter der Voraussetzung, daß an einer Maschine immer nur die gleichen Arten von Materialien verarbeitet werden, kann man eine Arbeitstafel nach Abb. 48 verwenden. Sie gestattet dem Arbeiter wenigstens, die zur Leistungsfähigkeit des Stahles gehörige Einstellung der Maschine zu ermitteln.

Soll er z. B. an einer Welle aus St. 60 . 11 von 150 mm ⌀ einen Zapfen von 130 mm ⌀ andrehen, so wird er beim Schruppen mit ca. 8 mm Spantiefe und seinem 3. Vorschub, = 1 mm/Umdr., drehen. Der Spanquerschnitt beträgt dann $q = 8 \cdot 1 = 8\ \text{mm}^2$. Er geht also auf seiner Tafel vom unteren Rande bei 8 mm² senkrecht aufwärts bis zur Schnittgeschwindigkeitslinie für Stahl 50 — 60 kg Festigkeit, von dort wagerecht nach rechts bis zum Durchmesser 150 mm und findet dort als nächst niedrigere Drehzahl den langsamsten Gang der Maschine mit 29,5 Umdr./Min., d. i., wie die n-Linie unten links angibt, Hebel I in Rast B, Hebel II in Rast D. Beim Schlichten hat er dann noch eine Spantiefe von 2 mm wegzunehmen, wofür er den 2. Vorschub 0,5 mm einstellen wird. $q = 2 \cdot 0,5 = 1\ \text{mm}^2$. Er geht also von unten bei 1 mm² aufwärts bis zur St. 60 kg-Linie, wagerecht nach rechts bis 130 mm ⌀ und erhält als nächst tiefere Drehzahl Schaltung I B, II A = 66 Umdr./Min. In beiden Fällen hat er dann die Einstellung der Maschine ermittelt, bei der der Stahl nahezu voll ausgenutzt ist ($v = 15$ bzw. 34 m/Min.). Arbeitet nun der Kalkulator mit derselben Tafel und nach demselben Grundsatz, nämlich, den Spanquerschnitt so groß wie irgend möglich zu nehmen, so werden beide in den meisten Fällen auf die gleiche Maschineneinstellung kommen und nicht in Akkorddifferenzen geraten.

Sehr wichtig ist die Berücksichtigung der Maschine auch bei Plandreharbeiten. Man muß hier nämlich der Rechnung die Umfangsgeschwindigkeit des größten Durchmessers zugrunde legen, damit der Stahl nicht überanstrengt wird (ausglüht). In Wirklichkeit

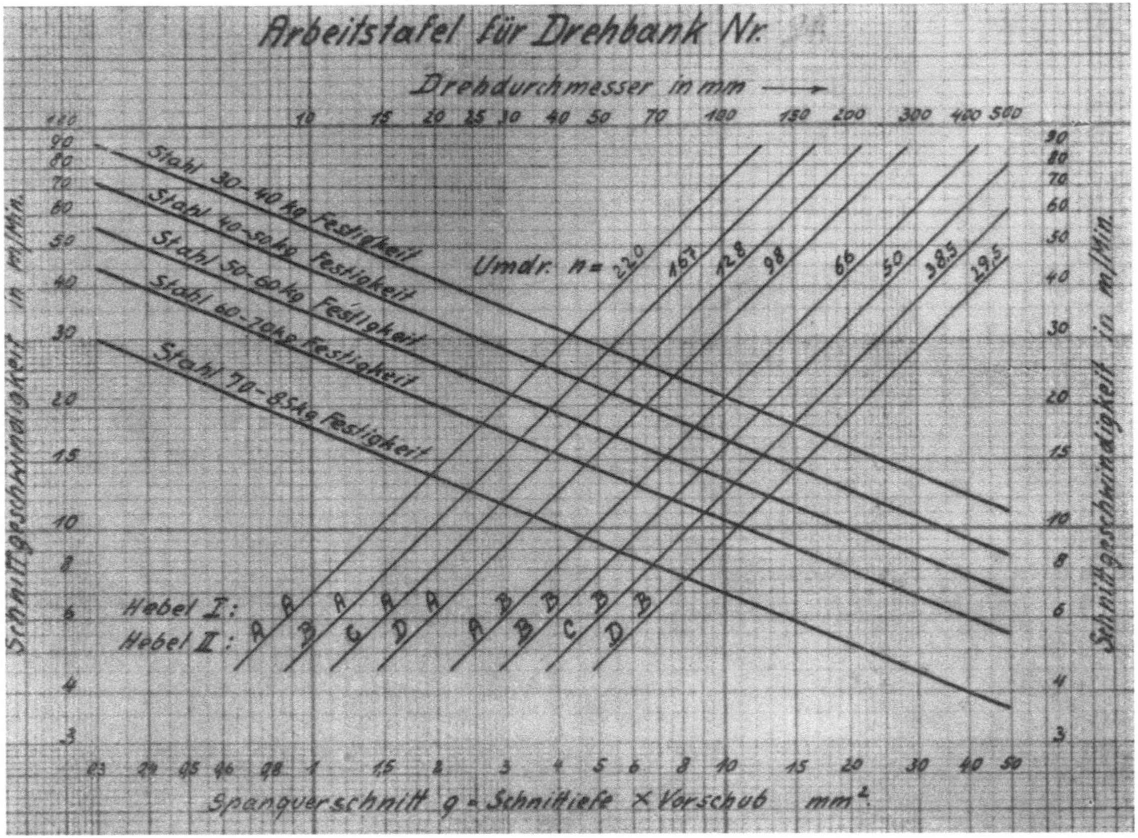
Arbeitstafel für Drehbank Nr.
Drehdurchmesser in mm
Stahl 30-40 kg Festigkeit
Stahl 40-50 kg Festigkeit
Stahl 50-60 kg Festigkeit
Stahl 60-70 kg Festigkeit
Stahl 70-85 kg Festigkeit
Umdr. n = 220 167 128 98 66 50 38,5 29,5
Hebel I: A A A A A B B B B
Hebel II: A B C D A B C D
Schnittgeschwindigkeit in m/Min.
Spanquerschnitt q = Schnittiefe × Vorschub mm²
Abb. 48.

sinkt schon nach den ersten Umdrehungen die Schnittgeschwindigkeit, weil der Drehdurchmesser stetig abnimmt. Der Stahl wird dann also nicht mehr richtig ausgenutzt, die Laufzeit wird relativ zu lang. Bei nebenstehender Scheibe würde die Laufzeit auf Drehbank Nr. x S. 74 bei ca. 16 m Umfangsgeschwindigkeit und 0,5 mm Vorschub

$$t = \frac{l \cdot i}{n \cdot s} = \frac{\frac{d}{2} \cdot i}{n \cdot s} = \frac{350 \cdot 1}{7{,}1 \cdot 0{,}5} = \sim 100 \text{ Min.}$$

betragen. Durch Umschalten der Spindeldrehzahl (Riemenumlegen) kann man sich nun stufenweise wieder der theoretischen Schnittgeschwindigkeit nähern. Man rechnet deshalb

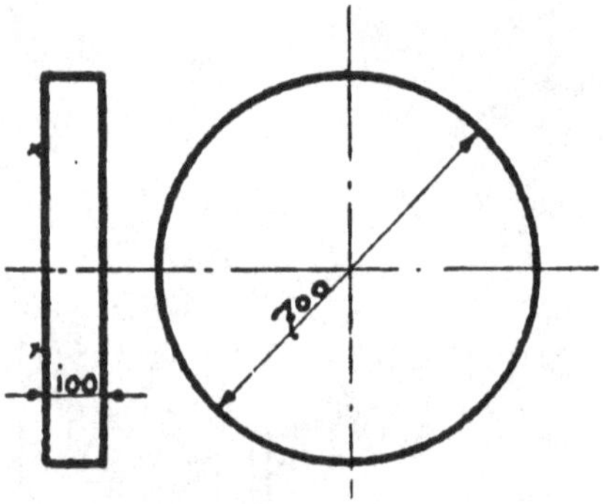

Abb. 49.

vielfach (fälschlich!) so, daß man in die Laufzeitformel für das Plandrehen den mittleren Drehdurchmesser einsetzt; man würde dann in unserem Fall eine Laufzeit von

$$t = \frac{dm \cdot \pi \cdot l \cdot i}{1000 \cdot v \cdot s} = \frac{\frac{d}{2} \cdot \pi \cdot \frac{d}{2} \cdot i}{1000 \cdot v \cdot s} = \frac{350^2 \cdot \pi \cdot 1}{1000 \cdot 16 \cdot 0{,}5} = \sim 48 \text{ Min. erhalten.}$$

Wie falsch diese Annäherung ist, geht aus folgender genaueren Rechnung hervor. Der Schnittgeschwindigkeit von 16 m/Min. entspricht bei Maschine Nr. x etwa Stufe Nr. 3 mit $n = 7{,}1$ Umdr./Min. Stufe Nr. 2 darf erst genommen werden, wenn der Drehdurchmesser $d = \frac{1000 \cdot v}{n \cdot \pi} = \frac{1000 \cdot 16}{11{,}9 \cdot \pi} = \sim 420$ mm, Stufe Nr. 1, wenn $d = \frac{1000 \cdot 16}{20 \cdot \pi}$ $= \sim 250$ mm ist. Hiernach ist die Laufzeit

$$t_1 = \frac{l \cdot i}{n \cdot s} = \frac{\frac{700 - 420}{2} \cdot 1}{7{,}1 \cdot 0{,}5} = \sim 39{,}5 \text{ Min.}$$

$$t_2 = \frac{\frac{420 - 250}{2} \cdot 1}{11{,}9 \cdot 0{,}5} = \sim 14{,}5 \text{ Min.}$$

$$t_3 = \frac{\frac{250}{2} \cdot 1}{20 \cdot 0{,}5} = \sim 12{,}5 \text{ Min.}$$

$$th = 66{,}5 \text{ Min.}$$

Eine so genaue Rechnung ist nur möglich, wenn Maschinenkarten oder gleichwertige Unterlagen bestehen. Wo diese nicht bestehen, müßte also alles darangesetzt werden, um sie zu beschaffen. Durch die eben durchgeführte Rechnung muß natürlich die Frage berührt werden, ob es immer zweckmäßig ist, den Wechsel der Geschwindigkeiten vorzuschreiben. Das wird nicht der Fall sein bei großen, schweren Bänken mit Stufenscheibenantrieb, deren Riemen mit so großer Spannung aufliegen, daß das Wechseln der Geschwindigkeiten mehr Zeit erfordert, als die Ersparnis beim schnelleren Gang ausmacht. Aber alle diese Verhältnisse wie Stufung, Riemenbreite, Art der Maschine usw. sollen gerade aus der Maschinenkarte erkennbar sein und zur richtigen Beurteilung und Berechnung der Arbeit führen.

Die Tafel der Drehbank Nr. 94 S. 77 kann auch hierbei gute Dienste leisten. Sie sagt dem Kalkulator auf den ersten Blick, daß die Maschine gut gestuft ist, was aus den gleichmäßigen Abständen der n-Linien (Quotient $q = \sim$ konstant) ersichtlich ist, und daß sich die Drehzahlen sehr schnell und einfach durch Hebel · verstellen lassen — Einscheibenantrieb —, daß also auch annähernd gleiche Durchzugskraft (Leistung) bei jeder Schaltung zur Verfügung steht. Dem Arbeiter sagt sie ferner bei Plandreharbeiten, bei welchen Drehdurchmessern er auf die nächst höhere Drehzahl übergehen muß. Will er z. B. in unserem Beispiel 3 auf S. 70 mit möglichst günstiger Schnittgeschwindigkeit arbeiten, so geht er bei seinem Spanquerschnitt $q = 10 \cdot 0{,}5 = 5$ mm² in seiner Arbeitstafel unten bei 5 senkrecht aufwärts bis zur Stahl-(50 — 60 kg)-Linie. Die wagerechte Linie durch diesen Punkt ist die Schnittgeschwindigkeit $\sim$ 18 m/Min. Er muß also auf dieser Linie nach rechts bis zum Durchmesser 175 gehen und findet $n = 29{,}5$ als seine Anfangsdrehzahl. Geht er nun auf der Geschwindigkeitslinie 18 m/Min. nach links bis zur nächsten n-Linie ($= 38{,}5$), so findet er senkrecht darüber den Durchmesser, bei dem er auf diese Drehzahl übergehen muß, d. i. $d = 150$ mm, weiter auf der 18 m-Linie nach links bis $n = 50$, findet er senkrecht darüber $d = 115$ mm, bei $n = 66$ findet er $d = 85$ und von $d = 55$ an $n = 98$. Die Laufzeit, die er für 2 Schnitte gebraucht, beträgt dann nicht mehr 11,85 Min., sondern nur noch 6,75 Min.

Das Gewindeschneiden auf der Drehbank wird wie Langdrehen berechnet, wobei der Vorschub = Gewindesteigung ist und die Schnittzahl $= \frac{\text{Gewindetiefe}}{\text{Spantiefe je Schnitt}}$. Die Schnittgeschwindigkeit wird nicht nach der Leistungsfähigkeit des Stahles bemessen, sondern nach der Handlichkeit der Arbeit, Sauberkeit des Schnittes usw. Den Gewindeschneidtabellen S. 86 und 87 ist eine Geschwindigkeit von 7,5 m/Min. zugrunde gelegt, die sich aber bei großen Drehdurchmessern erhöhen lassen dürfte. Bei kleinen Drehdurchmessern dagegen sind häufig nur Geschwindigkeiten von ca. 2 m/Min. anwendbar, z. B. wenn das Gewinde bis dicht an einen hohen Bund zu schneiden ist; bei größerer Geschwindigkeit würden auch, soweit hohe Steigungen zu schneiden sind, leicht Wechselräder brechen oder der Dreher wäre nicht in der Lage, die Leitspindel schnell genug auszuschalten.

Für überschlägliche Zeitermittlungen genügen die Tabellenwerte für Vor- und Rücklauf. Bei Berechnungen muß dagegen genau nach der Maschinenkarte gearbeitet werden. Falls die Maschine keinen Rücklauf hat, sind die erforderlichen Handzeiten für „Support zurückfahren“ und „auf Gang einschalten“ entsprechend zu berücksichtigen.

Die nächsten Tafeln geben Durchschnittswerte für das Arbeiten an Drehbänken an.

Tabelle 14. **Zeiten für das erstmalige Einrichten von Drehbänken.**

Spitzenhöhe	Art der Verrichtung	bis 2	2 bis 4	4 bis 6	6 bis 8	8 bis 10
		Drehlänge der Drehbank in m				
		Min.	Min.	Min.	Min.	Min.
bis 250	I	5	6	7		
	II	5	5	5		
	III	3	3	3		
300—500	I	6	7	8	10	12
	II	8	8	8	8	8
	III	5	5	5	5	5
550—750	I	8	10	12	14	16
	II	12	12	12	12	12
	III	8	8	8	8	8
800—1000	I	11	13	15	17	19
	II	16	16	16	16	16
	III	12	12	12	12	12
1100—1500	I	15				
	II	20				
	III					
1600—2000	I	18				
	II	25				
	III					

Erklärung: I. Reinigen der Bank. II. Umbauen von Plan- zur Spitzenarbeit oder umgekehrt. III. Brille aufsetzen.

Tabelle 15. **Zeiten für das Einspannen u. Ausrichten voller Wellen auf Drehbänken (ohne Zentrieren).**

Durchmesser mm		200	400	600	800	1000	1500	2000	3000	4000	6000	8000	
		Länge in mm ca.											
25	Min.	4	4	4	5	6	8	9	12	17	21	28	
	kg	0,76	1,52	2,5	3	3,8	5,7	7,6	11,4	15,2	23	30,5	ohne Kran
50	Min.	4	4	4	5	6	8	9	12	20	25	31	mit Kran
	kg	3,06	6,1	9,3	12,2	15,3	23	30,5	46	61	92	122	
75	Min.	4	4	5	6	7	9	14	17	21	28	35	
	kg	6,9	13,8	20,6	27,5	34,4	52	69	104	138	206	275	
100	Min.	4	5	6	7	13	16	18	21	25	31	38	
	kg	12,3	24,5	36,8	49	61,2	92	123	184	245	368	490	
150	Min.	5	6	12	14	17	20	23	27	32	38	45	
	kg	27,6	55	83	110	138	207	276	415	550	830	1100	
200	Min.		15	16	18	20	23	27	33	39	50	60	
	kg		98	146	196	245	366	490	730	980	1460	1950	
300	Min.		20	22	23	25	30	36	43	50	65	80	
	kg		220	330	440	550	825	1100	1650	2200	3300	4400	
400	Min.			28	30	32	37	44	53	63	80	100	
	kg			588	780	978	1430	1960	2940	3900	5880	7800	
500	Min.			35	38	41	46	52	63	73	95	115	
	kg			920	1220	1530	2300	3060	4600	6200	9200	12200	
600	Min.				45	48	53	60	70	84	110	135	
	kg				1760	2200	3300	4400	6600	8800	13200	17600	

Für jedes Umspannen sind 25 % der obigen Werte einzusetzen.

Tabelle 16.

Zeiten für das Einspannen und Ausrichten von Buchsen ($d < l$)[1] auf der Drehbank.

Die Gewichtsangaben verstehen sich für Wandstärken von ca. $^1/_{10}$ des äußeren Durchmessers einschließlich starker Bearbeitungszugabe

Durchmesser ca. mm	1-teilig 2-teilig		Länge in mm ca. 100	200	300	400	500	600	800	1000	1500	2000	2500
50	1/1	Min.	5	5	6								
50	2/2	„	7	7	9								
		kg	1,1	2,3	3,4								
75	1/1	Min.	6	6	7	8	9						
75	2/2	„	8	8	10	11	13						
		kg	2,5	5	7,6	10	12,7						
100	1/1	Min.		6	7	9	11	12					
100	2/2	„		9	10	11	14	16					
		kg		9	13,5	18	22,5	27			ohne Kran		
150	1/1	Min.		8	9	11	14	16	22	28	mit Kran		
150	2/2	„		10	12	15	19	22	31	39			
		kg		17	25	34	42	50	68	84			
200	1/1	Min.			12	15	25	26	29	32			
200	2/2	„			17	21	34	36	39	45			
		kg			42	56	70	74	112	140			
300	1/1	Min.				27	32	34	36	39	45		
300	2/2	„				37	45	47	51	55	64		
		kg				112	140	168	225	280	420		
400	1/1	Min.					37	42	45	49	56	66	75
400	2/2	„					52	59	63	69	78	92	103
		kg					255	283	376	470	710	940	1180
500	1/1	Min.						56	59	63	70	77	85
500	2/2	„						78	84	88	98	108	120
		kg						425	565	705	1060	1420	1760
600	1/1	Min.							72	77	84	91	98
600	2/2	„							100	107	117	127	137
		kg							800	1000	1500	2000	2500

Für jedes Umspannen sind einzusetzen:

In Planscheibe (mit verstellbaren Kloben) .... 100 % } obiger
In selbstzentrierender Klobenscheibe .... 25 % } Zeiten.

[1] $<$ = kleiner als.
$>$ = größer als.
$\leqq$ = gleich oder kleiner als.
$\geqq$ = gleich oder größer als.

Tabelle 17.

Zeiten für das Einspannen und Ausrichten von Ringen, deren Breite $> \frac{d}{5}$ und $\leqq d$, auf der Drehbank.

In den Gewichtsangaben ist eine starke Bearbeitungszugabe eingeschlossen

Äußerer Durchm. ca. mm	Bohrung Durchm. ca. mm	1-teilig 2-teilig		Breite in mm ca.									
				25	50	100	150	200	300	400	600	800	1000
100	65	1/1	Min.	6	6	6							
100	65	2/2	,,	9	9	9							
			kg	1,6	3,2	6,4							
200	130	1/1	Min.		9	10	11	12					
200	130	2/2	,,		13	14	15	16					
			kg		10	19	28	37			ohne Kran		
300	195	1/1	Min.			13	21	22	25		mit Kran		
300	195	2/2	,,			17	29	32	35				
			kg			44	67	86	130				
400	260	1/1	Min.			22	25	28	31	34			
400	260	2/2	,,			31	35	39	43	47			
			kg			73	110	140	210	280			
600	390	1/1	Min.				29	35	42	49	60		
600	390	2/2	,,				40	49	59	68	83		
			kg				245	320	470	620	930		
800	525	1/1	Min.					38	45	53	63	70	
800	525	2/2	,,					54	64	63	88	98	
			kg					550	830	1080	1620	2150	
1000	650	1/1	Min.						49	56	66	73	
1000	650	2/2	,,						68	78	93	103	
			kg						1230	1600	2400	3200	
1500	1000	1/1	Min.							73	84	91	98
1500	1000	2/2	,,							103	117	128	138
			kg							3700	5500	7300	9200
2000	1300	1/1	Min.							100	100	105	110
2000	1300	2/2	,,								135	145	160
			kg								8800	11600	14400

Für jedes Umspannen sind einzusetzen:

In Planscheibe (mit verstellbaren Kloben) .... 100 % } obiger

In selbstzentrierender Klobenscheibe .... 25 % } Zeiten.

Tabelle 18.

Zeiten für das Einspannen und Ausrichten von Scheiben und Ringen, deren Breite $< \frac{d}{5}$ und deren Bohrung $< \frac{d}{4}$, auf der Drehbank.

In den Gewichtsangaben ist eine starke Bearbeitungszugabe eingeschlossen

Äußerer Durchm. ca. mm	Bohrung Durchm. ca. mm	1-teilig 2-teilig		Breite in mm ca. 15	25	50	75	100	150	200	300	400
100	25	1/1	Min.	6								
100	25	2/2	„	9								
			kg	1,3								
200	50	1/1	Min.	9	9							
200	50	2/2	„	12	12							
			kg	5,3	8							
300	75	1/1	Min.	11	11	11						
300	75	2/2	„	16	16	16						
			kg	13	18	38				ohne Kran		
400	100	1/1	Min.	14	14	19	21			mit Kran		
400	100	2 2	„	19	19	27	30					
			kg	21	32	64	95					
600	150	1/1	Min.	17	21	23	25	25				
600	150	2/2	„	24	29	31	34	34				
			kg	47	70	140	210	270				
800	200	1/1	Min.		26	27	28	29	31			
800	200	2/2	„		36	37	38	39	43			
			kg		120	240	360	460	660			
1000	250	1/1	Min.		30	30	32	35	38	42		
1000	250	2/2	„		43	43	44	48	53	58		
			kg		220	380	565	750	1040	1380		
1500	375	1/1	Min.			45	47	50	53	58	65	
1500	375	2/2	„			63	66	70	75	85	93	
			kg			840	1250	1600	2300	3100	4500	
2000	500	1/1	Min.			60	62	65	68	72	80	88
2000	500	2/2	„			83	85	90	95	100	110	120
			kg			1460	2200	2800	4000	5400	7800	11200

Für jedes Umspannen sind einzusetzen:

In Planscheibe (mit verstellbaren Kloben) .... 100 % } obiger

In selbstzentrierender Klobenscheibe .... 25 % } Zeiten.

Tabelle 19.

Durchschnittswerte für Dreherei bei Verwendung von Schnelldrehstahl auf Schnelldrehbänken.

Maschinengrösse	Span-Querschnitt mm²		Vorschruppen			Nach-schruppen	grob	sauber* schlichten	breit
Kleine Drehbänke Spitzenhöhe ca. 250mm	5	Schnittiefe mm Vorschub mm	5 1	7,5 0,66	10 0,5/	unter 4mm 0,6–0,8	0,3–0,6 0,5	0,2–0,4 0,3–0,4	0,2–0,5 0,75–2
Mittlere Drehbänke Spitzenhöhe ca. 600mm	10	Schnittiefe mm Vorschub mm	8 1,25	12 0,83	15 0,66	unter 6 0,8–1	0,4–0,7 0,7	0,2–0,5 0,5–0,7	0,3–0,6 1 – 4
Grosse Drehbänke Spitzenhöhe 1000mm u.mehr	18	Schnittiefe mm Vorschub mm	10 1,75	15 1,15	20 0,87	unter 8 1–1,4	0,5– 1 1	0,3–0,6 0,7–1	0,5–0,8 2 – 6

Tabelle 20.

Durchschnittswerte für Dreherei bei Verwendung von Schnelldrehstahl auf gewöhnlichen Drehbänken.

Maschinengrösse	Span-Querschnitt mm		Vorschruppen			Nach-schruppen	grob	sauber* schlichten	breit
Kleine Drehbänke Spitzenhöhe 100–150mm	2	Schnittiefe mm Vorschub mm	5 0,4	7,5 0,27	10 0,2	unter 4mm 0,3 – 0,4	0,3–0,6 0,3	0,2–0,4 0,2–0,3	0,2–0,5 0,6 – 1
Kleine Drehbänke Spitzenhöhe ca. 250mm	4	Schnittiefe mm Vorschub mm	5 0,8	7,5 0,53	10 0,4	unter 4mm 0,6 – 0,8	0,3–0,6 0,5	0,2–0,4 0,3–0,4	0,2–0,5 0,75– 2
Mittlere Drehbänke Spitzenhöhe ca. 660mm	8	Schnittiefe mm Vorschub mm	8 1	12 0,66	15 0,53	unter 6mm 0,8 – 1	0,4–0,7 0,7	0,2–0,5 0,5–0,7	0,3–0,6 1 – 4
Grosse Drehbänke Spitzenhöhe 1000mm u.mehr	14	Schnittiefe mm Vorschub mm	10 1,4	15 0,93	20 0,7	unter 8mm 1 – 1,4	0,5 – 1 1	0,3–0,6 0,7 – 1	0,5–0,8 2 – 6

Tabelle 21 *.

Laufzeit für 10 mm Drehlänge bei einer Schnittgeschwindigkeit = 10 m Min.

Vorschub p. Umdr. m/m	Ø	Durchmesser des Arbeitsstückes in mm Laufzeit in Sekunden resp. Minuten für 10 mm Drehlänge.									
	Ø	10	20	30	40	50	60	70	80	90	100
0,25		7,6	15,2	22,7	30,3	38	45,5	53	60,5	68	76
0,5		3,8	7,6	11,4	15,2	19	22,8	26,5	30,3	34	38
0,75		2,5	5,1	7,6	10,1	12,6	15,5	17,6	20,3	22,6	25,4
1		1,9	3,8	5,7	7,6	9,5	11,4	13,3	15,1	16,8	19
	Ø	120	140	160	180	200	220	240	260	280	300
0,25		91	106	121	136	152	167	182	197	212	227
0,5		45,5	53	60,5	68	76	83,5	91	98,5	106	113,5
0,75		30,3	35,3	40,3	45,3	50,7	55,7	60,7	65,7	70,7	75,7
1		22,7	26,5	30,3	34	38	41,7	45,5	49,3	53	57
	Ø	320	340	360	380	400	420	440	460	480	500
0,25		242	4,3	4,5	4,8	5	5,3	5,5	5,8	6	6,3
0,5		121	2,15	2,25	2,4	2,5	2,64	2,75	2,9	3	3,15
0,75		80,7	1,42	1,5	1,6	1,67	1,76	1,84	1,92	2	2,1
1		60	1,07	1,13	1,19	1,25	1,32	1,38	1,44	1,5	1,57
	Ø	525	550	575	600	625	650	675	700	725	750
0,25		6,6	6,9	7,2	7,55	7,85	8,2	8,5	8,8	9,1	9,45
0,5		3,3	3,45	3,6	3,75	3,9	4,1	4,25	4,4	4,55	4,7
0,75		2,2	2,3	2,4	2,5	2,6	2,72	2,82	2,92	3,03	3,15
1		1,64	1,72	1,8	1,88	1,96	2,05	2,12	2,2	2,27	2,35
	Ø	775	800	825	850	875	900	950	1000	1050	1100
0,25		9,75	10	10,4	10,7	11	11,3	11,9	12,4	13,2	13,8
0,5		4,85	5	5,2	5,35	5,5	5,6	5,95	6,3	6,6	6,9
0,75		3,25	3,3	3,45	3,55	3,65	3,75	3,96	4,17	4,4	4,6
1		2,43	2,5	2,59	2,67	2,75	2,83	2,98	3,15	3,3	3,45
	Ø	1150	1200	1250	1300	1350	1400	1450	1500	1550	1600
0,25		14,4	15,1	15,7	16,3	17	17,6	18,2	18,8	19,5	20
0,5		7,2	7,5	7,85	8,15	8,5	8,8	9,1	9,4	9,75	10
0,75		4,8	5	5,2	5,4	5,65	5,85	6,1	6,28	6,5	6,
1		3,6	3,75	3,92	4,07	4,25	4,4	4,55	4,7	4,86	5
	Ø	1650	1700	1750	1800	1850	1900	1950	2000	2100	2200
0,25		20,8	21,4	22	22,6	23,3	24	24,5	25,2	26,4	27,6
0,5		10,4	10,7	11	11,3	11,6	12	12,2	12,6	13,2	13,8
0,75		6,9	7,2	7,3	7,55	7,75	7,95	8,17	8,4	8,8	9,2
1		5,2	5,32	5,5	5,63	5,8	5,95	6,1	6,3	6,6	6,9
1,5		3,45	3,6	3,65	3,78	3,87	3,98	4,09	4,2	4,4	4,6
	Ø	2300	2400	2500	2600	2700	2800	2900	3000		
0,25		29	30,2	31,5	32,7	34	35	56,3	37,5		
0,5		14,5	15,1	15,7	16,3	17	17,6	18,2	18,8		
0,75		9,63	10	10,6	10,9	11,3	11,7	12,1	12,5		
1		7,25	7,5	7,85	8,15	8,5	8,8	9,1	9,4		
1,5		4,82	5,02	5,25	5,45	5,65	5,8	6,05	6,25		

Wenn v = m/Min.	dann multipl. Tabellen-Werte mit
4	2,5
5	2
6	1,66
7	1,43
8	1,25
9	1,11
11	0,91
12	0,83
13	0,77
14	0,71
15	0,66
16	0,62
18	0,55
20	0,5
22,5	0,44
25	0,4
27,5	0,36
30	0,33
35	0,28
40	0,25
45	0,22
50	0,2

* Bis zu dem Kennstrich bei 320 mm Durchm. ist die Laufzeit in Sek., von 340 mm Durchm. an in Min. angegeben.

Tabelle 22.

Zeitberechnung für das Schneiden von 1 gängigem Flachgewinde.

Äußerer Gewinde ⌀ mm	Gewindelänge mm	Steigung mm	Gewindetiefe mm	Spantiefe pro Schnitt mm	Schnittzahl beim Vorschneid.	Schnittzahl beim Fertig schneid.	Wechsel-Räder einstellen Min.	Zeit für d. Anstellen jedes Schnittes Min.	Stähle schleifen u. einspannen Min.	Gesamt-Laufzeit für d. Schneiden Min.	Gesamt-Laufzeit für d. Rückläufe Min.	Gewinde saub. mach. u. einpassen Min.	Gesamt-Zeit in Min.
30	75	4,7	2,23	0,17	13	10	5	0,5	5	4,6	3,4	5	34,5
30	150	4,7	2,23	0,17	13	10	5	0,5	7,5	9,2	6,8	7,5	47,5
30	225	4,7	2,23	0,17	13	10	5	0,5	10	13,8	10,3	10	60,6
40	100	5,6	2,66	0,18	15	11	5	0,6	6	7,8	5,8	7	47,2
40	200	5,6	2,66	0,18	15	11	5	0,6	9	15,6	11,6	10	66,8
40	300	5,6	2,66	0,18	15	11	5	0,6	12	23,4	17,5	14	87,5
50	125	6,5	3,19	0,2	16	12	5	0,7	7	11,2	8,4	8	59,2
50	250	6,5	3,19	0,2	16	12	5	0,7	10	22,4	16,8	12	85,8
50	375	6,5	3,19	0,2	16	12	5	0,7	14	33,6	25,2	16	113,4
60	150	7,4	3,51	0,21	17	13	5	0,8	8	15,3	11,5	9	72,8
60	300	7,4	3,51	0,21	17	13	5	0,8	12	30,6	23	13	107,6
60	450	7,4	3,51	0,21	17	13	5	0,8	16	45,9	34,5	18	143,4
70	175	8,3	3,94	0,22	18	14	5	0,9	9	19,7	14,8	10	87,5
70	350	8,3	3,94	0,22	18	14	5	0,9	13	39,4	29,6	15	131
70	525	8,3	3,94	0,22	18	14	5	0,9	18	59,1	44	20	175
80	200	9,2	4,37	0,23	19	14	5	1	10	24	18	11	101
80	400	9,2	4,37	0,23	19	14	5	1	15	48	36	16	153
80	600	9,2	4,37	0,23	19	14	5	1	20	72	54	22	206
90	225	10,1	4,8	0,24	20	15	5	1	11	29,5	22	12	114,5
90	450	10,1	4,8	0,24	20	15	5	1	16	59	44	18	177
90	675	10,1	4,8	0,24	20	15	5	1	22	88,5	66	24	240,5
100	250	11	5,22	0,25	21	16	5	1	12	35	26	13	128
100	500	11	5,22	0,25	21	16	5	1	18	70	52	19	201
100	750	11	5,22	0,25	21	16	5	1	24	105	78	26	275

Tabelle 23.

Zeitberechnung für das Schneiden von Spitzgewinde.

Aeusserer Gewinde Ø in Zoll	Gewindelänge mm	Steigung mm	Gewindetiefe mm	Spantiefe pro Schnitt mm	Schnittzahl beim vorschneiden	Schnittzahl beim fertigschneiden	Wechsel-Räder einstellen Min.	Zeit für Anstellen jed. Schnittes Min.	Stähle schleifen und einspannen	Gesamt-Laufzeit für das Schneiden	Gesamt-Laufzeit für die Rückläufe	Gewinde sauber machen u. einpassen Min.	Gesamt-Zeit in Min.
1	45	3,18	2,05	0,2	10	4	5	0,5	4	2,15	1,6	3	22,75
1	90	3,18	2,05	0,2	10	4	5	0,5	6	4,3	3,2	4,5	30
1	135	3,18	2,05	0,2	10	4	5	0,5	7,5	6,45	4,6	6	36,75
1½	65	4,23	2,7	0,22	12	6	5	0,6	4,5	4,4	3,3	4	32
1½	130	4,23	2.7	0,22	12	6	5	0,6	6,5	8,8	6,6	6	43,7
1½	195	4,23	2,7	0,22	12	6	5	0,6	8,5	13,2	9,9	8	55,4
2	85	5,65	3,6	0,24	15	7	5	0,7	5	7	5,2	5	42,6
2	170	5,65	3,6	0,24	15	7	5	0,7	7,5	14	10,5	7,5	59,9
2	255	5,65	3,6	0,24	15	7	5	0,7	10	21	15,8	10	77,2
2½	100	6,35	4,05	0,25	16	7	5	0,8	5,5	9,6	7,2	6	51,7
2½	200	6,35	4,05	0,25	16	7	5	0,8	8	19,2	14,4	9	74
2½	300	6,35	4,05	0,25	16	7	5	0,8	11	28,8	21,6	12	96,8
3	120	7,26	4,65	0,26	18	7	5	0,9	6	13	9,7	7	63,2
3	240	7,26	4,65	0,26	18	7	5	0,9	9	26	19,5	10	92
3	360	7,26	4,65	0,26	18	7	5	0,9	12	39	29,2	14	121,7
3½	140	7,82	5	0,28	18	8	5	1	6,5	17,2	12,9	8	75,6
3½	280	7.82	5	0,28	18	8	5	1	10	34,4	25,8	12	113,2
3½	420	7,82	5	0,28	18	8	5	1	13	51,6	38,7	16	150,3
4	150	8,45	5,5	0,29	19	9	5	1	7	21,3	16	9.	86,3
4	300	8.45	5,5	0,29	19	9	5	1	10,5	42,6	32	12	130,1
4	450	8,45	5,5	0,29	19	9	5	1	14	63,9	48	18	176,9

Übungsbeispiele.

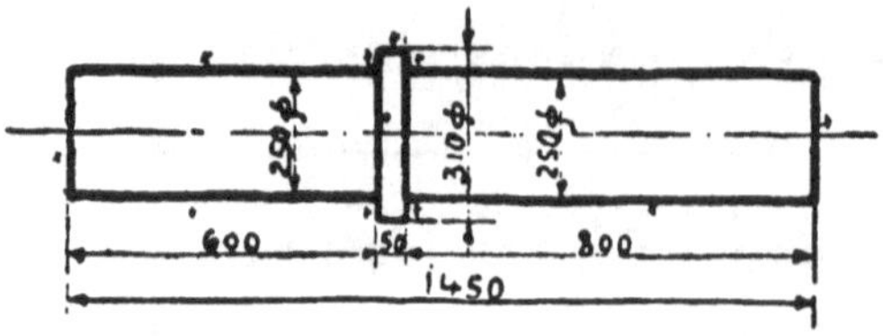

Abb. 50.

I. Eine Welle aus Stahl 34 . 11 nach Abb. 50 drehen und sauber machen. Bearbeitungszugabe allseitig 5—7 mm.

Die Welle soll auf Drehbank Nr. 94 bearbeitet werden (siehe Maschinenkarte Seite 18 und 19).

Einrichtezeit:	Nach Tabelle 14 Reinigen der Bank	5 Min.
	Umbauen von Plan- zur Spitzenarbeit	5 „
	Zeichnung und Werkzeuge besorgen	7 „
		17 Min.
	Verlustzeit 20 % = 17 · 0,2 = ...	3,4 „
		t_e = 20,4 Min.

Hauptzeit: Mit Rücksicht auf das Unrundlaufen der rohen Welle muß mit einer Spantiefe von ca. 10 mm gerechnet werden. Nach Arbeitstafel S. 77 kann bei 270 mm ⌀ und $n = 29{,}5$ auf Stahl 34 · 11 ein Schnitt von $q = 7\ \text{mm}^2$ angesetzt werden. $q \cdot d$ in der Maschinenkarte für $n = 29{,}5$ ist 2600, demnach zieht die Maschine einen Schnitt von $q = \frac{2600}{270} = \sim 9{,}6\ \text{mm}^2$ durch; sie ist also nicht vollständig ausgenutzt.

1. Beide Schenkel vor- und nachschruppen:
   Spantiefe $a = 4{,}5$ mm, Vorschub $s = 1{,}5$ mm, Drehlänge 2×1400 mm, Zeit für 10 mm lt. Maschinenkarte 0,227 Min., demnach ist für 2 Schnitte $t_{h_1} = 2 \cdot 140 \cdot 0{,}227 = \sim$ .... 63,5 Min.
2. Bund vor- und nachschruppen:
   Nach Arbeitstafel ist $n = 29{,}5$, $q = 4\ \text{mm}^2$. Gewählt $a = 4$ mm, $s = 1$ mm, $l = 2 \cdot 65$ mm.
   Zeit für 10 mm lt. Maschinenkarte = 0,34 Min., für 2 Schnitte $t_{h_2} = 2 \cdot 6{,}5 \cdot 0{,}340 = \sim$ .... 4,5 „
3. Beide Stirnseiten abflächen:
   $a = 7$ mm, $s = 0{,}8$ mm, $n = 38{,}5 \div 98$ Umdr./Min.

n	Drehlänge l	Zeit für 10 mm	t_h
38,5	$\frac{250 - 170}{2} = 40$	0,325	1,3 Min.
50	$\frac{170 - 120}{2} = 25$	0,250	0,625 „
66	$\frac{120 - 85}{2} = 17{,}5$	0,190	0,330 „
98	$\frac{85 - 0}{2} = 42{,}5$	0,128	0,545 „
			2,800 Min.

Für 2 Flächen je 1 Schnitt $t_{h_3} = 2 \cdot 2{,}8 = \sim$ .... 5,6 Min.

4. Beide Bundseiten abflächen:
$a = 7$ mm, $s = 0{,}8$ mm, $n = 29{,}5$ Umdr./Min.
$l = \frac{310 - 250}{2} = 30$ mm, Zeit für 10 mm $= 0{,}425$ Min. Für
2 Schnitt $t_{h_4} = 2 \cdot 3 \cdot 0{,}425 = \sim$ .... 2,6 Min.

5. Beide Ecken am Bund ausdrehen (von Hand):
q höchstens 1 mm², $n = 66$ Umdr./Min.
$s = 0{,}1$ mm, Zeit für 10 mm $= \sim 1{,}5$ Min.; $l =$ ca. 30 mm.
$t_{h_2} = 2 \cdot 3 \cdot 1{,}5 = \sim$ .... 9,0 „

6. Beide Schenkel und Bund schlichten:
$a = 1$ mm, $s = 0{,}5$ mm, $n = 66$ Umdr./Min.
$l = 1450$ mm, Zeit für 10 mm $= 0{,}303$ Min. $t_{h_6} = 145 \cdot 0{,}303 = \sim$ 44,0 „

7. Beide Stirnflächen schlichten:
$a = 1$ mm, $s = 0{,}4$ mm, $n = 98$ Umdr./Min.
$l = 125$ mm, Zeit für 10 mm $= 0{,}255$ Min.
Für 2 Flächen je 1 Schnitt $t_{h_7} = 2 \cdot 12{,}5 \cdot 0{,}255 = \sim$.... 6,5 „

8. Beide Bundseiten schlichten:
$a = 1$ mm, $s = 0{,}4$ mm, $n = 66$ Umdr./Min.
$l = 30$ mm, Zeit für 10 mm $= 0{,}38$ Min.
Für 2 Schnitte $t_{h_2} = 2 \cdot 3 \cdot 0{,}38 = \sim$ .... 2,3 „

9. Riemenschlupf = 7 % von t_{h_1} bis $t_{h_8} = 138 \cdot 0{,}07 = \sim$ .... 9,7 „

10. Welle sauber machen (von Hand):
Feilen und schmirgeln ca. 0,5 Min./cm Breite $= \sim$ .... 75,0 „

$t_h = \sim$ 223 Min.

Nebenzeit: Welle einspannen nach Tab. 15, S. 80 .... 30 Min.
ca. 20mal Schnitt anstellen und messen .... 30 „
ca. 15mal Stahl wechseln .... 7,5 „
Stähle schleifen während der Laufzeit
ca. 15mal Geschwindigkeit wechseln.......................... 3 „
4mal Umspannen der Welle nach Tab. 15, S. 80 .... 30 „
Welle ausspannen und ablegen .... 7,5 „

$t_n = \sim$ 108 Min.

Grundzeit: $t_g = t_h + t_n = 223 + 108$ .... = 331 Min.
Verlustzeit: $t_v = 12\,\% = 331 \cdot 0{,}12$ .... = ∼ 40 „
Stückzeit: $t_{st} = t_g + t_v = 331 + 40$ .... = 371 „

II. Ein Ritzel aus Stahl 50 . 11 nach Abb. 51 allseitig bearbeiten. Die Bohrung ist auf 90 mm vorgebohrt, Bearbeitungszugabe außen überall ca. 5 mm.

Das Ritzel soll auf derselben Drehbank Nr. 94 bearbeitet werden.

Einrichtezeit: Nach Tab. 14, S. 80:

Reinigen der Bank	5 Min.
Einrichten zur Plan- und Umbauen zur Spitzenarbeit.........	10 „
Zeichnung und Werkzeuge besorgen	7 „
Drehdorn nacharbeiten	10 „
	32 Min.
Verlustzeit 20 % = 32 · 0,2 = ...	6,4 „
t_e =	38,4 Min.

Hauptzeit: 1. Beide Stirnflächen plandrehen (schruppen):

Spantiefe $a = 4$ mm, größter Planvorschub lt. Maschinenkarte (S. 19) $s = 0{,}8$ mm, also $q = 4 \cdot 0{,}8 = 3{,}2$ mm². Nach Arbeitstafel S. 77 kann dieser Span bei St. 50 · 11 mit 28 m/Min. abgenommen werden, das ist bei 310 mm ⌀ $n = 29{,}5$; $q \cdot d$ der Maschinenkarte für St. 50 · 11 bei 29,5 Umdr./Min. $= 2000$. Demnach zöge die Maschine einen Span von $q = \frac{2000}{310} = 6{,}5$ mm², sie kann also mit 3,2 mm² nicht ausgenutzt werden.

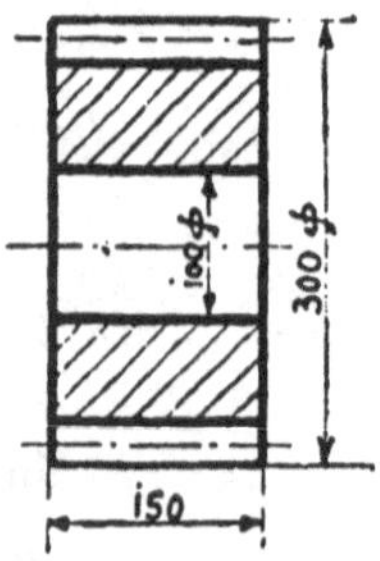

Abb. 51.

n	Drehlänge	Zeit für 10 mm	t_h
29,5	$\frac{310 - 230}{2} = 40$	0,425	1,7 Min.
38,5	$\frac{230 - 180}{2} = 25$	0,325	0,81 „
50	$\frac{180 - 130}{2} = 25$	0,250	0,625 „
66	$\frac{130 - 90}{2} = 20$	0,190	0,380 „
			3,515 Min.

Für 2 Flächen $t_{h_1} = 2 \cdot 3{,}5 =$ .... 7 Min.

2. Überdrehen (schruppen):
$a = 4$ mm, $s =$ nur 0,5, da auf Dorn gespannt, also $q = 2$ mm², $n = 29{,}5$ nach Arbeitstafel S. 77; Drehlänge $l = 160$ mm, Zeit für 10 mm nach Maschinenkarte = 0,68 Min. $t_{h_2} = 16 \cdot 0{,}68 = \sim$ .... 11 „

3. Beide Stirnflächen schlichten:
$a = 1$ mm, $s = 0{,}4$ mm, $n = 66$ Umdr./Min. Zeit für 10 mm nach Maschinenkarte = 0,38 Min. Drehlänge $= \frac{300 - 100}{2} = 100$ mm. Für 2 Flächen $t_{h_3} = 2 \cdot 10 \cdot 0{,}38 = \sim$...... 7,6 „

4. Außen schlichten:
$a = 1$ mm, $s = 0{,}5$ mm, $n = 50$ Umdr./Min. $l = 150$ mm, Zeit für 10 mm = 0,4 Min. $t_{h_4} = 15 \cdot 0{,}4 = \sim$ .... 6 „

5. Bohrung ausdrehen (schruppen):
$a =$ ca. 2 mm, $s = 0{,}5$ mm, n nach Arbeitstafel = 128, da aber am Bohrstahl schlechte Wärmeableitung, wird die nächste Stufe mit $n = 98$ Umdr./Min. gewählt. $l = 155$ mm, Zeit für 10 mm = 0,205 Min., für 2 Schnitte $th_5 = 2 \cdot 15{,}5 \cdot 0{,}205 = \sim$ 6,4 Min.

6. Bohrung ausdrehen (schlichten und Passung drehen):
$n = 128$ Umdr./Min., $s = 0{,}5$ mm, Zeit für 10 mm = 0,156 Min., für 2 Schnitte bei $l = 155$ mm $th_6 = 2 \cdot 15{,}5 \cdot 0{,}156 = \sim$ 4,8 „

42,8 Min.

7. Zuschlag für Drehzahlenabfall 6 % $= 42{,}8 \cdot 0{,}06 = \sim$ .... 2,6 „
8. Bohrung schaben und entgraten von Hand .... 10 „

$th =$ 55,4 Min.

Nebenzeit: Ritzel einspannen und ausrichten nach Tab. 18, S. 83 ...... 21 „
Ausspannen (mit Flaschenzug) .... 4 „
Auf Dorn nehmen und einspannen .... 6 „
Ausspannen und ablegen .... 5 „
10mal Schnitt anstellen und messen .... 15 „
5mal Stahl wechseln .... 2,5 „
11mal Geschwindigkeit wechseln .... ~ 1,5 „

$tn =$ 55 Min.

Grundzeit: $tg = th + tn = 55{,}4 + 55 = \sim$ .... 110,4 „

Stückzeit: $t_{st} = tg\left(1 + \frac{V}{100}\right) = 110{,}4 \cdot 1{,}15 =$ .... ~ 127 Min.

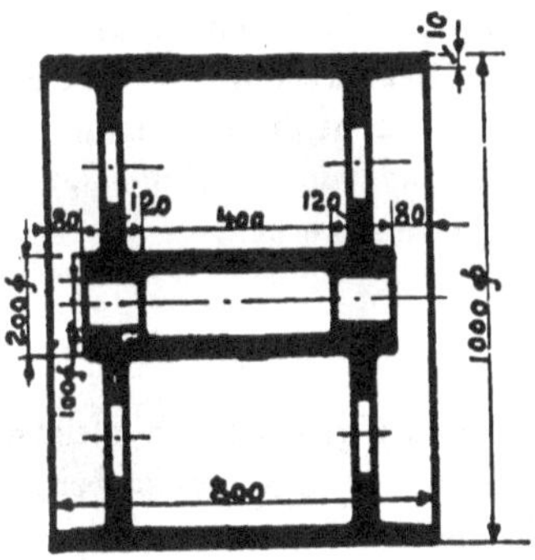

Abb. 52.

III. Eine gußeiserne Riemenscheibe Abb. 52 drehen und ausbohren. (Überschlägliche Ermittelung der Bearbeitungszeit ohne Unterlagen für eine bestimmte Maschine.) Für diese Arbeit kommt eine große Drehbank von ca. 1000 mm Spitzenhöhe in Frage, die nach Tab. 19, S. 84 ca. 18 mm² Spanquerschnitt durchzieht.

Einrichtezeit: Einrichten und Abrüsten der Maschine, Zeichnung besorgen usw. geschätzt $te =$ 35 Min.

Hauptzeit: 1. Kranz außen und beide Seiten drehen:

Drehlänge $l = 800 + 2 \cdot 10 +$ ca. 30 mm Bearbeitungszugabe $= \sim 850$ mm,

Schruppen: $q = a \cdot s = 12 \cdot 1 = 12$ mm².

Nach Abb. 11 $v = 13$ m/Min., d. i. nach Abb. 42, S. 71 $n =$ 4 Umdr./Min.

$th_1 = \frac{l \cdot i}{n \cdot s} = \frac{850 \cdot 1}{4 \cdot 1} = \sim$ .... 213 Min.

Schlichten: $q = a \cdot s = 1 \cdot 3 = 3$ mm²,

$v = 19$ m/Min. $n = 5{,}75$ Umdr./Min.,

$th_2 = \frac{l \cdot i}{n \cdot s} = \frac{850 \cdot 1}{5{,}75 \cdot 3} = \sim$ .... 50 „

2. Bohrung vor- und fertigdrehen:
Drehlänge $l = 2 \cdot 120$ mm, $i = 4$, $s = 1$ mm,
$v =$ ca. 18 m/Min. $n = \sim 5{,}5$ Umdr./Min.,

$$th_3 = \frac{l \cdot i}{n \cdot s} = \frac{2 \cdot 120 \cdot 4}{55 \cdot 1} = \sim \ldots\ldots\ldots\ldots \quad 17{,}5\ \text{Min.}$$

3. Naben drehen: (plan)
Drehlänge $l = 2 \cdot 50 +$ ca. 15 mm, $i = 2$, $s = 1$ mm.
$v =$ ca. 15 m/Min., $n = \sim 23$ Umdr./Min.,

$$th_4 = \frac{l \cdot i}{n \cdot s} = \frac{2 \cdot 65 \cdot 2}{23 \cdot 1} = \sim \ldots\ldots\ldots\ldots \quad 11{,}3\ \text{„}$$

4. Bohrung sauber machen, Kanten brechen von Hand ca. .. 20 „

$th =$ 312 Min.

Nebenzeit: Aufspannen geschätzt ca. .... 35 Min.
umspannen geschätzt ca. .... 10 „
abspannen geschätzt ca. .... 8 „
18mal Schnitt anstellen und messen .... 24 „
Stahlwechsel (ca. 15mal) .... 15 „
Geschwindigkeiten wechseln usw. ca. .... 5 „

$tn =$ 97 Min.

Grundzeit: $tg = th + tn = 312 + 97 = \sim$ .... 409 Min.

Stückzeit: $t_{st} = tg \left(1 + \frac{V}{100}\right) = 409 \cdot 1{,}10 =$ .... ~ 450 „

Bei diesen Überschlagsrechnungen, die, wie oben ausgeführt, immer ziemlich ungenau sein müssen, ist eine besondere Berücksichtigung etwa von Riemenschlupf oder besonderen Verlusten nicht erforderlich. Sie können immer nur eine recht grobe Annäherung sein und sollten allmählich durch richtige Rechnung auf Grund von Maschinenkarten und guten Sammelwerten für Nebenzeiten und Verluste verdrängt werden.

---

d) Revolverdrehbänke.

Die Laufzeitermittlung für Arbeiten auf Revolverdrehbänken geschieht in gleicher Weise nach Maschinenkarten bzw. nach denselben Formeln wie bei Drehbankarbeiten.

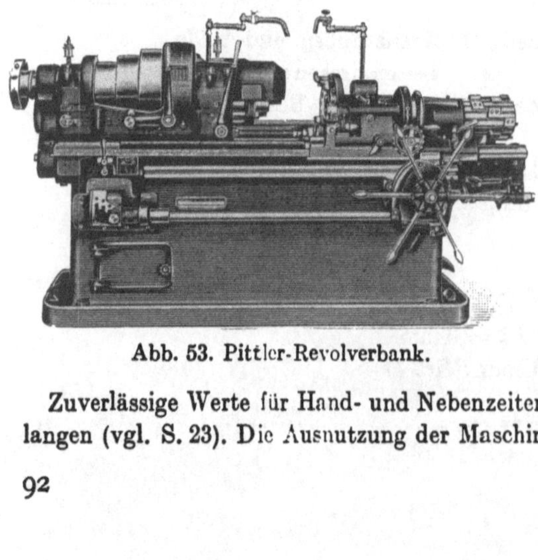

Abb. 53. Pittler-Revolverbank.

Infolge der großen Zahl verschiedener Arten und Größen von Revolverbänken und der großen Stückzahlen, die vorwiegend auf ihnen bearbeitet werden sollen, ist es besonders wichtig, gute Unterlagen für alle Hand- und Nebenzeiten zu beschaffen. Sie sind von der Konstruktion der Maschine abhängig und ergeben daher oft für gleiche Verrichtungen an den verschiedenen Maschinen abweichende Zeiten.

Zuverlässige Werte für Hand- und Nebenzeiten sind nur mittels Zeitaufnahmen zu erlangen (vgl. S. 23). Die Ausnutzung der Maschine selbst durch Einrichtung und Werkzeuge ist dagegen abhängig von dem Aufwand, den man sich für den jeweiligen Auftrag gestatten darf, ist aber auch eine Kunst, die weniger gut auf dem Papier gelehrt und gelernt wird als in der Werkstatt. Es ist natürlich auch unmöglich, im Rahmen dieses Buches die Arbeitsmöglichkeiten auf den verschiedenen Revolverbanksystemen zu behandeln. Es sei daher als Beispiel nur der Arbeitsplan für nebenstehendes Ritzel (Abb. 54) gebracht, das aus vorgedrehten Gußeisenabstichen von ca. 53 mm ⌀ gedreht werden soll. (Abb. 55—62.)

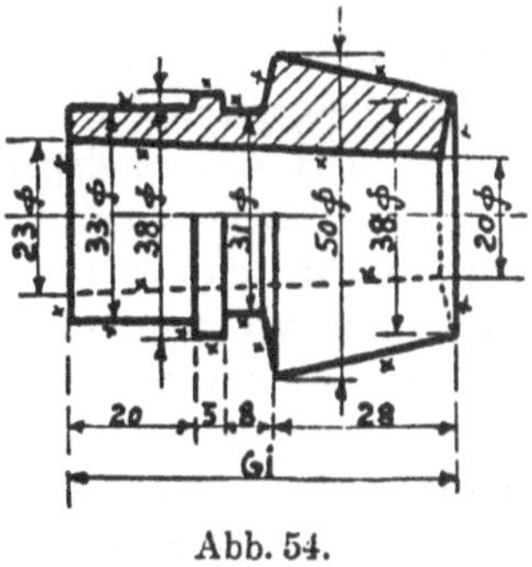

Abb. 54.

Als Maschine ist eine Pittler-Revolverdrehbank nach obiger Abb. 53 von 47 mm Spindeldurchlaß gedacht, die Arbeit soll im Zweibackenfutter ausgeführt werden. Die Durchrechnung ist als Beispiel 2 S. 100 zu finden.

Arbeitsplan und Werkzeugeinstellungen bei Herstellung eines konischen Rades mit konischer Bohrung auf einer Pittler-Revolver-Drehbank.

Futterarbeit im Zweibackenfutter mit Umspannen.

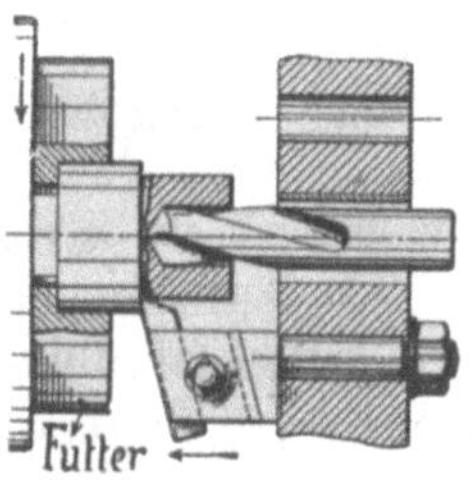

1. Einspannen.
2. Außen vordrehen und gleichzeitig mittels Spiralbohrers vorbohren.

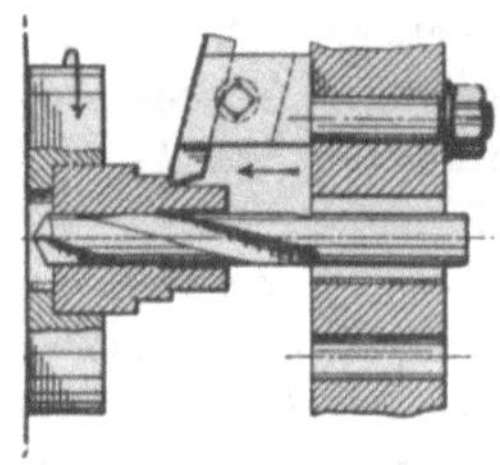

3. Ansatz andrehen und gleichzeitig mittels kleineren Spiralbohrers Loch durchbohren.

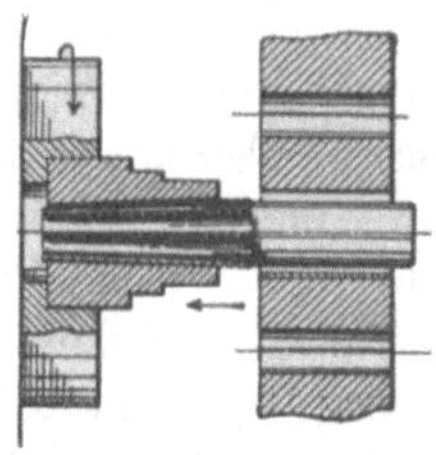

4. Mittels konischer Vorreibahle konisches Loch vorreiben.

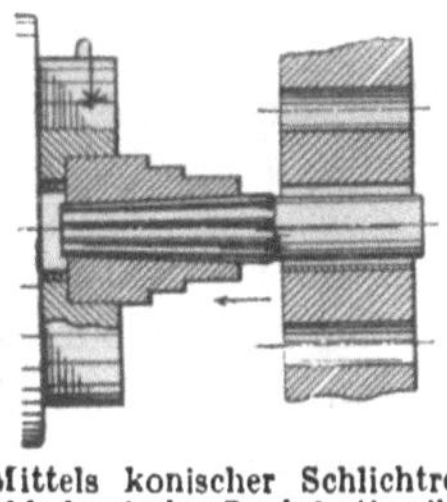

5. Mittels konischer Schlichtreibahle konisches Loch fertigreiben.

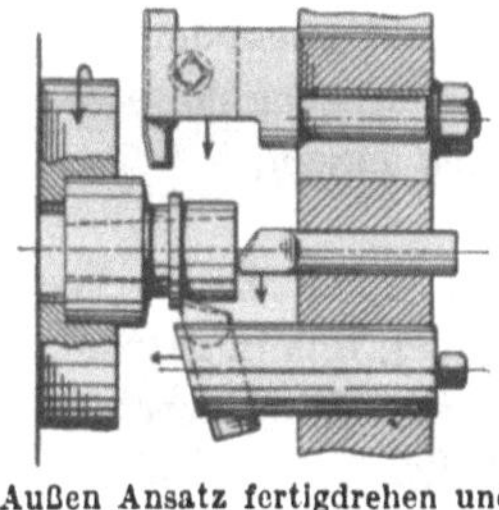

6. Außen Ansatz fertigdrehen und durch Linksdrehung des Kopfes Nute einstechen und vorn plandrehen.
7. Ausspannen.

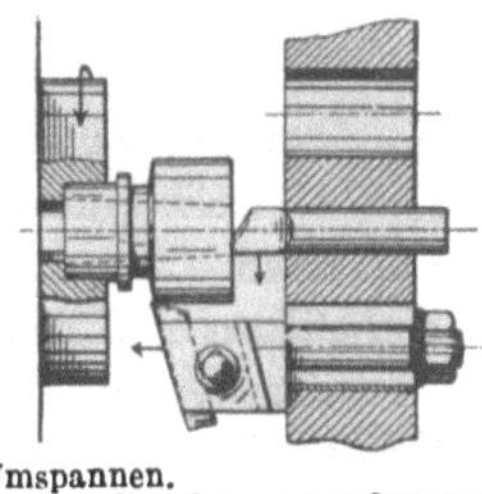

8. Umspannen.
9. Größere Durchmesser außen vordrehen und durch Linksdrehung des Revolverkopfes Planfläche vordrehen.

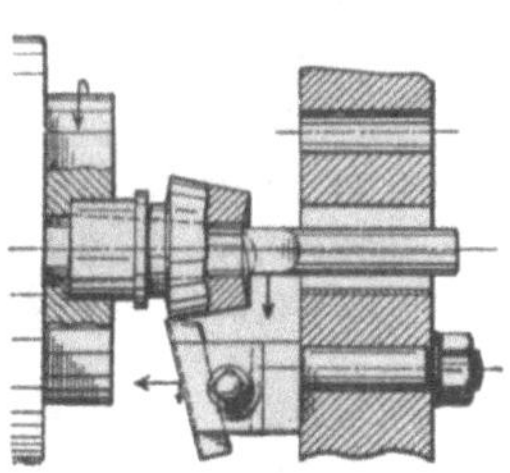

10. Mittels Kopiervorrichtung Außenkonus vordrehen und durch Linksdrehung des Kopfes Innenschräge ausdrehen.

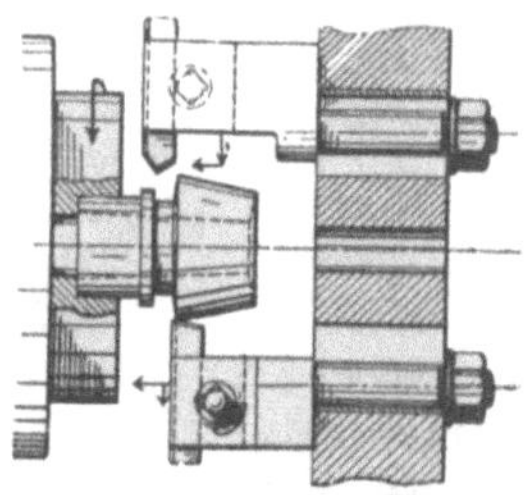

11. Mittels Kopiervorrichtung Außenkonus fertigdrehen, durch Linksdrehung des Kopfes hinteren Stahl vor den Bund bringen und durch Längsverschieben des Kopfes schwachen Bund überdrehen.
12. Ausspannen.

Abb. 55—62.

Das Einrichten von Revolverdrehbänken in der Werkstatt wird häufig von Einrichtern im Lohn ausgeführt, doch sind diese Arbeiten auch sehr gut im Akkord durchführbar: Man läßt z. B. vielfach eingearbeitete, tüchtige Revolverdreher ihre Maschine selbst einrichten und gibt hierfür ebenso Akkorde heraus, wie für die eigentliche produktive Arbeit. Es ist dies natürlich eine Frage der Arbeiter- und Arbeitsverhältnisse.

Bei immer wiederkehrenden Serienarbeiten kann man dem Einrichtenden die Arbeit dadurch sehr erleichtern bzw. die Arbeitszeit abkürzen und gleichmäßiger gestalten, daß man ihm für jeden Arbeitsgang ein fertiges oder halbfertiges Stück zum Einrichten gibt, wonach er die Stähle und Anschläge einstellen kann. Im Falle des Beispiels 2 S. 100 (gußeisernes Ritzel) wäre das für die erste Seite ein Ritzel mit fertig geriebenem Konus, gedrehtem Ansatz und mit Nut, wie es nach der ersten Arbeitsstufe ausgespannt wird, für die zweite Seite ein komplett fertig gedrehtes Ritzel. Im Falle des Beispiels 1 S. 99 wäre es ein Stück 6 kt-Material mit angedrehtem Schaft, Gewinde und vorgestochenem Kopf, also eine bis zum Abstich fertige Schraube.

Für die Ermittlung von Einrichtezeiten sind die Unterlagen genau so durch Zeitaufnahmen festzulegen und zu sammeln, wie für die Neben- und Handzeiten der eigentlichen Fertigung, es müssen natürlich genügend Aufnahmen gemacht werden, um zu brauchbaren Durchschnittswerten zu gelangen. Zu beachten sind ferner die Verlustzeiten, die hierbei höher eingesetzt werden müssen. Vgl. II, 4, S. 28.

Genaue Gebrauchswerte für Einrichtezeiten anzugeben ist kaum möglich, da sie stark von der Werkzeughaltung abhängig sind und diese in den verschiedenen Betrieben unterschiedlich ist. Für überschlägliche Rechnungen genügt es, die nachfolgend aufgeführten Verrichtungen mit je 5—7 Min. je nach Größe der Maschine zu bewerten, wenn passende Werkzeuge stets greifbar sind und eingearbeitete Leute in Frage kommen:

Werkzeuge besorgen,
Zeichnung, Werkstoff besorgen,
Spannpatrone einsetzen und einstellen,
1 Stahl und Halter oder Werkzeug einsetzen und einstellen,
Arbeitsprobe bescheinigen lassen,
Maschine abrüsten.

Kann beim Übergang von einer Arbeit auf die folgende ein Teil der Einrichtung bestehen bleiben (z. B. Materialanschlag, Spannpatrone, Schneidkopf und Backen oder dergleichen), so verkürzt sich natürlich die Einrichtezeit entsprechend um je 5—7 Min.

Als Beispiele für Gebrauchstabellen der Kalkulation seien nachstehend einige Tabellen für Revolverdrehbänke gebracht:

Tabelle 24.

Gebräuchliche Vorschübe je Spindelumdrehung.

Spindeldurchlaß in mm	bis 20	bis 40	bis 60	bis 80
Schnittiefe bis 5 mm .	0,1 —0,2	0,12—0,25	0,16—0,32	0,2 —0,4
Schnittiefe bis 1 mm .	0,2 —0,4	0,24—0,50	0,32—0,64	0,4 —0,8
Abstechen	0,03—0,06	0,04—0,08	0,05—0,1	0,06—0,13
Größter Durchmesser für Futterarbeiten..	ca. 100	ca. 125	ca. 150	ca. 200

Die in der mittleren Spalte jeder der 4 Maschinengrößen angegebenen kräftigen Vorschübe (bei Spindeldurchlaß von 20 mm: 0,2—0,4 mm, bei 80 mm Durchlaß: 0,4 bis 0,8 mm) kommen nur für Arbeiten von geringer Genauigkeit in Frage; z. B. beim Überdrehen von Stiftschrauben aus fast passendem Material.

Tabelle 25.

Beispiel einer Gruppenliste für Revolverdrehbänke.

Gruppen-zeichen [1]	Fabrikat	Rev. Kopf- u. Werkzeugaufnahme			Riemenbreite mm
R 10	Boley	vert. 6×8×8	Umdr./Min. Vorschub	2000 1500 von Hand	40
R 20	Boley	vert. 6×9×9	Umdr./Min. Vorschub	1400 745[2] 565 302 von Hand	40
R 13	Löwe 0	horiz. 6×20∅	Umdr./Min. Vorschub	1500 830 420[2] 1100 265 370 von Hand	55
R 20	Löwe 1	horiz. 6×30∅	Umdr./Min. Vorschub lg. „ pl.	1250 635 295[2] 870 425 200 0,06 0,08 0,11 0,15 0,18 0,24 0,33 0,45 von Hand	65
R 28	Pittler CRA	vert. 8×15∅ 9×30∅	Umdr./Min. Vorschub lg. „ pl.	1000 570 340 189 108 64[2] 750 427 262 142 81 48 0,065 0,1 0,15 0,23 0,35 0,53 von Hand	55
R 36	Pittler DRA	vert. 7×15∅ 8×30∅	Umdr./Min. Vorschub lg. „ pl.	800 445 251 137 77 43[2] 600 328 190 163 56 33 0,062 0,088 0,126 0,172 0,236 0,330 0,470 0,650 0,046 0,064 0,092 0,127 0,173 0,242 0,346 0,475	75
R 47	Pittler ERA	vert. 7×20∅ 9×40∅	Umdr./Min. Vorschub lg. „ pl.	600 392 268 180 117 80 54,5 35 24[2] 500 328 223 150 98 67 45,5 29 20 0,058 0,089 0,131 0,193 0,251 0,386 0,570 0,840 0,046 0,070 0,103 0,152 0,198 0,304 0,449 0,660	85
R 60	Pittler FRA	vert. 7×20∅ 9×40∅	Umdr./Min. Vorschub lg. „ pl.	500 325 219 153 100 67,5 47,5 31 21[2] 400 260 175 122 80 53 38 25 16,5 wie R 47	95

[1] R ist das Gattungszeichen für Revolverdrehbank, die Ziffer gibt den Spindeldurchlaß in mm an.
[2] Die obere Drehzahlenreihe wird durch Einrücken nach rechts, die untere durch Einrücken nach links, erreicht.

Tabelle 26. **Handzeiten in Min. für Arbeiten an Pittler-**

Mat. Durchmesser bzw. Spindeldurchlaß in mm	Mat. vorschieben und spannen	Ein- und Ausspannen in Dreibackenfutter oder Spannzange	Support zurück und schalten	Anstellen (ohne Rev.-Kopf schalten) zum: Einfachen Überdrehen Rev.-Kopf fest	Bohren oder Überdrehen mit 2 Stählen	Drehen nach Skala	Gewindeschneiden mit Schneideisen	Gewindeschneiden mit Schneidkopf	Gewindestrehlen
5	0,10	0,20—0,30	0,03	0,04	0,05	0,10	0,12	0,10	—
10	0,11	0,20—0,35	0,03	0,04	0,05	0,10	0,12	0,10	—
15	0,12	0,25—0,40	0,03	0,04	0,06	0,10	0,12	0,10	—
20	0,13	0,25—0,45	0,03	0,04	0,07	0,10	0,12	0,10	—
25	0,14	0,30—0,50	0,04	0,05	0,07	0,12	0,12	0,10	0,20
30	0,14	0,30—0,55	0,04	0,05	0,08	0,12	0,12	0,10	0,20
35	0,15	0,35—0,60	0,04	0,05	0,09	0,14	0,12	0,10	0,20
40	0,18	0,35—0,65	0,05	0,06	0,10	0,15	0,15	0,12	0,21
45	0,18	0,40—0,70	0,05	0,06	0,10	0,15	0,15	0,12	0,21
50	0,20	0,40—0,80	0,07	0,06	0,10	0,16	0,18	0,15	0,22
55	0,22	0,45—0,90	0,07	0,06	0,12	0,18	0,18	0,15	0,22
60	0,25	0,45—1,00	0,07	0,06	0,12	0,18	0,18	0,15	0,22
65	0,30	0,50—1,10	0,09	0,08	0,15	0,20	0,18	0,15	0,23
70	0,35	0,50—1,20	0,09	0,09	0,15	0,20	0,18	0,15	0,23
75	0,35	0,55—1,30	0,09	0,10	0,15	0,20	0,18	0,15	0,23
80	0,40	0,55—1,40	0,09	0,12	0,15	0,20	0,18	0,15	0,23
85	0,45	0,60—1,50	0,10	0,12	0,16	0,22	0,20	0,18	0,24
90	0,45	0,60—1,60	0,10	0,12	0,16	0,22	0,20	0,18	0,24
95	0,50	0,65—1,70	0,10	0,12	0,16	0,22	0,20	0,18	0,24
100	0,50	0,65—1,80	0,10	0,14	0,16	0,22	0,20	0,18	0,24
110	—	0,70—1,90	0,11	0,15	0,18	0,25	0,23	0,20	0,24
120	—	0,70—2,00	0,11	0,15	0,18	0,25	0,23	0,20	0,24
Bemerkung.		Je nach Art des Arbeitsstückes							

Einen Stahl schleifen und wieder einspannen erfordert 3 Minuten. Messen soll nach Möglichkeit am abgestochenen bzw. ausgespannten Arbeitsstück vorgenommen werden, während die Maschine bereits für das nächste Stück läuft.

Kante brechen oder Spiegeln	Abstechen und Plandrehen	Support andrücken, Spanauslauf	Entgraten	Messen: roh nach Schublehre	Messen: fertig nach Schublehre	Messen: nach Rachenlehre Grobtoleranz	Messen: nach Rachenlehre Feintoleranz	Messen: nach Dorn Grobtoleranz	Messen: nach Dorn Feintoleranz	Messen: Gewinde nach Ring	Stange einlegen
0,04	0,08	0,03	0,10—0,11	0,08	0,12	0,10	0,14	0,12	0,18	0,15	1,00
0,04	0,08	0,03	0,10—0,12	0,08	0,12	0,10	0,14	0,12	0,18	0,15	1,20
0,04	0,08	0,03	0,10—0,13	0,08	0,12	0,10	0,14	0,12	0,18	0,16	1,40
0,04	0,08	0,04	0,11—0,14	0,08	0,12	0,10	0,14	0,12	0,18	0,18	1,60
0,05	0,10	0,04	0,11—0,15	0,08	0,12	0,10	0,14	0,12	0,18	0,18	1,80
0,05	0,10	0,04	0,12—0,16	0,08	0,12	0,10	0,14	0,12	0,18	0,20	2,00
0,05	0,10	0,05	0,12—0,17	0,08	0,12	0,10	0,14	0,12	0,18	0,20	2,20
0,06	0,11	0,05	0,13—0,18	0,08	0,15	0,12	0,15	0,14	0,20	0,25	2,40
0,06	0,11	0,05	0,14—0,19	0,08	0,15	0,12	0,15	0,14	0,20	0,25	2,60
0,08	0,12	0,06	0,14—0,20	0,09	0,15	0,12	0,18	0,14	0,22	0,25	2,80
0,08	0,12	0,06	0,15—0,21	0,09	0,15	0,12	0,18	0,14	0,22	0,32	3,00
0,08	0,12	0,07	0,15—0,22	0,09	0,15	0,12	0,18	0,14	0,22	0 35	3,20
0,10	0,15	0,08	0,16—0,23	0,10	0,18	0,15	0,20	0,16	0,25	0,40	3,40
0,10	0,15	0,08	0,16—0,24	0,10	0,18	0,15	0,20	0,16	0,25	0,50	3,60
0,10	0,15	0,09	0,17—0,25	0,10	0,18	0,15	0,20	0,16	0,25	0,60	3,80
0,10	0,15	0,10	0,17—0,26	0,11	0,18	0,15	0,20	0,16	0,25	0,70	4,00
0,12	0,18	0,12	0,18—0,27	0,12	0,20	0,16	0,22	0,18	0,28	0,80	4,20
0,12	0,18	0,15	0,18—0,28	0,13	0,20	0,16	0,22	0,18	0,28	0,90	4,40
0,12	0,18	0,18	0,19—0,29	0,14	0,20	0,16	0,22	0,20	0,28	1,00	4,70
0,12	0,18	0,18	0,19—0,30	0,14	0,20	0,16	0,22	0,20	0,28	1,10	5,00
0,15	6,22	0,20	0,20—0,32	0,15	0,25	0,18	0,25	0,25	0,32	1,20	5,50
0,15	0,22	0,20	0,21—0,34	0,15	0,25	0,18	0,25	0,25	0,32	1,50	6,00
			Soll nach Möglichkeit während der Laufzeit geschehen		Wenn $l = \sim d$, benutze Tabellenwert „ $l = \sim 2d$, „ „ + 25% „ $l = \sim 3d$, „ „ + 50%						Ohne gerade stechen

Gruppenlisten wie Tabelle 25 können vorübergehend als Ersatz für Maschinenkarten verwendet werden, sollten aber so schnell wie möglich durch eine vollständige Kartei ersetzt werden.

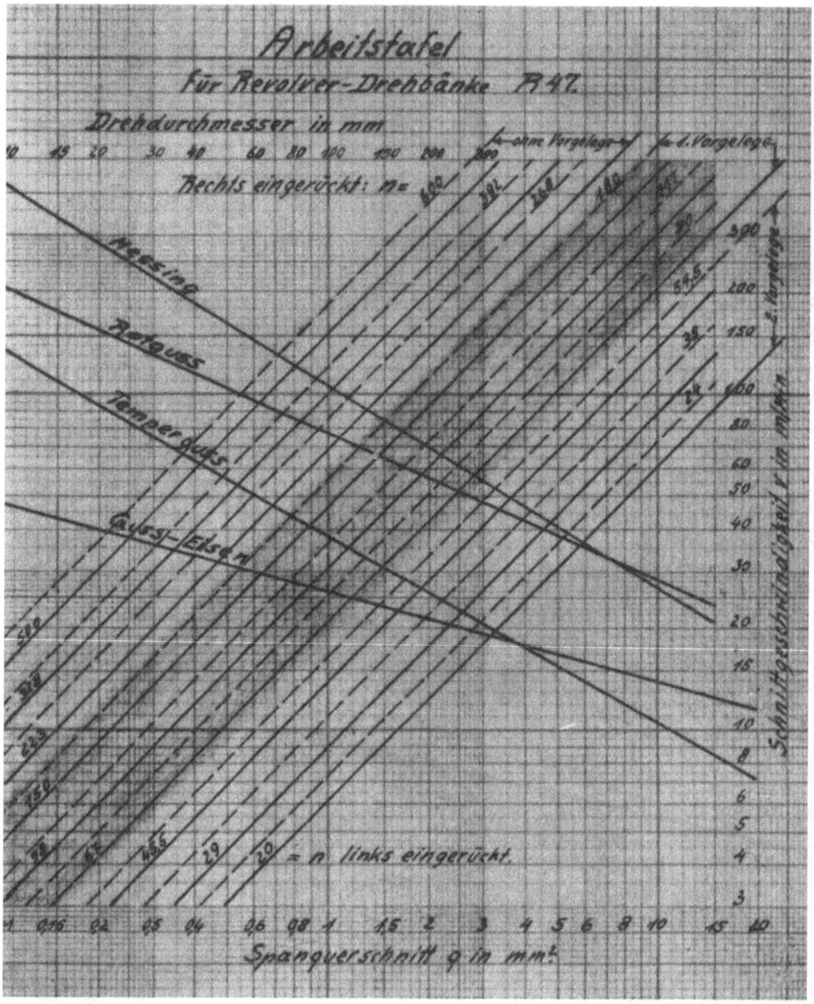

Abb. 63.

Übungsbeispiele.

I. 200 Schrauben 5/8″ × 70 aus St. C. 45 . 61 (60 bis 70 kg Festigkeit) (Abb. 64) sind auf Revolverbank anzufertigen. Verwendet wird gezogenes Material von 27 mm SW (Eckmaß e_1 = 31 mm), als Maschine eine Pittler-Revolverdrehbank DRA.

Abb. 64.

Einrichtezeit: Werkzeuge besorgen,
Spannpatrone einsetzen und einstellen,
3 Stähle und Schneidkopf einsetzen und einstellen,
Arbeitsprobe bescheinigen lassen,
Maschine abrüsten.
Zusammen 8 Verrichtungen je 5 Min. = 40 Min. + 30 % Verlustzeit = 40 · 1,3 = ... $t_e = \sim$ 52 Min.

Hauptzeit: 1. Schaft drehen:
Spantiefe a = 7,5 mm, Vorschub nach Tab. 25 s = 0,172, $q = a \cdot s$ = 7,5 . 0,172 = ∼ 1,3 mm². Hierfür nach Abb. 10 S. 35 v = ∼ 24 m/Min. das sind nach Abb. 42, S. 71 ∼ 250 Umdr./Min. Nächste Drehzahl auf DRA lt. Tab. 25 n = 251 Umdr./Min.

$$t_{h_1} = \frac{l \cdot i}{n \cdot s} = \frac{70 \cdot 1}{251 \cdot 0{,}172} = \sim \;\dots\dots\; 1{,}62 \text{ Min.}$$

2. Gewindeschneiden:
Dieselbe Stufe wie oben aber mit Vorgelege: n = 43 Umdr./Min., Steigung s = 2,309 mm

$$t_{h_2} = \frac{l \cdot i}{n \cdot s} = \frac{30 \cdot 1}{43 \cdot 2{,}3} = \sim \;\dots\dots\; 0{,}30 \text{ „}$$

3. Fase einstechen und Schraube abstechen:
l = ca. 17 mm, s nach Tab. 25 = 0,046 mm, n wie oben = 251 Umdr./Min.

$$t_{h_3} = \frac{l \cdot i}{n \cdot s} = \frac{17 \cdot 1}{251 \cdot 0{,}046} = \sim \;\dots\dots\; 1{,}47 \text{ „}$$

3,39 Min.

4. Zuschlag für Drehzahlenabfall ∼ 5 % der Laufzeit, folglich
$t_h = (t_{h_1} + t_{h_2} + t_{h_3}) \cdot 1{,}05 = 3{,}39 \cdot 1{,}05 = \sim$ .... 3,60 Min.

Nebenzeit:			
Material vorschieben und spannen	(Tab. 26)		0,15 Min.
Support zurück und schalten	„		0,04 „
Anstellen zum Überdrehen	„		0,05 „
Support andrücken, Spanauslauf	„		0,05 „
Support zurück und schalten	„		0,04 „
Gewindeschneidkopf anstellen	„		0,10 „
Support zurück, schalten	„		0,04 „
Anstellen zum Einstechen	„		0,10 „
Schalten zum Abstechen	„		0,04 „
Ablegen	„		0,05 „
Support zurück, schalten zum Anschlag nehmen	(Tab. 26)		0,04 „

Messen während des Überdrehens (Tab. 26)

Stange einlegen (Tab. 26) .... = ~ 2,20 Min.

gerade stechen: $\frac{l \cdot i}{n \cdot s} = \frac{16 \cdot 1}{251 \cdot 0{,}046} = \sim 1{,}38$ „

3,58 Min.

1 Stange = 3 m = ~ 33 Stück, also je Schraube = ~ .... 0,11 Min.

Stahl schleifen 3 · 3 Min. je 60 Stück = je Schraube ~ .... 0,05 „

$t_n = \sim$ 0,86 Min.

Grundzeit: $t_g = t_h + t_n = 3{,}6 + 0{,}86 = \sim$ .... 4,46 „

Stückzeit: $t_{st} = t_g \cdot \left(1 + \frac{V}{100}\right) = 4{,}46 \cdot 1{,}20 =$ .... ~ 5,36 „

II. Gußeiserne Ritzel Abb. 54 sollen auf einer Revolverdrehbank R 47 (Pittler ERA) fertig gedreht werden. Der vorgedrehte Abstich ist 63 mm lang und hat 53 mm Durchmesser. Vgl. Arbeitsplan S. 93 und Arbeitstafel S. 98.

Einrichtezeit: Angenommen Umbauen zur Futterarbeit kommt nicht in Frage, da an dieser Maschine ausschließlich Futterarbeiten eingerichtet werden.

Werkzeuge besorgen	10	Min.
2mal Backen in Zweibackenfutter einsetzen	10	„
15 Werkzeuge einsetzen und einstellen (je 6)	~ 90	„
Konusschiene anbauen und einstellen	10	„
Arbeitsprobe bescheinigen lassen	6	„
2mal Maschine abrüsten	12	„
	138	Min.
t_e = 138 + 25 % Verlustzeit = 138 · 1,25 = ...	~ 173	„

Hauptzeit: 1. Außen auf 39 ⌀ überdrehen und mit 21 mm Bohrer vorbohren:

l = 30 mm, a = 7 mm, s = 0,131 (Tab. 25), folglich q = 0,917 mm². Nach Arbeitstafel ist hierfür $v = \sim 26$ m/Min., d. i. bei 53 ⌀ n = 150 Umdr./Min. (links eingerückt Stufe I mit 1 Vorgelege). Der Bohrer hat hierbei $v = \sim 10$ m/Min.

$t_{h_1} = \frac{l \cdot i}{n \cdot s} = \frac{30 \cdot 1}{150 \cdot 0{,}131} = \sim$ .... 1,53 Min.

2. Ansatz auf 34 ⌀ vordrehen und mit 19,5 mm Bohrer durchbohren.

l = 38 mm, a = 2,5 mm, s = 0,193 (Tab. 25), $q = \sim 0{,}5$ mm², daher (nach rechts eingerückt) n = 180. (Die nächst höhere Stufe wäre richtiger, da aber von Stufe I mit Vorgelege auf Stufe III ohne Vorgelege gewechselt werden müßte, begnügt man sich zweckmäßig mit n = 180.)

$t_{h_2} = \frac{l \cdot i}{n \cdot s} = \frac{38 \cdot 1}{180 \cdot 0{,}193} = \sim$ .... 1,10 „

3. Mit konischer Reibahle Loch vorreiben:

$l =$ ca. 35 mm, $s = 0{,}131$ Tab. 25, $n = 150$ Umdr./Min. ($v = 10$ m/Min.) $=$ Stufe I mit 1. Vorgelege, links eingerückt.

$$th_3 = \frac{l \cdot i}{n \cdot s} = \frac{35 \cdot 1}{150 \cdot 0{,}131} = \sim \ldots\ldots\ldots\ldots \quad 1{,}78 \text{ Min.}$$

4. Mit konischer Reibahle Loch ftg. reiben:

$l =$ ca. 3 mm, Vorschub von Hand $= \sim 0{,}05$ mm, 2. Vorgelege einschalten bei gleicher Riemenlage, ergibt nach Arbeitstafel S. 98 $n = 54{,}5$ Umdr./Min. (rechts eingerückt).

$$th_4 = \frac{l \cdot i}{n \cdot s} = \frac{3 \cdot 1}{54{,}5 \cdot 0{,}05} = \sim \ldots\ldots\ldots\ldots \quad 1{,}10 \text{ „}$$

5. Ansatz außen fertigdrehen:

$l = 20{,}5$ mm, $s = 0{,}193$ mm, $n = 180$ Umdr./Min. (vgl. 2.)

$$th_5 = \frac{l \cdot i}{n \cdot s} = \frac{20{,}5 \cdot 1}{180 \cdot 0{,}193} = \sim \ldots\ldots\ldots\ldots \quad 0{,}59 \text{ „}$$

6. vorn plandrehen:

$l = 6$ mm, $s = 0{,}152$ mm (Tab. 25), $n = 180$ Umdr./Min.

$$th_6 = \frac{l \cdot i}{n \cdot s} = \frac{6 \cdot 1}{180 \cdot 0{,}152} = \sim \ldots\ldots\ldots\ldots \quad 0{,}22 \text{ „}$$

7. Nute einstechen:

$$l = \frac{53 - 31}{2} = 11 \text{ mm}, \; s = 0{,}046 \text{ mm}, \; n = 180 \text{ Umdr./Min.}$$

$$th_7 = \frac{l \cdot i}{n \cdot s} = \frac{11 \cdot 1}{180 \cdot 0{,}046} = \sim \ldots\ldots\ldots\ldots \quad 1{,}32 \text{ „}$$

8. 2. Seite außen vordrehen auf 50 ⌀:

$l = 28{,}5$ mm, $s = 0{,}386$ (Tab. 25), $n = 150$ Umdr./Min. nach Arbeitstafel Abb. 63.

$$th_8 = \frac{l \cdot i}{n \cdot s} = \frac{28{,}5 \cdot 1}{150 \cdot 0{,}383} = \sim \ldots\ldots\ldots\ldots \quad 0{,}50 \text{ „}$$

9. Stirnfläche vordrehen:

$l = 16$ mm, $s = 0{,}304$ (Tab. 25), $n = 180$ Umdr./Min. (nach rechts einrücken!)

$$th_9 = \frac{l \cdot i}{n \cdot s} = \frac{16 \cdot 1}{180 \cdot 0{,}304} = \sim \ldots\ldots\ldots\ldots \quad 0{,}29 \text{ „}$$

10. Konus vordrehen:

$l = 28$ mm, $s = 0{,}193$ mm, $n = 150$ Umdr./Min. (links einrücken)

$$th_{10} = \frac{l \cdot i}{n \cdot s} = \frac{28 \cdot 1}{150 \cdot 0{,}193} = \sim \ldots\ldots\ldots\ldots \quad 0{,}97 \text{ „}$$

11. Innenschräge andrehen:

$l = \sim 10$ mm, $s = 0{,}152$ mm, $n = 150$ Umdr./Min.

$$th_{11} = \frac{l \cdot i}{n \cdot s} = \frac{10 \cdot 1}{150 \cdot 0{,}152} = \sim \ldots\ldots\ldots\ldots \quad 0{,}44 \text{ „}$$

12. Außenkonus fertigdrehen:

$l = 29$ mm, $s = 0{,}251$ mm, $n = 180$ Umdr./Min.

$$th_{12} = \frac{l \cdot i}{n \cdot s} = \frac{29 \cdot 1}{180 \cdot 0{,}251} = \sim \ldots\ldots\ldots\ldots \quad 0{,}64 \text{ „}$$

13. Bund fertigdrehen:

$l = 6$ mm, $s = 0{,}251$ mm, $n = 180$ Umdr./Min.

$$t_{h_{13}} = \frac{l \cdot i}{n \cdot s} = \frac{6 \cdot 1}{180 \cdot 0{,}251} = \sim \ldots\ldots\ldots\ldots\ldots\ldots\ldots \quad 0{,}13 \text{ Min.}$$

$$10{,}61 \text{ Min.}$$

14. $t_h = 10{,}5 + 5\,\%$ Zuschlag für Drehzahlenabfall $= 10{,}61 \cdot 1{,}05 \;. = \sim 11{,}2$ „

Nebenzeit: 2mal ein- und ausspannen nach	Tab. 26		1,00 Min.
8mal Support zurück und schalten nach	„		0,40 „
4mal Anstellen zum Bohren und Reiben	„		0,40 „
3mal Anstellen zum Überdrehen nach	„		0,18 „
2mal Anstellen auf Kopierschiene nach	„		0,3 „
3mal Ansetzen zum Plandrehen nach	„		0,15 „
3mal Andrücken und Spanauslauf nach	„		0,33 „
1mal Ansetzen zum Einstechen nach	„		0,05 „
9mal Geschwindigkeit ändern oder einrücken			0,05 „
8mal Vorschub verändern (z. T. während der Laufzeit)			0,32 „
15mal Werkzeuge schleifen und wieder einstellen je 3 Min. = 45 Min., je 50 Stück = für je 1 Ritzel = ∼			1,00 „
(Messen während der Laufzeit[1])		$t_n =$	4,18 Min.

Grundzeit: $t_g = t_h + t_n = 11{,}2 + 4{,}18 = \sim \ldots\ldots\ldots\ldots\ldots\ldots\ldots$ 15,40 „

$$\text{Stückzeit: } t_{st} = t_g \left(1 + \frac{V}{100}\right) = 15{,}4 \cdot 1{,}20 = \ldots\ldots\ldots\ldots\ldots\ldots\ldots \sim 18{,}50 \text{ „}$$

e) Automaten.

Zum wirtschaftlichen Arbeiten an Automaten ist in erster Linie die Kenntnis ihres Aufbaues und ihrer Arbeitsweise erforderlich, ferner umfangreiche Betriebserfahrung, um von den zahlreichen Einrichtungsmöglichkeiten die besten auswählen zu können. Beides kann im Rahmen dieses Buches unmöglich vermittelt werden, weshalb auf die bestehende Literatur Ph. Kelle, „Automaten“, und „Das Einrichten von Automaten“, Werkstattbücher Heft 21, 23 und 27 verwiesen sei. Es gehört aber außerdem noch eine einwandfreie Ermittlung der Laufzeiten dazu, wofür hier einige Anhaltspunkte gegeben werden sollen.

Trotz der großen Mannigfaltigkeit der Automaten in Art und Ausführung läßt sich auf Grund gewisser Gleichheiten im Aufbau und in der Arbeitsweise für die Laufzeitermittlung bei vielen dasselbe Schema verwenden.

Im Gegensatz zu den bisher besprochenen Maschinengattungen kommt es bei der Laufzeitermittlung für Automatenarbeiten nicht nur auf die rechnerische Erfassung der Haupt-, sondern auch der Nebenzeiten an. Alle Verrichtungen, die z. B. an der Revolverdrehbank von Hand ausgeführt werden, wie Material vorschieben und spannen, Revolverkopf schalten usw., gehen hier maschinell vor sich. Bei Kenntnis der Antriebsgeschwindigkeiten und sämtlicher Übersetzungsverhältnisse läßt sich daher ihre Dauer sehr gut berechnen. Die Unterlagen, die der Kalkulator dazu braucht, sind die Maschinenkarte, die zweckentsprechend mit besonderen Tabellen für Spindel- und Antriebschaltungen versehen wird, sowie Kurven- oder Einstellpläne (Abb. 65—75).

[1] Vgl. Bemerkung zu Tabelle 26.

Da der Automat bei jedem Arbeitsstück sämtliche Teilvorgänge in derselben Reihenfolge wiederholen muß, ist er so konstruiert, daß ein Hauptsteuerorgan, die Steuerwelle, sich bei der Fertigung eines jeden Arbeitsstückes einmal herumdreht. Es kommt also grundsätzlich darauf an, die Dauer einer Steuerwellenumdrehung zu berechnen.

Die Umdrehung der Steuerwelle bzw. die auf ihr sitzenden Kurventrommeln oder Kurvenscheiben werden dazu zweckmäßig in 100 Teile geteilt, gleichgültig, ob der Konstrukteur der Maschine eine Einteilung in 360 Grad oder nach anderen Gesichtspunkten vorgenommen hat. Die Vorschubbewegungen beim Arbeiten des Automaten (t_h) gehen naturgemäß langsam vor sich, die Schaltbewegungen oder der Leerlauf (t_n) nach Möglichkeit schnell. Es ist nun festzustellen, wieviel Kurventeile auf das Arbeiten entfallen, und wieviel auf den Leerlauf. Geht aus der Aufstellung des gesamten Arbeitsvorganges hervor, wieviel Schaltbewegungen der Automat auszuführen hat und wieviel Kurventeile (%) laut Maschinenkarte dazu benötigt werden, so liegt im Vorentwurf damit fest, wieviel Kurventeile (%) für das Arbeiten (t_h) übrigbleiben.

Die für einen Teilvorgang beim Arbeiten erforderlichen Umdrehungen der Arbeitsspindel sind: Drehlänge (Vorschubweg) + Zugabe geteilt durch Vorschub je Umdrehung der Arbeitsspindel, wobei der Vorschub nach Belieben mit Rücksicht auf die Lebensdauer des Stahles und die verlangte Sauberkeit des Arbeitsstückes gewählt wird. Sämtliche für die Einzelvorgänge erforderlichen Umdrehungen müssen nun während der für das Arbeiten (t_h) übrigbleibenden Kurventeile ausführbar sein. Da die Maschinenkarte angibt, wieviel Umdrehungen der Arbeitsspindel auf eine ganze Steuerwellenumdrehung (100 Kurventeile) in Arbeitsgangart entfallen, so braucht man nur die gefundene Summe der erforderlichen Umdrehungen im Verhältnis der Kurventeile für das Arbeiten zu 100 Kurventeilen umzurechnen, um aus der Maschinenkarte ablesen zu können, welche Einstellung der Maschine für den Arbeitsgang in Frage kommt.

Mit dieser Feststellung ergibt sich dann gleichzeitig, wieviel Kurventeile auf eine Umdrehung der Arbeitsspindel tatsächlich entfallen, nämlich 100 dividiert durch die gefundene Zahl der Maschinenkarte = 0,0...Kurventeile. Multipliziert man die für die einzelnen Teilvorgänge ermittelten erforderlichen Umdrehungen mit dieser Zahl, so erhält man die entsprechenden erforderlichen Kurventeile, deren Summe jetzt endgültig ist; von 100 abgezogen ergibt sie die endgültige Zahl der für das Schalten übrigbleibenden Kurventeile.

Beim Gewindeschneiden wird die Drehzahl der Spindel bzw. des Schneidwerkzeuges verändert, ohne daß sich die Geschwindigkeit der Steuerwelle ändert. Die Länge der Kurve für das Gewindeschneiden wird daher durch die Anzahl der Umdrehungen bestimmt, die die Spindel machen würde, wenn sie während dieses Vorganges unverändert schnell liefe. Im Beispiel 2 sind für das Gewindeschneiden 12,7 Umdrehungen der Spindel im langsamen Gang erforderlich. Da hierfür eine Übersetzung 1 : 4 eingestellt wird, würde die Spindel in der gleichen Zeit im schnellen Gang 4mal so schnell laufen, also $4 \cdot 12{,}7 = 50{,}8$ Umdrehungen machen.

Die Laufzeit der Automaten setzt sich also zusammen aus der Zeit für das Arbeiten t_h = erforderliche Anzahl der Umdrehungen für sämtliche Arbeitsvorgänge, dividiert durch minutliche Umdrehungen der Arbeitsspindel, und der Zeit für das Schalten t_n = Anzahl der endgültigen Kurventeile für das Schalten × Zeit je Kurventeil laut Maschinenkarte. Beide zusammen ergeben die Grundzeit, $t_g = t_h + t_n$, die eventuell den Verhältnissen entsprechend nach der Kolonnenformel in die Akkordzeit umgerechnet werden kann: $t_{st} = \Sigma \frac{b \cdot t_g}{60 \cdot x}\left(1 + \frac{V}{100}\right)$. (Vgl. S. 31.)

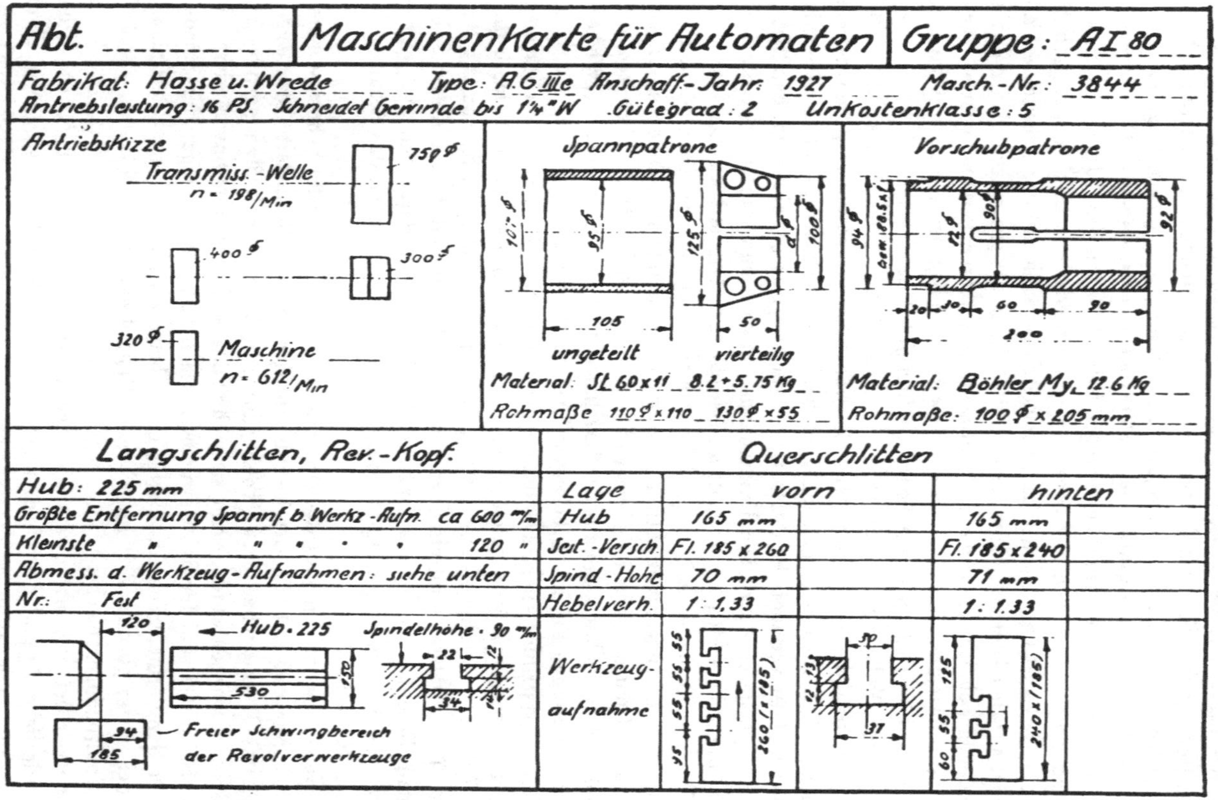

Abb. 65. Vorderseite der Maschinenkarte für Einspindelautomaten System Gridley.

Umdr. d. Spindel im Arb.-Gang bei einer Umdr. d. Steuerwelle.

Antriebscheibe 300 mm ⌀, n = 600 Umdr./Min.

Wechselräder		Gewindeschneiden 1:			Gewindeschneiden 1:		
oben	unten	n = 225	n = 175	n = 140	n = 112,5	n = 87,5	n = 70
26	130	6310	4920	3940	3155	2460	1965
35	121	4370	3400	2720	2185	1700	1360
44	112	3210	2500	2000	1605	1260	1000

Wechselräder: m = 2,5; b = 28 mm, Nabenbreite = 33 mm (einseitig).

Kurventrommel: D = 740 mm ⌀, 100 Teile = 2320 mm.

Bei 0 (= 100) beginnt d. Spannzange zu öffnen, Mat.-Anschlag kommt.

Öffnen, vorschieben und spannen		= 7,5	Kurven-Teile
Materialanschlag-Rücklauf		= 3	" "
1/8 Revolverkopf-Schaltung		= 2	" "
1/4 " "		= 4	" "
Werkzeug-Anlauf (Kurve 45°)	23,2 mm	= 1	" "
" " Rücklauf (Kurve 63,5°)	23,2 mm	= 0,5	" "
Querschlitten-Anlauf	10 mm	= ~ 1,5	" "
" " Rücklauf	10 mm	= ~ 1	" "
Rollendurchmesser	35 mm	= 1,6	" "

1 Kurventeil im Schaltgang = 0,0036 Min.

Kurvenscheiben: Hebelverhältnis 1:1,33

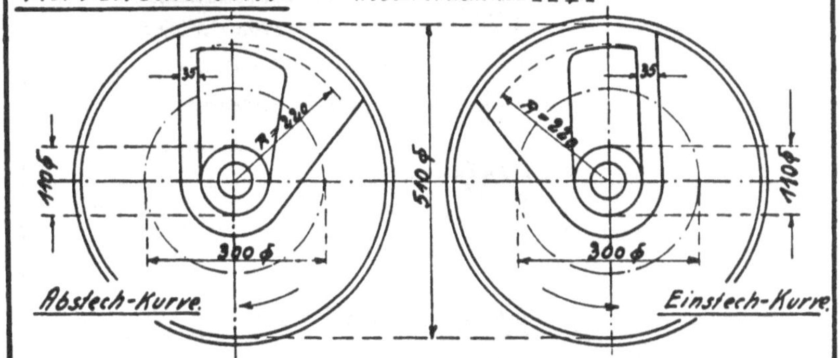

Abb. 66. Rückseite der Maschinenkarte für Einspindelautomaten System Gridley.

Abt: ______	Kurvenermittlung für 1 Spdl.-Automaten (Gridley).	Auftr.: ______ Zchg.Nr. ______

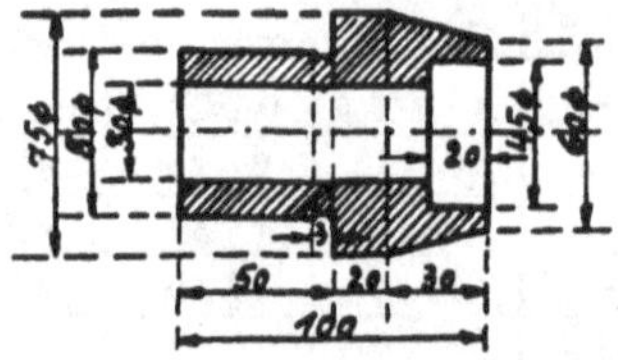

Gegenstand: Ansatzbüchse mit Konus
Werkstoff: St. 34.11, 80⌀
Masch.-Nr.: A I 80, 3844
n = 175 Umdr./Min, Wechselräder: 35/121

Vorgang	Weg	Vorschub	Umdr. je Vorgang	Kurventeile leer	Kurventeile Arbeit	Kurvenlänge
Mat. vorsch. u. spannen	—	—	—	7,6	—	—
1/8 Schalt. + Rückl. + Rollen ⌀	—	—	—	6,5	—	—
Zentrieren + vorbohren	22 mm	0,10	220	—	6,5	151 mm
Anlauf + Rücklauf	25 + 47	—	—	2,0	—	—
1/8 Schaltg. + Rollen ⌀	—	—	—	3,5	—	—
Bohren, überdr., Kon. vordr.	109 mm	0,20	546	—	16,0	372 mm
Anlauf + Rücklauf	25 + 134	—	—	4,0	—	—
1/4 Schaltg. + Rollen ⌀	—	—	—	5,5	—	—
Kon. nachdr., Ausdrehung	23 mm	0,10	230	—	6,75	157 mm
Anlauf + Rücklauf	30 + 53	—	—	2,0	—	—
1/4 Schaltg. + Rollen ⌀	—	—	—	5,5	—	—
Reiben	84 mm	0,15	560	—	16,5	383 mm
Bund einstech., Längedr.	13,75	0,025	(550)	—	(16,2)	—
Abstechen	13,0	0,05	260	—	7,65	—
Anlauf + Rücklauf	35 + 85	—	—	3,5	—	—
1/4 Schaltg. + Rollen ⌀	—	—	—	5,5	—	—
Anzahl der Umdr. für die Arbeitswege : 1816				45,5	53,40	

1 Umdr. d. Steuerwelle $= \frac{1816 \cdot 100}{(100 - 45,5)} = 3330$ Umdr. d. Arb.-Spindel.

1 Umdr. d. Steuerwelle nach Masch.-Karte = 3400 Umdr. d. Arb.-Spindel.

1 Umdr. d. Arbeitspindel $= \frac{100}{3400} = 0,0294$ Kurventeile.

$$t_h = \frac{1816}{175} + 5\,\% = \ldots\ldots\ 10,9 \text{ Min.}$$

$$t_n = (100 - 53,4) \cdot 0,0036 + 5\,\% \ \ldots\ \sim 0,2\ \text{"}$$

$$t_g = 11,1 \text{ Min}$$

$$t_{st} = \frac{b \cdot t_g}{60 \cdot x}\left(1 + \frac{k}{100}\right) = \frac{110 \cdot 11,1 \cdot 1,28}{60 \cdot 6} = 4,33 \text{ Min}$$

Abb. 67.

Bei Automatensystemen, bei denen die Schaltbewegungen von einer Hilfssteuerwelle aus betätigt werden, läuft die Hauptsteuerwelle ohne Umschaltung mit der errechneten Drehzahl. Deshalb kann die Grundzeit direkt der Wechselrädertabelle bzw. der Maschinenkarte entnommen werden (z. B. System Brown u. Sharpe, Bauart Loewe, Index, Samson u. a.).

Nach diesem Schema sind im folgenden für 3 gänzlich verschiedene Automatensysteme Beispiele durchgeführt und erläutert.

Beispiel 1. Eine Ansatzbüchse mit Konus nach Abb. 67 soll aus St. 34. 11, 80 ⌀ gedreht und gebohrt werden. Der Bund soll freigestochen sein und der Hals Schleifzugabe behalten.

Maschine: Einspindelautomat 80 mm Durchlaß (A I 80) nach Maschinenkarte Abb. 65 und 66 (Hasse u. Wrede, System Gridley).

Der Vorgang der Arbeit ist folgendermaßen gedacht:

Zum Anschlagen des Materials wird der Eckanschlag am Revolverkopf verwendet. Das Stück soll mit der Ausdrehung nach der Revolverkopfseite, mit dem Hals nach der Abstichseite hin liegen; $n = 175$/Min. ($v = \sim 44$ m/Min. beim Überdrehen).

1. Mit kurzem Bohrer zentrieren und Ausdrehung auf 44 mm ⌀ vorbohren.
2. Ganze Länge auf 75 mm überdrehen (+ Abstichbreite + Zugabe), gleichzeitig 29,5 mm durchbohren und Konus vordrehen.
3. Ausdrehung auf 45 ⌀ fertigdrehen, gleichzeitig Konus schlichten.
4. Bohrung auf 30 ⌀ fertigreiben, gleichzeitig mit breitem Stahl (Halsbreite + Abstichbreite) Hals und Nut einstechen, anschließend abstechen (Abstreifer).

Hiernach ist die Kurvenermittlung und Laufzeitberechnung in Abb. 67 vorgenommen. Die zu einem Arbeitsvorgang gehörigen Schalt- und Leerlaufwege sind hinter den Arbeitsvorgängen aufgeführt.

Die für den Leerlauf erforderlichen Kurventeile sind der Maschinenkarte (Rückseite, Abb. 66) entnommen. Die Arbeitswege der Werkzeuge ergeben sich aus den Abmessungen des Stückes und aus Zugaben, da die Werkzeuge im schnellen Schaltgang nicht bis zum Eingriff ins Material herangeführt werden können, sondern die Umschaltung auf den langsamen Arbeitsgang zur Sicherheit schon 0,5 bis 2 mm vorher geschehen muß. Anlauf- und Rücklaufwege ergeben sich aus der Lage des Stückes und den Abmessungen der Maschine, wozu in der Maschinenkarte (Vorderseite, Abb. 65, Skizze links unten) die nötigen Unterlagen gegeben sind.

Nimmt man z. B. an, daß der Abstechstahl einen Abstand von 5 mm von der Spindel hat und 6 mm breit ist, so ergibt sich für die Stirnfläche des Arbeitsstückes ein Abstand von 111 mm von der Spindel. Nach der Maschinenkarte beträgt der Abstand, in dem die Revolverkopfwerkzeuge frei umlaufen können, 120 mm. Der Stahl zum Überdrehen arbeitet mit dem Bohrer 29,5 mm ⌀ auf gleiche Arbeitslänge, so daß der Abstich nur bis in die Bohrung geht. Der Bohrer steht also um Spitzenlänge vor dem Drehstahl. Da letzterer an der Stirnfläche angreift, beträgt der Anlauf $120 - 111 +$ ca. 8 mm Spitzenlänge $= 17$ mm, aufgerundet auf ~ 25 mm usw. Der Rücklauf beträgt Arbeitslänge + Anlaufweg. Nach dem Entwurf entfallen auf die Leerwege 45,5 Kurventeile, bleiben also für die Arbeiten selbst $100 - 45{,}5 = 54{,}5$ Kurventeile. Beträgt nun die Summe der für die Spanarbeiten erforderlichen Spindelumdrehungen 1816, so müßte die Maschine für den Arbeitsgang so eingestellt werden, daß auf 1816 Umdrehungen 54,5 Kurventeile entfallen, d. h. bei 1 Umdrehung der Steuerwelle müßte die Spindel $\frac{1816 \cdot 100}{54{,}5} = 3330$ Um-

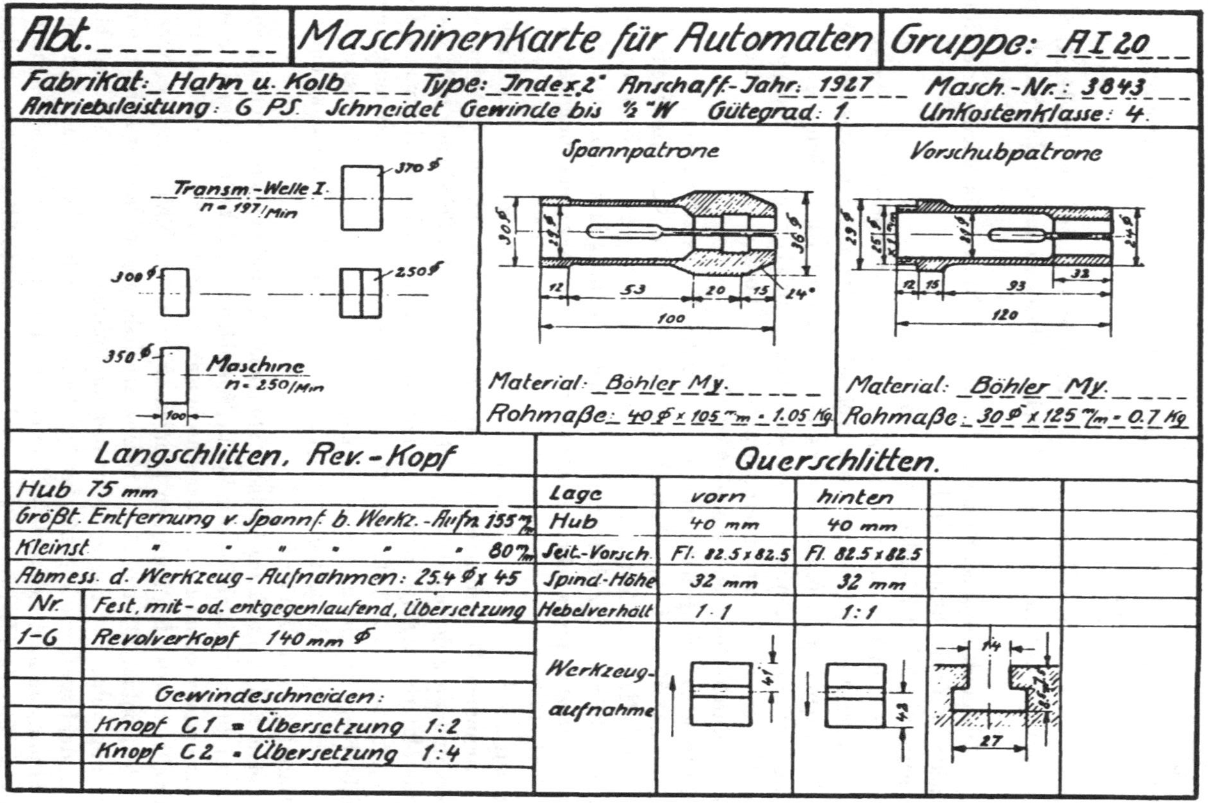

Abt. __________ | Maschinenkarte für Automaten | Gruppe: AI 20

Fabrikat: Hahn u. Kolb   Type: Index 2"   Anschaff-Jahr: 1927   Masch.-Nr.: 3843
Antriebsleistung: 6 PS.   Schneidet Gewinde bis ½" W   Gütegrad: 1.   Unkostenklasse: 4.

Spannpatrone — Material: Böhler My. — Rohmaße: 40 ∅ x 105 mm = 1.05 Kg

Vorschubpatrone — Material: Böhler My. — Rohmaße: 30 ∅ x 125 mm = 0.7 Kg

Langschlitten, Rev.-Kopf

Hub 75 mm	
Größt. Entfernung v. Spannf. b. Werkz.-Aufn. 155 mm	
Kleinst " " " " " 80 mm	
Abmess. d. Werkzeug-Aufnahmen: 25.4 ∅ x 45	
Nr.	Fest, mit- od. entgegenlaufend, Übersetzung
1–6	Revolverkopf 140 mm ∅
	Gewindeschneiden:
	Knopf C1 = Übersetzung 1:2
	Knopf C2 = Übersetzung 1:4

Querschlitten.

Lage	vorn	hinten		
Hub	40 mm	40 mm		
Seit.-Vorsch.	Fl. 82.5 x 82.5	Fl. 82.5 x 82.5		
Spind.-Höhe	32 mm	32 mm		
Hebelverhält.	1 : 1	1 : 1		
Werkzeug-aufnahme				

Abb. 68. Vorderseite der Maschinenkarte für Einspindelautomaten „Index 2“ (System Brown & Sharpe).

Schaltung der Steuerwelle		Umdr. d. Arbeitsspindel bei 1 Umdr. d. Steuerwelle						Zeit für 1 Stück	Erforderliche Kurventeile						
Schaltung d. Arb. Spindel	Knopf A	1	2	3	1	2	3		für Revolverkopf schalten					Mat.-Spannung	
	Knopf B	1	1	1	2	2	2		Länge des Arbeitsstückes in mm						
Obere Welle	Untere Welle	n=1500	n=1150	n=900	n=750	n=575	n=450	Min.	15	30	45	60	75	45	75
4	5	174	133	104	87	66	52	0,12	5	6	7	8,5	10	96−4	96−6
4	4	216	165	129	108	82	64	0,15	5	6	7	8,5	10	96−4	96−6
3	5	252	193	151	126	96	75	0,17	5	6	7	8	9,5	96−4	96−6
3	4	306	234	183	153	117	91	0,21	5	5,5	6,5	8	9,5	96−4	96−6
4	3	354	270	212	177	135	106	0,24	4,5	5,5	6,5	8	9,5	96−4	96−6
2	5	456	350	273	228	175	136	0,31	4,5	5,5	6,5	7,5	9	96−4	96−5
3	3	522	400	313	261	200	156	0,35	4,5	5	6,5	7,5	9	96−3	96−5
2	4	558	427	334	279	213	167	0,38	4,5	5	6,5	7,5	9	96−3	96−5
4	2	600	460	360	300	230	180	0,40	4	5	6,5	7,5	8,5	96−3	96−5
1	5	642	490	374	321	245	187	0,43	4	4,5	5,5	7	8,5	96−3	96−4
4	1	732	561	427	366	280	213	0,49	4	4,5	5,5	7	8,5	96−3	96−4
1	4	774	594	452	387	297	226	0,52	4	4,5	5,5	6,5	8	96−3	96−4
3	2	888	680	520	444	340	260	0,60	3,5	4	5	6,5	8	96−3	96−4
2	3	942	723	550	471	361	275	0,63	3,5	4	5	6,5	8	96−2	96−4
3	1	1080	828	630	540	414	315	0,73	3,5	4	5	6	7,5	96−2	96−3
1	3	1320	1060	770	660	530	385	0,89	3,5	4	5	6	7,5	96−2	96−3
2	2	1488	1230	940	744	615	470	1,08	3	3,5	4,5	6	7,5	96−2	96−3
2	1	1956	1500	1170	978	750	585	1,31	3	3,5	4,5	5,5	7	96−2	96−3
1	2	2256	1730	1350	1128	865	675	1,51	3	3,5	4,5	5,5	7	96−2	96−3
1	1	2742	2100	1640	1371	1050	820	1,84	3	3,5	4,5	5,5	7	96−2	96−3

Abb. 69. Rückseite der Maschinenkarte für Einspindelautomaten „Index 2“.

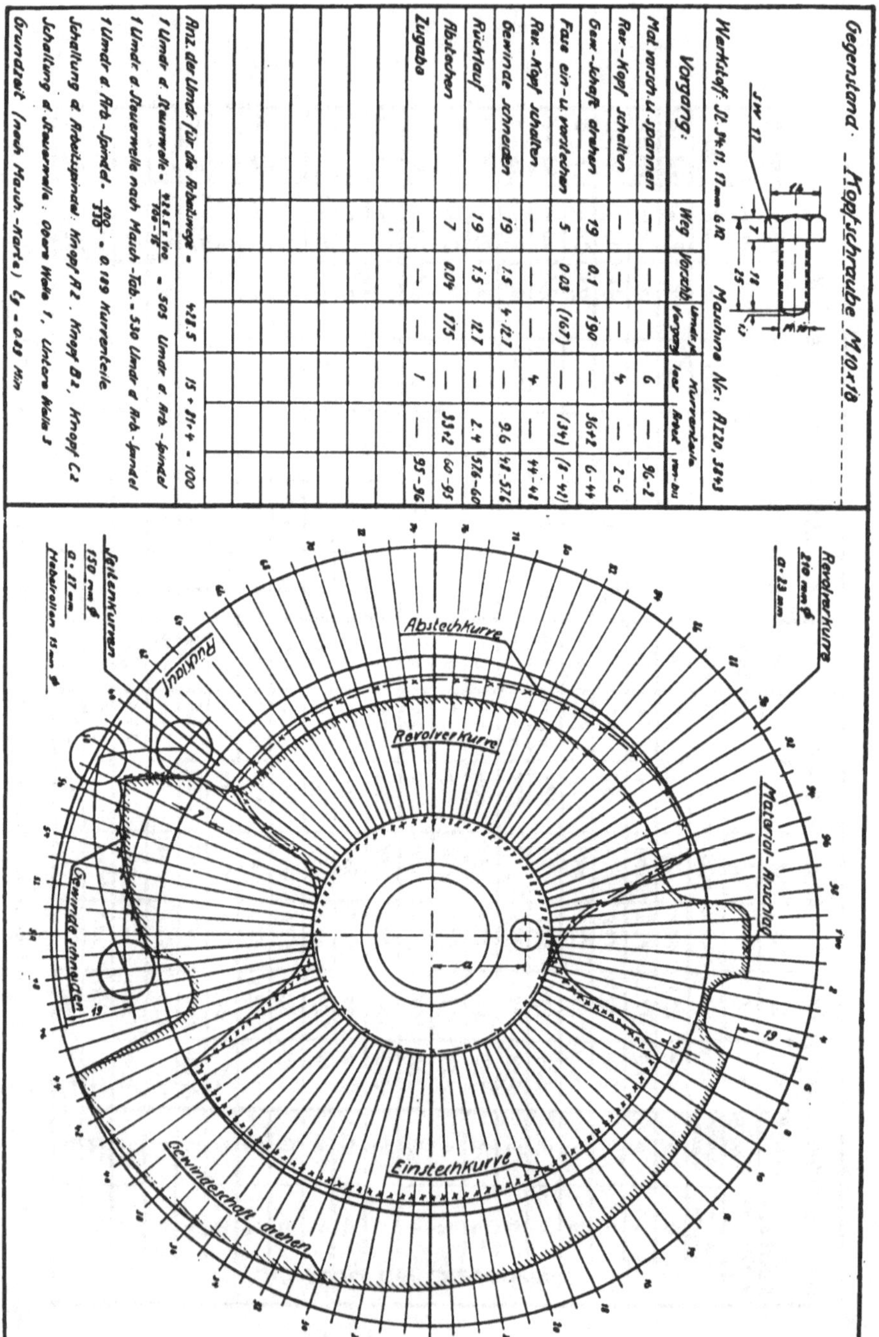

Abb. 70. Kurvenblatt für Einspindelautomaten „Index 2“ (System Brown & Sharpe).

drehungen machen. Bei $n = 175$/Min. und mit den Wechselrädern 35/121 macht sie 3400 Umdrehungen. Es entfallen also auf eine Umdrehung der Arbeitsspindel $\frac{100}{3400}$ $= 0{,}0294$ Kurventeile. Mit dieser Zahl werden die „Umdrehungen je Vorgang" im Schema multipliziert und man erhält die Anzahl der erforderlichen Kurventeile, d. s. für Zentieren 6,5, Bohren, Überdrehen usw. 16,0 usw. Da nach der Maschinenkarte 100 Kurventeile 2320 mm Länge haben, ergibt sich die Kurvenlänge dadurch, daß man die gefundenen Kurventeile mit 23,2 multipliziert. Somit ist die Aufzeichnung der Kurve möglich, da Kurvenhöhe = „Weg" (s. Abb. 67) und der Anlaufwinkel = 45° ist.

Die Summe der erforderlichen Kurventeile beträgt 53,4, also etwas weniger, als dem Voranschlag entspricht. Die Differenz wird zu den Schaltwegen geschlagen, da diese im schnellen Gang durchlaufen werden. Sie betragen also nicht 45,5, sondern 46,6 Kurventeile.

Ist nun die Differenz zwischen den erforderlichen Umdrehungen je Steuerwellenumdrehung und dem nächst höheren Wert in der Maschinenkarte sehr groß, und will man die wenigen Sekunden, um die der Leerlauf dadurch verlängert wird, auch noch ersparen, so muß man sich entsprechende Wechselräder errechnen, um einen Wert dicht über dem der erforderlichen Umdrehungen je Steuerwellenumdrehung zu erhalten.

Die Hauptzeit ist: $\frac{\text{Anzahl d. Umdr. f. d. Arbeitswege}}{\text{Spindel-Umdr./Min.}} = \frac{1816}{175}$ + Zuschlag für Drehzahlenabfall.

Die Nebenzeit ist: Anzahl der Kurventeile für die Schaltwege × Zeit je Kurventeil (letztere ist der Maschinenkarte zu entnehmen) + Zuschlag für Schwankungen in der Drehzahl.

Beispiel 2. Eine Kopfschraube M 10 × 18 nach Abb. 70 aus St. 34 · 11 fertigdrehen, Gewindeschneiden und abstechen.

Maschine: Einspindelautomat 20 mm Durchlaß (A I 20) nach Maschinenkarte Abb. 68 und 69 („Index 2", System Brown u. Sharpe).

Arbeitsvorgang:

1. Gewindeschaft drehen, gleichzeitig Fase einstechen und Abstich vorstechen, $n = 575$ ($v = \sim 35$ mm/Min.).
2. Gewindeschneiden.
3. Abstechen und Kuppe für folgende Schraube andrehen.

Die Errechnung der Kurventeile geht genau so vor sich wie im Beispiel 1. Die einzige Abweichung besteht darin, daß die restlichen Kurventeile, die sich aus dem Unterschied zwischen den erforderlichen Umdrehungen für die Arbeitswege und dem Wert der Maschinenkarte ergeben, zu den Teilen für das Arbeiten geschlagen werden, da die Hauptsteuerwelle sich bei diesen Automaten beim Arbeiten und Schalten mit der gleichen Drehzahl bewegt. Einerseits würde sich beim Zuschlagen zu den Schaltwegen keine Zeitersparnis ergeben, andererseits verringert sich durch Verlängerung der Arbeitskurve der Vorschub je Umdrehung ein wenig, wodurch der Stahl geschont wird. Die Grundzeit kann hier direkt der Maschinenkarte entnommen werden.

Die Aufzeichnung der Kurven ist aus Abb. 70 ersichtlich. Die Kurve beginnt auf dem in der Tabelle ermittelten Strahl 6, und zwar um Weglänge radial einwärts vom äußeren Umfang der Kurvenscheibe aus gemessen. Bei jedem Strahl nähert sie sich diesem um

$\frac{\text{„Weg" mm}}{\text{Anz. d. Kurventeile}} = \frac{19}{38} = 0{,}5$ mm und erreicht ihn auf dem errechneten Strahl 44 (Spirale).

Den Revolverkopf läßt man zweckmäßig nur so weit zurückgehen, daß die Werkzeuge beim Schalten frei am Arbeitsstück vorbeigehen, also „Weg" + ca. 10 mm. Die Kurve für das Gewindeschneiden ist deshalb etwas radial einwärts verschoben (ca. 10 mm), weil der Schneideisenhalter ebensoviel länger ist als der Stahlhalter zum Überdrehen.

Bei flachen Kurven ist die Berücksichtigung des Rollendurchmessers nicht erforderlich. Bei steilen Kurven dagegen, wie sie sich beim Gewindeschneiden ergeben, zeichnet man den Weg des Rollenmittelpunktes auf und findet die Kurve selbst als Linie gleichen Abstands von diesem. Die Gewindekurven werden nach der Spitze zu etwas gekürzt, damit das Schneideisen frei auf den Schaft aufschneiden kann, ohne gedrückt zu werden.

Beispiel 3. Eine Paßschraube 7/8″ nach Abb. 75 aus Stahl 38 . 12 zum Schleifen drehen, Gewindeschneiden und abstechen.

Maschine: Vierspindelautomat 50 mm Durchlaß (A IV · 50) nach Maschinenkarte Abb. 71 bis 74 (Acme 2″).

Der Arbeitsvorgang ist so festgelegt, daß die 4 Spindeln möglichst gleich lange arbeiten, wie aus der Kurvenermittlung Abb. 75 hervorgeht. Da alle Spindeln gleichzeitig arbeiten, ist für die Laufzeit der Einzelvorgang maßgebend, für dessen Erledigung die meisten Umdrehungen der Spindel erforderlich sind. Die Spindelumdrehungen je Einzelvorgang werden genau so gefunden wie im Beispiel 1 und 2.

Den größten Hub verlangt das Drehen des Schaftes mit ca. = 41 mm. Nach der Maschinenkarte Abb. 74 kommt als nächst höhere Kurve die 2″ Kurve in Frage, die aber nur mit 48 Kurventeilen zum Arbeiten gelangt. Dementsprechend müssen die Kurven für den Einstich und Abstich so gewählt werden, daß sie mit 48 Kurventeilen ihren Hub von 9 bzw. 13 mm bewirken. Dies geschieht ebenfalls an Hand der Maschinenkarte Abb. 74 in der eingezeichneten Weise.

Sind nun 273 Umdrehungen für den längsten Arbeitsvorgang notwendig, so müssen bei 48 Kurventeilen $\frac{273}{48} = 5{,}7$ Umdrehungen der Arbeitsspindel je Kurventeil einstellbar sein. Der nächst höhere Wert der Maschinenkarte Abb. 73 ist aber 6,07 (bei $n = 307$ Umdr./Min., $v = \sim 40$ m/Min.), so daß für den ganzen Arbeitsvorgang $48 \cdot 6{,}07 = 290$ Umdrehungen der Spindeln erfolgen.

Hieraus ergibt sich die Hauptzeit zu

$$t_h = \frac{290}{307} + 5\,\% \text{ für Schwankungen in der Drehzahl} = \sim 1 \text{ Min.}$$

Die Nebenzeit ist bestimmt durch die für das Schalten übrigbleibenden Kurventeile, das sind 100 — 48, und beträgt nach Maschinenkarte Abb. 73 $t_n = (100 - 48) \cdot 0{,}00143 + 5\,\% = \sim 0{,}08$ Min.

Grundzeit und Stückzeit werden dann wie üblich errechnet.

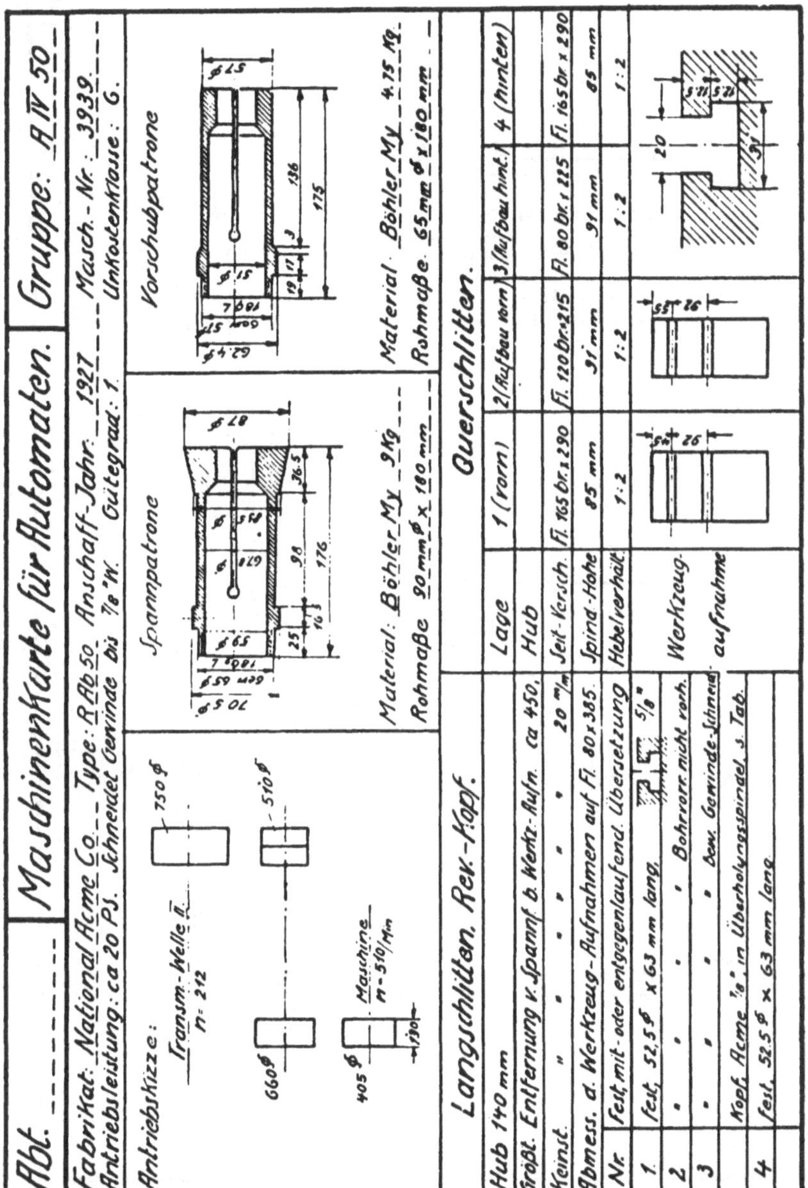

Abb. 71. Maschinenkarte für Vierspindelautomaten, 1. Seite.

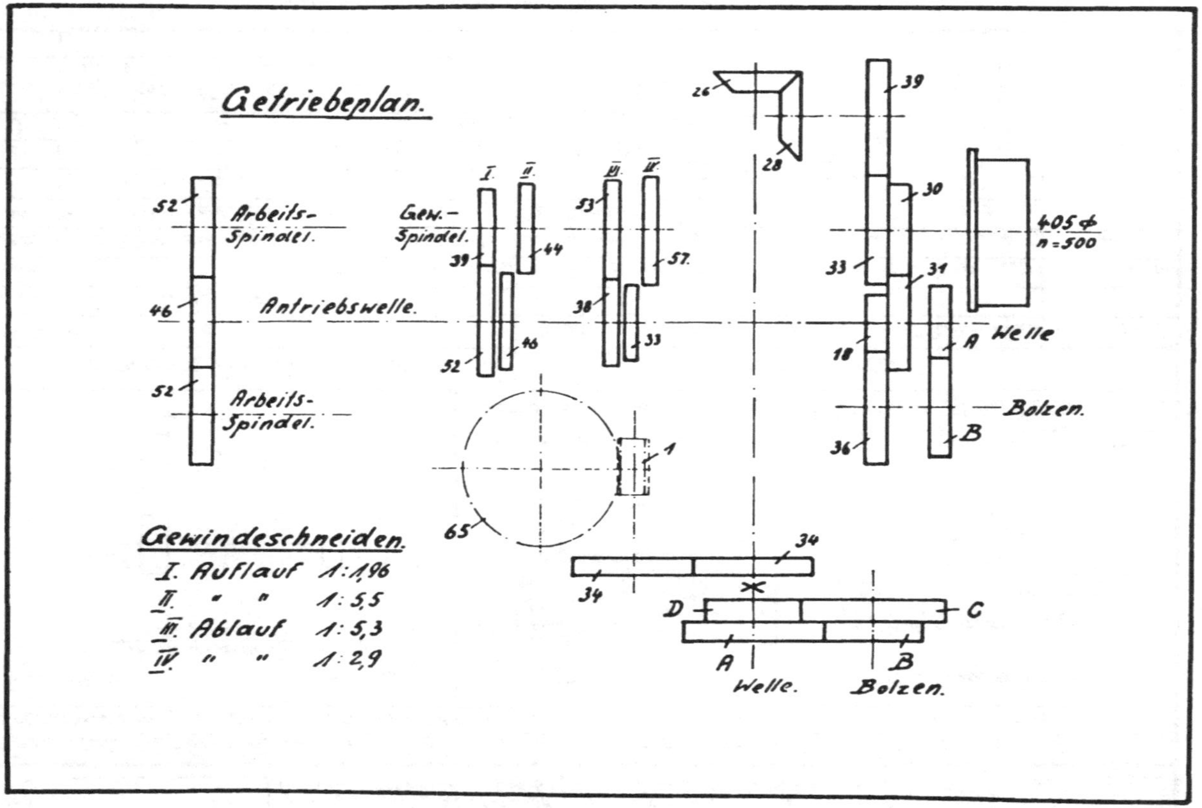

Abb. 72. Maschinenkarte für Vierspindelautomaten, 2. Seite.

Umdrehungen der Arbeitsspindel je Kurventeil.								
Antriebscheibe 405 mm Φ, × 138 mm, n = 500 Umdr./Min.								
Wechselräder am Steuerungsantrieb				Wechselräder am Spindelantrieb.				
				A = 26 B = 52 n = 427	32 46 307	39 39 214	46 32 149	52 26 107
A	B	C	D					
82	28	28	82	0,61	0,43	0,30	0,21	0,15
80	32	30	82	0,66	0,47	0,33	0,23	0,16
78	32	28	82	0,73	0,52	0,36	0,25	0,18
78	26	22	82	0,76	0,54	0,38	0,26	0,19
66	40	32	74	0,85	0,61	0,42	0,29	0,21
66	32	24	74	0,91	0,65	0,45	0,31	0,23
56	40	30	66	0,96	0,69	0,48	0,33	0,24
74	40	28	86	1,01	0,72	0,50	0,35	0,25
66	44	30	80	1,08	0,78	0,54	0,38	0,27
66	44	28	82	1,19	0,85	0,59	0,39	0,29
60	44	26	78	1,34	0,96	0,67	0,46	0,33
66	44	24	86	1,45	1,04	0,72	0,50	0,36
60	44	22	82	1,66	1,20	0,83	0,58	0,41
60	40	18	82	1,85	1,33	0,92	0,64	0,46
44	60	30	74	2,05	1,45	1,02	0,71	0,51
44	56	26	74	2,20	1,58	1,10	0,77	0,55
44	66	28	82	2,68	1,92	1,34	0,94	0,67
40	60	22	78	3,25	2,32	1,61	1,12	0,81
32	66	24	74	3,87	2,78	1,93	1,35	0,97
32	78	28	82	4,35	3,14	2,18	1,52	1,09
28	82	28	82	5,23	3,77	2,62	1,82	1,31
26	82	26	82	6,07	4,35	3,02	2,11	1,25
24	82	24	82	7,12	5,11	3,56	2,47	1,78
24	86	24	86	7,83	5,62	3,91	2,72	1,95
22	82	22	82	8,48	6,07	4,23	2,94	2,11
22	86	22	86	9,32	6,66	4,64	3,23	2,32
18	86	18	86	13,90	10,00	6,95	4,85	3,48
Antriebswelle n =				483	347	242	168	121
Gewindeschneiden I n =				218	157	109	76	54,5
" " " II n =				78	56	39	27	19,5
Schnellbohren n =				—	—	—	—	—

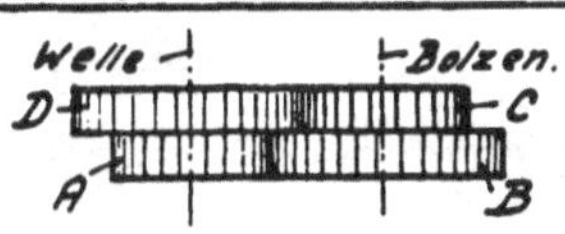

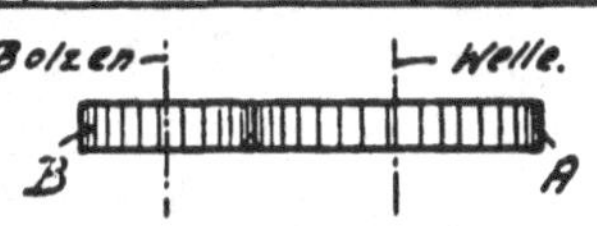

1 Kurventeil im Schaltgang = 0,00143 Min.

Abb. 73. Maschinenkarte für Vierspindelautomaten. 3. Seite (Wechselrädertabelle).

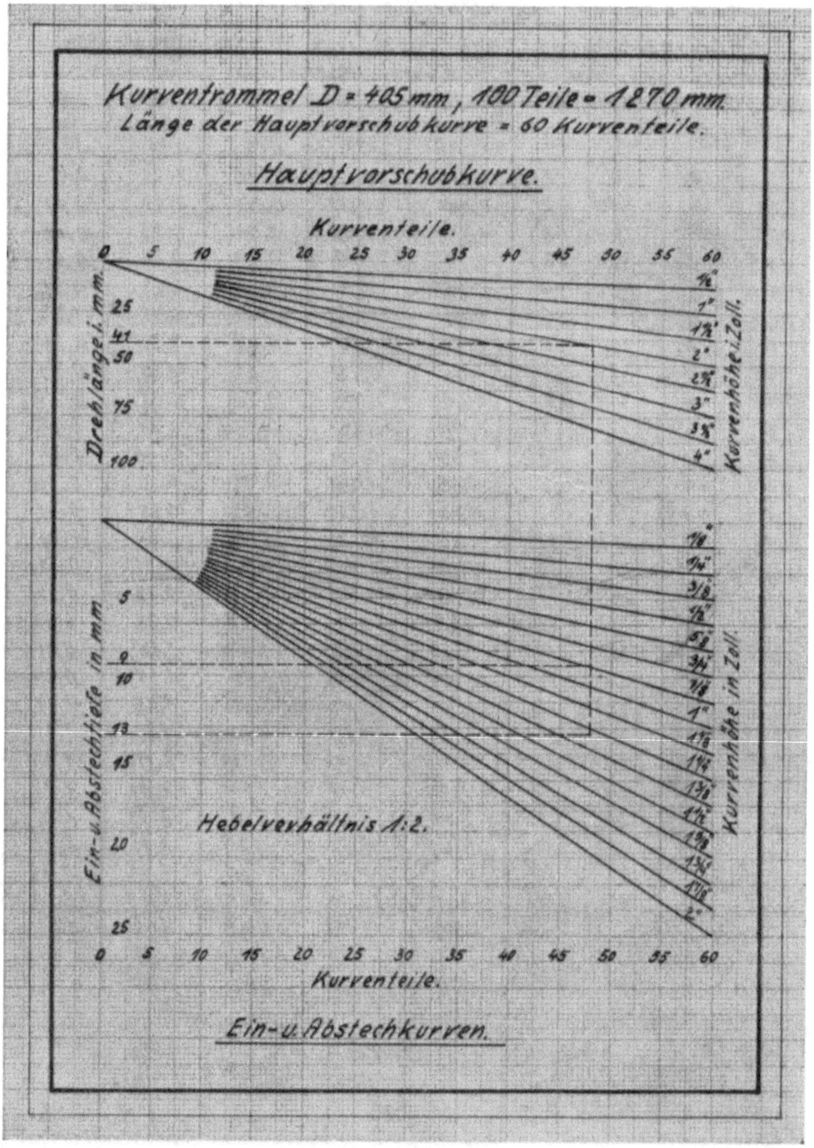

Abb. 74. Maschinenkarte für Vierspindelautomaten, 4. Seite (Kurventafel).

Abt.: ______	Kurvenermittlung für 4 Spdl.-Automaten.	Auftr.: ______ Zchg.Nr. ______

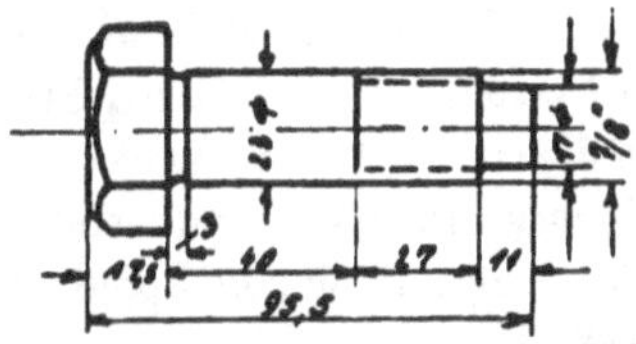

Gegenstand: ________
Passschraube 7/8"
Werkstoff: St.38.13, 36 6kt.
Masch.-Nr.: A IV. 50, 3939
n = 307 Umdr./Min, Wechselräder: 39/39, 24/82, 22/82.

Vorgang	Weg	Vorschub	Umdr. je Vorgang	
Spindel 1: Gewinde-⌀				
u. Splintansatz drehen	39	0,15	260	
Fase ein- u. vorstechen	9	0,035	256	
Spindel 2:				
Schaft drehen	41	0,15	273	
Spindel 3: Gew.-Schneiden	27	2,83	52,5	
(1:5,5)				
Kopf gerade u. Nut stechen	10	0,05	200	
Spindel 4:				
Abstechen	13	0,05	260	

Längster Arbeitsvorgang = 273 Umdr. d. Arbeitsspindel.
Für l = 41 mm ist nach Masch.-Karte nächst höhere Kurve = 2 Zoll.
Zur Verfügung stehende Kurventeile = 48. Hierbei
nächst höhere Kurve für 9 mm Einstich = 7/8" Zoll.
" " " " 13 " Abstich = 1 1/8 "
Erfordl. Umdrehungen d. Arbeitsspindel je Kurventeil = $\frac{273}{48}$ = 5,7
Nächste vorh. Anz. d. Umdr. je Kurventeil nach Masch.-Karte = 6,07
Anzahl d. Spindelumdr. für 48 Kurventeile = 48 · 6,07 = 290
Anzahl d. Kurventeile f. d. Schalten = 100 − 48 = 52

$$t_h = \frac{290}{307} + 5\,\% = \quad \sim 1{,}00 \text{ Min.}$$
$$t_n = (100 - 48) \cdot 0{,}00143 + 5\,\% \quad 0{,}08 \text{ "}$$
$$t_g = 1{,}08 \text{ Min}$$

$$t_{st} = \frac{b \cdot t_g}{60 \cdot x}\left(1 + \frac{k}{100}\right) = \frac{110 \cdot 1{,}08 \cdot 1{,}35}{60 \cdot 5} = \sim 0{,}54 \text{ Min.}$$

Abb. 75.

f) Horizontalbohrwerke.

Für die Bearbeitung auf Horizontalbohrwerken kommen hauptsächlich hohle Körpr in Frage, die wegen großer Länge oder ungünstiger Form sich für Drehbänke nicht eigne; hierher gehören z. B. Rohre, Stutzen, Krümmer, Ventile, deren Flanschen zu bearbeitn sind, und Gehäuse, Zylinder, lange Buchsen, Lager usw.

Das Ausbohren geschieht auf kleinen und mittleren Bohrwerken in der Regel durh Bohrstange und Messer, wobei die Bohrstange in der Spindelwelle und dem Reitstok bzw. Führungslager geführt wird, während der Vorschub in der Längsrichtung durch eie Spindel betätigt wird, die den Tisch mit dem Arbeitsstück vorschiebt.

Bei großen Bohrwerken dagegen wird das Arbeitsstück auf eine feststehende Grun-platte gespannt; der Vorschub in Längsrichtung erfolgt durch eine Spindel im Innern dr Bohrstange, auf der sie einen Bohrkopf bewegt.

Der Vorschub in radialer Richtung zum Plandrehen von seitlichen Flächen, Flanschn usw. erfolgt bei allen Bohrwerken, abgesehen von Spezialmaschinen, durch den sogenannten fliegenden Support, der mit der Bohrstange umläuft.

Die Laufzeit wird nach derselben Formel berechnet wie beim Drehen, jedoch sind de Schnittgeschwindigkeiten mit Rücksicht auf schlechtere Wärmeableitung, längere Schnitdauer und unstabile Einspannung um ca. 20 % zu verringern.

Die Zeiten für das erstmalige Einrichten von Bohrwerken entsprechen ungefähr denn gleich großer Drehbänke (Tab. 14, Seite 80 I—II) und sind durch Zeitaufnahme genaur festzulegen.

Leistungen von Bohrwerken.

Maschinengrösse		vorschruppen			nachschruppen	schlichten
Kleine Bohrwerke Bohrung bis 250mm Ø	Schnittiefe mm Vorschub mm	5 0,5	7,5 0,33	10 0,25	unter 5 0,3.0,5	0,2–0,4 0,3–0,5
Mittlere Bohrwerke Bohrung bis 750mm Ø	Schnittiefe mm Vorschub: mm	5 1	10 0,5	15 0,33	unter 5 0,5–0,8	0,3–0,6 0,4–0,7
Grosse Bohrwerke Bohrung über 750mm Ø	Schnittiefe mm Vorschub mm	5 2	10 1	15 0,66	unter 5 1 -1,5	0,4–0,8 0,6– 1

Tabelle 27.

Tabelle 28.

Zeiten für das Aufspannen und Ausrichten kastenförmiger Körper mit gerader Auflagefläche auf Horizontal-Bohr- und Fräswerken.

Die Gewichtsangaben entsprechen ungefähr $^1/_3$ des Gewichtes voller Körper von denselben Abmessungen

Grundfläche ca. mm	Art des Aufspannens		Höhe in mm ca. 100	200	300	400	500	600	800	1000	1500
200 × 200	I	Min.	5	5	5	6					
oder 270 × 150	II	„	6	6	6	7					
„ 400 × 100	III	„	7	7	7	8					
		kg	11	21	31	42				ohne Kran	
300 × 300	I	Min.	5	5	10	11	13			mit Kran	
„ 400 × 225	II	„	6	6	12	14	16				
„ 600 × 150	III	„	7	7	13	15	18				
		kg	23	47	70	93	115				
400 × 400	I	Min.	8	8	11	13	15	16			
„ 550 × 300	II	„		11	13	15	18	20			
„ 800 × 200	III	„		13	16	19	22	23			
		kg		82	125	165	208	250			
500 × 500	I	Min.		10	12	14	16	18	20		
„ 675 × 375	II	„		12	15	17	20	22	25		
„ 1000 × 250	III	„		15	18	21	23	26	30		
		kg		130	195	260	325	390	520		
600 × 600	I	Min.		12	14	16	18	20	22		
„ 800 × 450	II	„		15	18	20	23	25	28		
„ 1200 × 300	III	„		18	21	24	27	29	33		
		kg		186	285	375	470	560	750		
800 × 800	I	Min.		16	18	21	23	25	27	30	35
„ 1100 × 600	II	„		20	23	26	29	31	35	38	43
„ 1600 × 400	III	„		25	27	32	35	38	41	46	52
		kg		330	500	660	830	1000	1300	1660	2500
1000 × 1000	I	Min.		20	23	25	28	30	32	35	38
„ 1350 × 750	II	„		25	28	31	35	37	40	43	48
„ 2000 × 500	III	„		30	33	38	41	43	47	52	58
		kg		520	780	1040	1300	1550	2050	2680	3900
1500 × 1500	I	Min.		26	29	32	35	36	40	43	48
„ 2000 × 1125	II	„		32	36	40	43	45	50	54	60
„ 3000 × 750	III	„		39	43	47	52	54	60	65	.72
		kg		1160	1750	2300	2900	3500	4700	5800	8700

I = einfaches Ausrichten nach rohen Flächen.

II = auf bearbeitete Fläche stellen und nach Riß oder anderen bearbeiteten Flächen ausrichten.

III = auf rohe Fläche stellen und nach Riß oder anderen bearbeiteten Flächen ausrichten.

Tabelle 29.

Zeiten für das Einspannen und Ausrichten von Buchsen ($d < l$) auf Horizontal-Bohrwerken.

In den Gewichtsangaben ist eine starke Bearbeitungszugabe eingeschlossen.

Äußerer Durchm. ca. mm	Bohrung ca. mm	1-teilig 2-teilig		Länge in mm ca. 200	300	400	500	600	800	1000	1500	2000	2500	3000
100	80	1/1	Min.	6	6	7	7	7						
100	80	2/2	„	8	8	9	9	9						
			kg	9	13	18	23	27					ohne Kran	
200	160	1/1	Min.		7	8	14	15	17	19			mit Kran	
200	160	2/2	„		8	9	17	19	21	24				
			kg		42	56	70	84	112	140				
300	240	1/1	Min.			15	19	20	22	24	27			
300	240	2/2	„			19	22	25	27	29	33			
			kg			112	140	168	225	280	420			
400	320	1/1	Min.				22	24	27	29	33	39	45	
400	320	2/2	„				27	29	32	35	40	47	54	
			kg				235	283	375	470	710	940	1180	
500	400	1/1	Min.					28	31	34	38	44	50	55
500	400	2/2	„					34	37	40	46	53	60	65
			kg					425	565	705	1060	1420	1760	2120
600	480	1/1	Min.						36	40	46	51	57	63
600	480	2/2	„						43	47	55	62	68	75
			kg						800	1000	1500	2000	2500	3000
700	560	1/1	Min.						39	44	50	56	61	67
700	560	2/2	„						46	53	60	67	73	80
			kg						950	1180	1770	2350	2950	3550
800	640	1/1	Min.							49	55	60	66	73
800	640	2/2	„							58	65	72	80	87
			kg							1700	2550	3400	4250	5100
1000	800	1/1	Min.								65	71	77	84
1000	800	2/2	„								79	85	93	100
			kg								3900	5200	6500	7800

Für das Aufspannen von Buchsen in senkrechter Stellung (zum Bohren von Querlöchern usw.) sind die Tafelwerte mit 60 % einzusetzen.

Für die nachfolgenden Übungsbeispiele zur Anwendung der Laufzeitformel ist die Überschlagsrechnung gewählt, weil es nicht möglich ist, sämtliche für die genauere Rechnung erforderlichen Unterlagen wie z. B. beim Drehen auch hier zu bringen.

Übungsbeispiele.

1. Ein gußeisernes Schiebelager nach Abb. 76 auf einem mittleren Horizontalbohrwerk drehen und ausbohren.

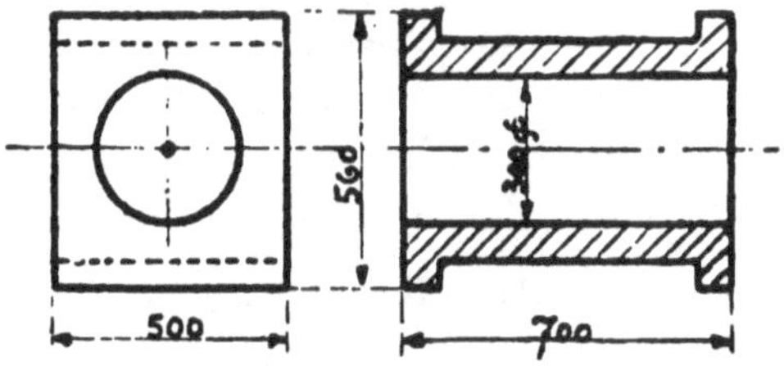

Abb. 76.

Einrichtezeit: geschätzt einschl. Verluste .... $t_e =$ 15 Min.

Hauptzeit: 1. Bohrung vorschruppen mit 1 Schnitt:

$a = 10$ mm, $s = 0{,}5$ mm, $q = 5$ mm². Nach Abb. 11 S. 36 $v = 17$ m/Min. — 20% $= \sim 13{,}6$ m/Min., $n = \sim 14{,}5$ Umdr./Min.

$$t_{h_1} = \frac{l \cdot i}{n \cdot s} = \frac{720 \cdot 1}{14{,}5 \cdot 0{,}5} = \sim \ldots\ldots \quad 100 \text{ Min.}$$

2. Bohrung mit 2 Schnitten nachdrehen:

$q = \sim 5$ mm², $a = \sim 3{,}85$ mm, $s = 0{,}13$ mm, $v = \sim 13{,}6$ m/Min., $n = \sim 14{,}5$ Umdr./Min.

$$t_{h_2} = \frac{l \cdot i}{n \cdot s} = \frac{720 \cdot 2}{14{,}5 \cdot 0{,}13} = \sim \ldots\ldots \quad 77 \text{ „}$$

3. Bohrung schlichten:

$a = \sim 0{,}5$ mm, $s = 1$ mm, $q = 0{,}5$ mm², $v = \sim 30$ m/Min. — 20 % $= \sim 24$ m/Min., $n = \sim 25$ Umdr./Min.

$$t_{h_3} = \frac{l \cdot i}{n \cdot s} = \frac{730 \cdot 1}{25 \cdot 1} = \sim \ldots\ldots \quad 29 \text{ „}$$

4. Beide Stirnflächen mit je 1 Schnitt vordrehen:

$a = 10$ mm, $s = 0{,}5$ mm, $q = \sim 5$ mm², $v = \sim 13{,}6$ m/Min., $n = \sim 6$ Umdr./Min. von 750—500 mm ⌀, $n = \sim 9{,}5$ Umdr./Min. von 500—260 mm ⌀

$$t_{h_4} = \frac{l \cdot i}{n \cdot s} = \frac{125 \cdot 2}{6 \cdot 0{,}5} + \frac{120 \cdot 2}{9{,}5 \cdot 0{,}5} = \sim 84 + 51 = \ldots\ldots \quad 135 \text{ „}$$

5. Beide Stirnflächen mit je 1 Schnitt schlichten:

$a = \sim 2{,}5$ mm, $s = 0{,}5$ mm, $q = 0{,}75$ mm², $v = \sim 25$ m/Min., $n = \sim 9{,}5$ Umdr./Min.

$$t_{h_5} = \frac{l \cdot i}{n \cdot s} = \frac{245 \cdot 2}{9{,}5 \cdot 0{,}5} = \sim \ldots\ldots \quad 103 \text{ „}$$

6. Beide inneren Kanten mit Fassonmesser abrunden:

$n = 6$ Umdr./Min., s von Hand $= \sim 0{,}2$ mm

$$t_{h_6} = \frac{l \cdot i}{n \cdot s} = \frac{7 \cdot 2}{6 \cdot 0{,}2} = \sim \ldots\ldots \quad 12 \text{ „}$$

$t_h =$ 456 Min.

Ein Zuschlag für Drehzahlenabfall wird nicht gegeben, da bei dieser überschläglichen Ermittlung die Drehzahlen doch nicht genau festliegen.

Nebenzeit: Aufspannen nach Tab. 28, S. 129 (Flächen sind gehobelt) .. 23 Min.
Abspannen .... 10 „
10mal Schnitt anstellen und messen .... 40 „
Stähle wechseln .... 15 „
t_n = 88 Min.

Grundzeit: $t_g = t_h + t_n = 456 + 88 = \sim$ .... 544 Min.

Stückzeit: $t_{st} = t_g \left(1 + \frac{V}{100}\right) = 544 \cdot 1{,}15 =$ .... ~ 626 „

---

2. An dem Kühlergehäuse Abb. 77 sind auf einem mittleren Bohrwerk beide Flanschen abzuflächen, überzudrehen und der rechte auszubohren.

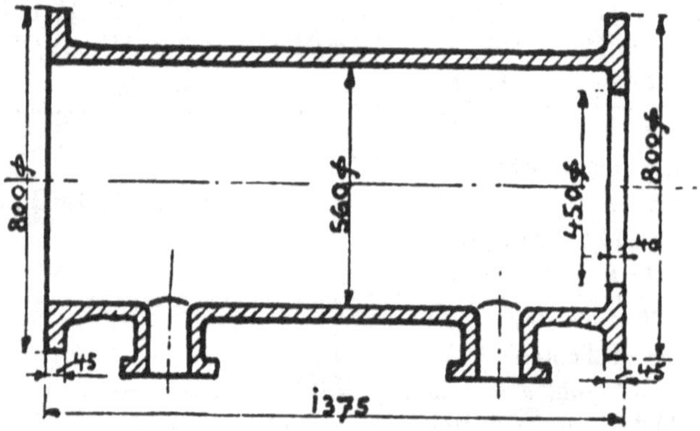

Abb. 77.

Die Bearbeitungszugabe betrage allseitig ca. 7 mm.

Einrichtezeit: geschätzt einschl. Verluste .... t_e = 20 Min.

Hauptzeit: 1. Beide Flanschen gleichzeitig mit 2 fliegenden Supporten abflächen und überdrehen:

$$l = \frac{800 - 450}{2} + 45 + \text{ca. } 20 \text{ mm Materialzugabe und Anschnitt}$$

$= \sim 240$ mm, $q = \sim 5$ mm², $v = \sim 17$ m/Min. — 20 %
$= \sim 13{,}6$ m/Min., $n = 5{,}4$ Umdr./Min., $s = \sim 0{,}7$ mm

$$t_{h_1} = \frac{l \cdot i}{n \cdot s} = \frac{240 \cdot 1}{5{,}4 \cdot 0{,}7} = \sim \text{ .... } 64 \text{ Min.}$$

2. Schlichten:

$q = 2 \cdot 0{,}7 = \sim 1{,}4$ mm², $v = \sim 24$ m/Min. — 20 % $= \sim 19{,}2$ m/Min.
$= \sim 7{,}7$ Umdr./Min.

$$t_{h_2} = \frac{l \cdot i}{n \cdot s} = \frac{220 \cdot 1}{7{,}7 \cdot 0{,}7} = \sim \text{ .... } 41 \text{ „}$$

3. Rechten Flansch ausbohren:
3 Schnitte, $q = \sim 2\ mm^2$, $v = 21\ m/Min. - 20\% = \sim 17\ m/Min.$,
$n = \sim 12$ Umdr./Min.

$$t_{h_3} = \frac{l \cdot i}{n \cdot s} = \frac{45 \cdot 3}{12 \cdot 0{,}7} = \sim \ldots\ldots \quad 16\ \text{Min.}$$

(Zuschlag für Drehzahlenabfall fällt fort) $t_h = 121$ Min.

Nebenzeit:	Aufspannen und ausrichten nach Tab. 29, S. 120	40 Min.
	11mal Schnitt anstellen und messen	45 „
	Stähle wechseln	15 „
	Gehäuse abspannen	20 „
		120 Min.

Grundzeit: $t_g = t_h + t_n = 121 + 120 = \ldots\ldots$ 241 „

Stückzeit: $t_{st} = t_g \left(1 + \frac{V}{100}\right) = 241 \cdot 1{,}18 = \ldots\ldots \sim 285$ „

g) Bohrmaschinen.

Die Berechnung der Laufzeit beim Bohren auf Bohrmaschinen geschieht in derselben Weise wie beim Drehen, wobei die Lochtiefe der Drehlänge gleichzusetzen ist. Es ist also hier mit $i = 1$

$$t = \frac{l}{n \cdot s} \ldots\ldots \text{Min.}$$

Die Wahl von Schnittgeschwindigkeit und Vorschub hat natürlich unter Berücksichtigung der für das Bohren eigentümlichen Werkzeuge zu erfolgen. Die Querschneide der Spiral- und Spitzbohrer hat negative Spanwinkel, wodurch starker Gegendruck und hohe Erwärmung hervorgerufen werden. Da beim Bohren außerdem mit schlechter Wärmeableitung zu rechnen ist, müssen mit Rücksicht auf die verhältnismäßig teuren Werkzeuge die Schnittgeschwindigkeiten also ganz erheblich niedriger gehalten werden als beim Drehen. Die hohe Beanspruchung der Bohrwerkzeuge durch Wärme erklärt auch die fast ausschließliche Verwendung von Schnellarbeitsstahl für diese Zwecke.

Der Spanquerschnitt, von dem die Schnittgeschwindigkeit sehr stark abhängt, wird beim Bohren aus Bohrerdurchmesser und dem halben Vorschub gebildet. Bei der hohen Wärmeentwicklung an der Schneide muß zur guten Abführung der Wärme der Meißelwinkel recht groß, d. h. bei gegebener Steigung der Spirale der Rücken- oder Anstellwinkel klein gehalten werden. Da andererseits ein kleiner Rückenwinkel mit wachsendem Vorschub den Vorschubdruck vergrößert und dadurch den Bohrer gefährdet, müssen zu wirklich wirtschaftlichem Arbeiten auch die Vorschübe ziemlich genau angepaßt werden. Als sehr einfaches und doch brauchbares Maß nehme man als Vorschub stets $^1/_{100}$ des Bohrerdurchmessers, also

$$s = 0{,}01 \cdot d \ \text{mm/Umdr.},$$

falls nicht geringe Stabilität des Werkstücks oder schlechte Einspannung zu kleineren Vorschüben zwingen. Diese Werte sind sicher durchführbar von 1 bis ca. 30 mm Bohrerdurchmesser. Darüber hinaus wird der Vorschub von $^1/_{100}$ Bohrerdurchmesser oft reichlich groß im Vergleich zu der Durchzugskraft der Maschine.

Mit diesen Werten für den Vorschub ergeben sich für folgende Bohrerdurchmesser die zugehörigen Spanquerschnitte:

Bohrerdurchmesser d in mm:	1	5	10	15	20	25	30	35
Spanquerschnitt q in mm²:	0,005	0,125	0,5	1,125	2	3,125	4,5	6,125

Bohrerdurchmesser in mm:	40	50	60	70	80	90	100
Spanquerschnitt q in mm²:	8	12,5	18	24,5	32	40,5	50

Es wäre natürlich verfehlt, wie dies früher geschehen ist, für diese unterschiedlichen Spanquerschnitte bei jedem Material nur eine Schnittgeschwindigkeit anzugeben. Werkstattversuche haben etwa die Werte ergeben, die in der Abb. 78 S. 126 dargestellt sind. Hierbei ist noch zu beachten, daß bei kleinem Bohrerdurchmesser die Schnittgeschwindigkeit durch die Höchstdrehzahl der Bohrspindel begrenzt wird und bei sehr großen Bohrerdurchmessern der Vorschub durch die Durchzugskraft der Maschine.

Soll z. B. ein Loch von 100 mm ⌀ in Stahl 34 : 11 gebohrt werden, so ist nach III, 3, S. 42ff. bei $s = 1$ mm:

die Vorschubleistung

$$N_1 = \frac{(k_1 \cdot s)\, d \cdot \sin\varphi \cdot n \cdot s}{2 \cdot 1000 \cdot 60 \cdot 75} = \frac{260 \cdot 100 \cdot 0{,}866 \cdot 11 \cdot 1}{2 \cdot 1000 \cdot 60 \cdot 75} = \sim 0{,}0276 \text{ PS, und}$$

die Schnittleistung

$$N_2 = \frac{(k_2 \cdot s) \cdot d^2 \cdot \pi \cdot n}{4 \cdot 1000 \cdot 60 \cdot 75} = \frac{510 \cdot 100^2\, \pi \cdot 11}{4 \cdot 1000 \cdot 60 \cdot 75} = \sim 9{,}8 \text{ PS}$$

$$N = \frac{N_1 + N_2}{\eta} = \frac{0{,}0276 + 9{,}8}{\sim 0{,}7} = \sim 14 \text{ PS,}$$

d. i. eine Leistung, die erst an einer Bohrmaschine zur Verfügung steht mit einer Antriebscheibe von 450 mm ⌀, 250 Umdr./Min. und 120 mm Riemenbreite!

Da der Stufungsfaktor bei Bohrmaschinen für die Drehzahlen sowohl wie für die Vorschübe sehr groß zu sein pflegt, können bei überschläglicher Laufzeitermittlung leicht sehr große Abweichungen der theoretischen von den praktisch einstellbaren Werten eintreten. Es ist hier also ganz besonders wichtig, genaue Rechnungsunterlagen durch Aufstellung von Maschinenkarten zu beschaffen.

Durchschnittswerte für Arbeiten an Bohrmaschinen.

Tabelle 30.

Zeiten für das erstmalige Einrichten von Bohrmaschinen.

Art und Größe der Bohrmaschine	Einrichtezeit in Minuten
Schnellbohrmaschinen für Löcher bis 20 mm Durchmesser	2—4
Säulen- und Wandbohrmaschinen für Löcher bis 50 mm Durchmesser	3—5
Radialbohrmaschinen für Löcher bis 75 mm Durchmesser	4—7
„ „ „ „ 100 „ „	5—10

Tabelle 31.

Zeiten für das Aufspannen und Ausrichten kastenförmiger Körper auf der Bohrmaschine.

Grundfläche ca. mm	Art des Aufspannens		Höhe in mm 100	200	400	600	800	1000	1250	1500
100 × 100	I	Min.	1,5	1,5						
150 × 70	II	„	2	2						
200 × 50	III	„	3	3						
		kg	2,6	5,2						
200 × 200	I	Min.	2	3	3,5					
300 × 135	II	„	3	3,5	4					
400 × 100	III	„	3,5	4	5					
		kg	11	21	44				ohne Kran	
									mit Kran	
300 × 300	I	Min.	3	3	6					
450 × 200	II	„	3,5	3,5	8					
600 × 150	III	„	4	4	9					
		kg	23	47	92					
400 × 400	I	Min.	3	5	7	8				
600 × 275	II	„	3,5	7	9	10				
800 × 200	III	„	4	8	10	12				
		kg	42	82	164	250				
600 × 600	I	Min.	6	7	8	10	11			
900 × 400	II	„	7	8	10	12	14			
1200 × 300	III	„	9	10	12	15	17			
		kg	94	186	375	565	750			
800 × 800	I	Min.	6	7	9	11	13	15	17	18
1200 × 550	II	„	8	10	12	15	17	19	21	23
1600 × 400	III	„	9	12	15	18	20	23	25	27
		kg	165	330	660	1000	1300	1660	2100	2500
1000 × 1000	I	Min.	7	10	12	14	16	18	19	21
1500 × 700	II	„	8	12	15	17	20	22	25	27
2000 × 500	III	„	10	14	17	21	24	26	30	32
		kg	260	520	1040	1560	2050	2600	3250	3900
1500 × 1500	I	Min.	9	12	15	17	20	22	24	26
2250 × 1000	II	„	Kommt wegen der Größe nicht in Frage							
3000 × 750	III	„	13	17	22	25	30	33	35	38
		kg	580	1160	2300	3500	4700	5800	7300	8700

Das gerechnete Gewicht entspricht ungefähr $^1/_3$ des Gewichtes voller Körper von denselben Abmessungen.

I = einfaches Aufspannen auf rohe oder bearbeitete Fläche ohne genaues Ausrichten.

II = Aufspannen und Ausrichten unter Benutzung eines Spannwinkels.

III = Auf rohe Flächen stellen und nach Riß oder bearbeiteter Fläche ausrichten. — Desgleichen schwieriges Ausrichten infolge ungünstiger Form.

Tabelle 32.

Nebenzeiten beim Bohren von Löchern ohne Berücksichtigung der Aufspannzeiten für das Arbeitsstück.

Loch ⌀ mm	Loch-tiefe mm	Bohrer spannen Min.	Nachkörnen nach Riß	Bohrer mehrmals herausheben	Loch ⌀ mm	Loch-tiefe mm	Bohrer spannen Min.	Nachkörnen nach Riß	Bohrer mehrmals herausheben
10	25	0,5	0,5	—	25	75	0,7	0,7	1,0
10	50	0,5	0,5	0,25	25	100	0,7	0,7	1,5
10	75	0,5	0,5	0,50					
10	100	0,5	0,5	1,00	30	25	0,7	1	—
					30	50	0,7	1	0,5
15	25	0,5	0,5	—	30	75	0,7	1	1,0
15	50	0,5	0,5	0,25	30	100	0,7	1	1,5
15	75	0,5	0,5	0,50					
15	100	0,5	0,5	1,00	40	25	0,8	1,2	—
					40	50	0,8	1,2	0,5
20	25	0,5	0,7	—	40	75	0,8	1,2	1,0
20	50	0,5	0,7	0,5	40	100	0,8	1,2	1,5
20	75	0,5	0,7	1,0					
20	100	0,5	0,7	1,5	50	25	1	1,5	—
					50	50	1	1,5	0,5
25	25	0,7	0,7	—	50	75	1	1,5	1,0
25	50	0,7	0,7	0,5	50	100	1	1,5	2,0

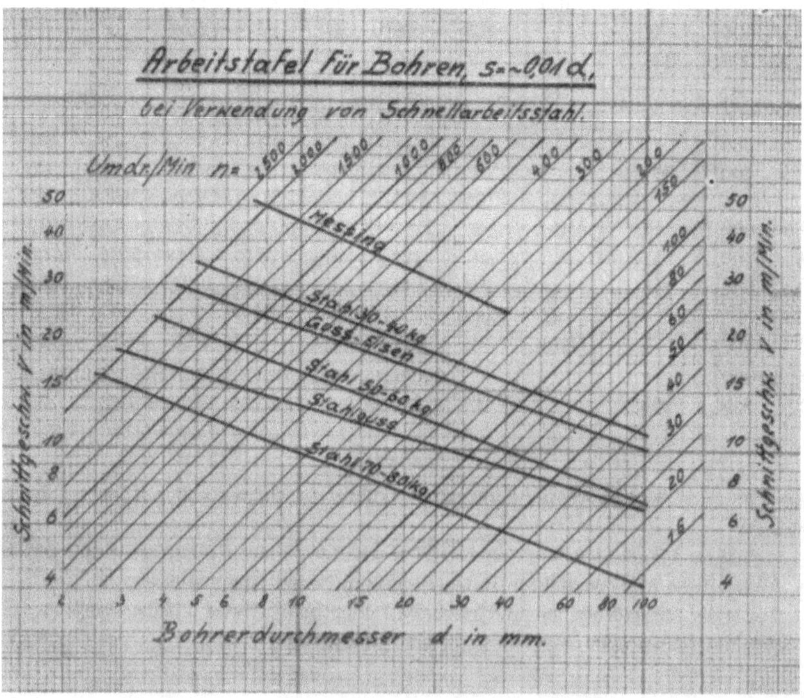

Abb. 78.

Übungsbeispiel.

Für eine zweiteilige Hülsenkupplung nach Abb. 79 soll ein Abstich von St. 37.11, 130 mm ⌀ auf der Bohrmaschine mit 43 mm vorgebohrt werden.

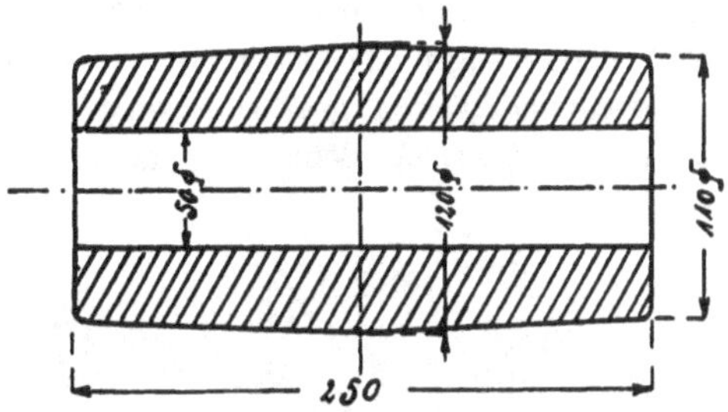

Abb. 79.

Einrichtezeit: Nach Tab. 30 S. 124 .... ~ 5 Min.
Zeichnung und Werkzeug besorgen .... 5 „

t_e einschl. Verluste = ~ 10 Min.

Hauptzeit: $l = 250 + \text{ca. } 30 = \sim 280$ mm, $s = \sim 0{,}4$ mm/Umdr., n nach Arbeitstafel S. 126 = ~ 110 Umdr./Min.

$t_h = \dfrac{l}{n \cdot s} = \dfrac{280}{110 \cdot 0{,}4}$; + ~ 7 % = ~ .... 6,8 Min.

Nebenzeit: Einspannen und ausspannen .... 2 „
Umspannen .... 1 „
Bohrer einspannen nach Tab. 32 .... 1 „
Bohrer mehrmals herausheben nach Tab. 32 .... 2 „
2mal ansetzen und einrücken .... 0,5 „

t_n = 6,5 Min.

Grundzeit: $t_g = t_h + t_n = 6{,}8 + 6{,}5 = \sim$ .... 13,3 „

Stückzeit: $t_{st} = t_g \left(1 + \dfrac{V}{100}\right) = 13{,}3 \cdot 1{,}15 =$ .... ~ 15,5 „

---

h) Fräsmaschinen.

Der Vorgang des Fräsens unterscheidet sich von den bisher besprochenen Zerspanungsarten grundsätzlich dadurch, daß auch bei konstanter Schnittiefe und Breite der Spanquerschnitt selbst nicht konstant ist, sondern bei jeder Umdrehung an jedem Schneidzahne neu entsteht und im elementarsten Fall von 0 bis zu einem Höchstwert $b \cdot \frac{s}{z} \cdot \sin \alpha$ stetig wächst. (Vgl. III, 3, S. 43). Falls nur immer ein Zahn im Eingriff ist, würde hierdurch eine starke Ungleichförmigkeit in der Belastung der Maschine eintreten (unruhiger Gang, Rattern), die aber durch Verwendung von Spiralfräsern ausgeglichen werden kann.

Da sich der Vorschub je Umdrehung auf die Anzahl der Fräserzähne verteilt, entstehen nur sehr dünne Späne, die keine übermäßige Wärmeentwicklung hervorrufen. Nach dem Abreißen des Spans durchläuft der erwärmte Fräserzahn außerdem noch den größten Teil jeder Umdrehung ohne zu arbeiten, währenddessen er gut gekühlt werden könnte. Eine Fräserschneide könnte also eigentlich viel höhere Schnittgeschwindigkeiten vertragen, als eine Drehstahlschneide. Wenn man heute trotzdem noch mit mäßigen Schnittgeschwin digkeiten beim Fräsen arbeitet, so geschieht das mit Rücksicht auf die teuren Werkzeug und ihre Instandhaltung, auf Zeitersparnis für den Fräserwechsel und wegen der Un möglichkeit bei den meisten Fräsmaschinen, ausgiebig zu kühlen und Späne fortzuspülen

Da bei geringen Schnittiefen die Eingriffsdauer jeden Zahnes auch sehr gering ist, kan hier mit höheren Schnittgeschwindigkeiten gearbeitet werden als bei großen Schnitt tiefen. Für das Fräsen mit Walzenfräsern aus Schnellstahl kommen etwa folgende Schnitt geschwindigkeiten in Frage:

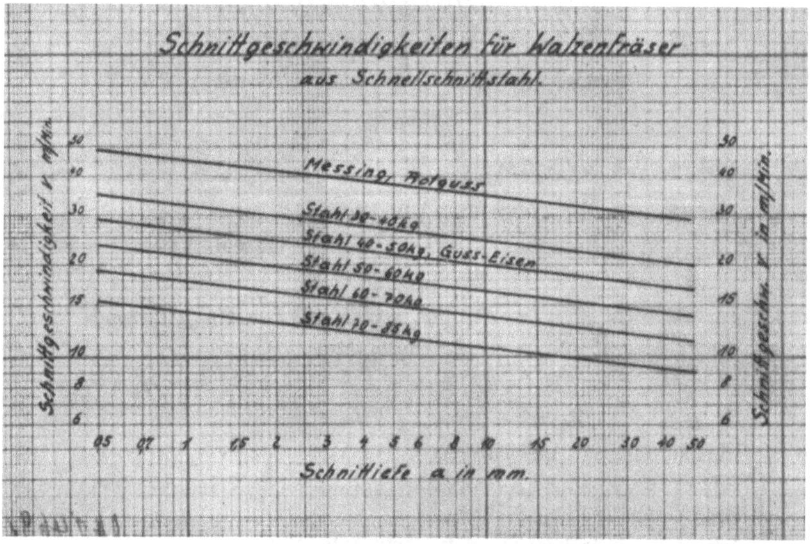

Abb. 80.

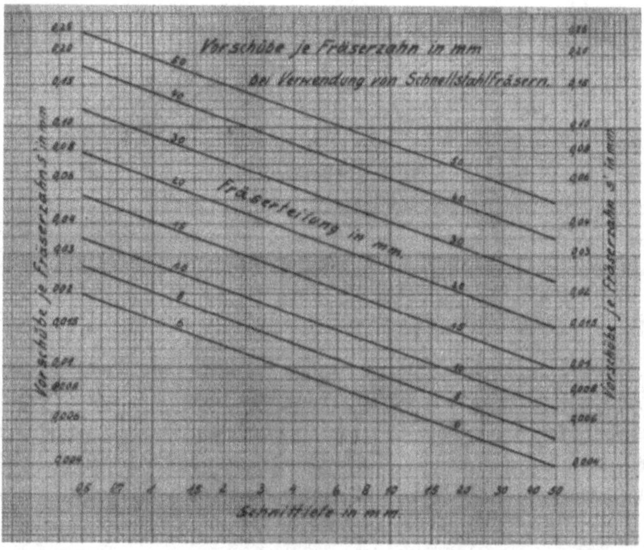

Abb. 81.

Die Vorschübe sind in erster Linie von der Schnittiefe und von der Teilung des Fräsers abhängig. Bei geringen Schnittiefen entsteht ein kurzer Span, der zu seiner Entwicklung nicht viel Raum benötigt, und der deshalb (bei gleicher Fräserteilung) stärker sein darf als ein Span bei großen Schnittiefen. Man kann also feingezahnte Fräser nur für geringe Schnittiefen und kleine Vorschübe verwenden und arbeitet bei großen Schnittiefen zweckmäßig mit grob geteilten, spiralverzahnten Fräsern. Als Richtlinien für die Bemessung der Fräserleistung können etwa die Werte der Abbildung 81 dienen.

Der Vorschub für den Fräser je Umdrehung ergibt sich also aus dem gefundenen Zahlenwert und der Zähnezahl des Fräsers: $s = z \cdot s'$ ... mm/Umdr. Somit errechnet sich die Laufzeit beim Fräsen genau wie beim Hobeln, Bohren und Drehen:

$$t_h = \frac{l \cdot i}{n \cdot s} \text{.... Min.}$$

Bei der Fräslänge ist zu berücksichtigen, daß der Fräser eine Anschnittstrecke braucht, ehe er das Material in voller Schnittiefe angreift. Dieser Anlauf muß in der Fräslänge enthalten sein. Er ist in Abb. 17 S. 44 gleich der Höhe in dem großen rechtwinkligen Dreieck mit den gestrichelten Katheten und beträgt:

$$A_l = \sqrt{a \cdot (d - a)} \text{ .... mm.}$$

Nachstehend eine Tabelle der fertig errechneten Anlaufwerte:

Anlaufwerte in mm

Frästiefe	Fräserdurchmesser d mm									
a mm	40	50	60	70	80	90	100	110	120	150
1	6,2	7	7,7	8,3	8,9	9,4	10,0	10,5	10,9	12,2
2	8,7	9,8	10,8	11,7	12,5	13,3	14,0	14,7	15,4	17,2
3	10,5	11,9	13,2	14,2	15,2	16,2	17,1	17,9	18,7	21,0
4	12,0	13,6	15,0	16,3	17,4	18,5	19,6	20,6	21,6	24,2
5	13,2	15,0	16,6	18,0	19,4	20,6	21,8	22,9	24,0	26,9
6	14,3	16,2	18,0	19,6	21,0	22,4	23,7	25,0	26,2	29,4
8	16,0	18,3	20,4	22,3	24,0	25,6	27,1	28,6	30,0	33,7
10	17,3	20,0	22,4	24,5	26,4	28,3	30,0	31,6	33,2	37,4
12	18,4	21,3	24,0	26,4	28,6	30,6	32,5	34,3	36,0	40,7
15	19,4	22,9	26,0	28,7	31,3	33,6	35,7	37,7	39,7	45,0
18		24,0	27,5	30,6	33,4	36,0	38,4	40,7	42,8	48,8
20		24,5	28,3	31,6	34,6	37,4	40,0	42,4	44,7	51,0
22			28,9	32,5	35,7	38,7	41,4	44,0	46,4	53,0
25			29,6	33,6	37,1	40,3	43,3	46,1	48,7	56,0
30				34,8	38,8	42,5	45,8	49,0	52,0	60,0
35					39,7	43,8	47,6	51,3	54,6	63,4
40						44,7	49,0	53,0	56,6	66,5

Tabelle 33.

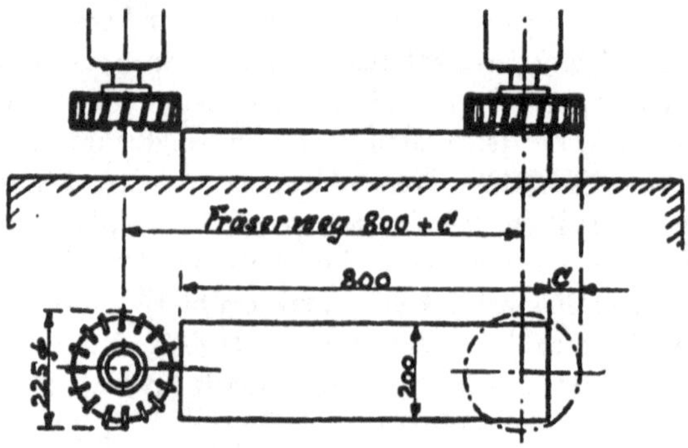

Abb. 82.

In der gleichen Weise ist beim Fräsen mit Messerköpfen und Stirnfräsern der Überlauf zu berücksichtigen, der in Abb. 82 mit c bezeichnet ist. Bei einer Fräsbreite b wird $\left(\frac{b}{2}\right)^2 = c \cdot (d - c)$. Hieraus ergibt sich

$$c = \frac{d}{2} (\pm) \frac{1}{2} \sqrt{d^2 - b^2} \ldots \text{ mm}$$

Über die Größe dieses Zusatzwertes gibt die folgende Tafel einige Angaben.

Tabelle 34.

	Fräser-Durchmesser mm							
	75	100	125	150	175	200	225	250
Fräsbreite mm	Zusatzwerte in mm							
50	10	6,5	5	4				
75	37,5	16	12,5	10	8	7		
100		50	24	18,5	15	13	11,5	10
125			62,5	33	26	22	19	16
150				75	42	33	27,5	24
175					87,5	51	41	35
200						100	58	50
225							112	68
250								125

Zum Überschlagen genügt die Berechnung der Laufzeit nach dem Vorschub in der Minute. Sie ist insofern vorteilhaft, als man nur nötig hat, die ganze Arbeitslänge durch den minutlichen Vorschub zu dividieren, um die Laufzeit für 1 Schnitt zu erhalten.

Beispiel 1: 1 Fläche 800 mm lang und 200 mm breit in Gußeisen mit 2 Schnitten fräsen. Die Bearbeitungszugabe sei ca. 9 mm, der Durchmesser des Messerkopfes = 225 mm, die Schnittlänge ist = 800 + 58 = 858 mm. Dann ist nach Tab. 37

die Laufzeit für den 1. Schnitt

$$th_1 = \frac{858}{23} = 37 \text{ Min.}$$

die Laufzeit für den Schlichtschnitt

$$th_2 = \frac{858}{37} = 23 \text{ Min.}$$

Beispiel 2: 1 Platte aus Schmiedeeisen 685 mm lang, 135 mm breit, mit 2 Schnitten fräsen; Bearbeitungszugabe sei 5 mm.

Laufzeit für den 1. Schnitt .... $th_1 = \frac{685}{36} = \sim 19$ Min.

Laufzeit für den Schlichtschnitt............................ $th_2 = \frac{685}{46} = \sim 15$ „

$th = 34$ Min.

Durchschnittswerte für Arbeiten an Fräsmaschinen.

a) Walzenfräser, Messerköpfe und Stirnfräser.

Tabelle 35.

Zeiten in Minuten für das erstmalige Einrichten von Langfräsmaschinen.

Größter Abstand vom Tisch bis Spindelmitte	Tischlänge in m: bis 2	Tischlänge in m: 2—3,5	Tischlänge in m: 3,5—5
	Minuten	Minuten	Minuten
bis 300	12	16	20
300—600	16	22	26
600—1000	23	27	30

In obigen Zeiten ist enthalten:
1. das Reinigen der Maschine,
2. das Wechseln des Fräsers,
3. das Befestigen der Spannvorrichtung (Schraubstock, Spanneisen, Schrauben usw.) auf dem Tisch,
4. das Einstellen des Fräsers auf Höhe.

Tabelle 36.

Zeiten für das Aufspannen und Ausrichten kastenförmiger Körper mit gerader Auflagefläche auf gewöhnlichen Ständer- oder Langfräsmaschinen.

Grundfläche mm	Art des Aufspannens		Höhe in mm							
			100	200	300	400	600	800	1000	1500
200 × 200	I	Min.	4	4	4	5				
270 × 250	II	„	6	6	6	7				
400 × 100		kg	11	21	31	42			ohne Kran	
									mit Kran	
300 × 300	I	Min.	4	4	7	8				
400 × 225	II	„	6	6	10	12				
600 × 150		kg	23	47	70	93				
400 × 400	I	Min.	4	8	8	9	11			
550 × 300	II	„	6	10	12	13	15			
800 × 200		kg	42	84	125	165	250			
600 × 600	I	Min.	8	9	10	11	13	15		
800 × 450	II	„	10	12	13	15	17	22		
120 × 300		kg	94	188	285	375	470	750		
800 × 800	I	Min.	10	11	13	14	17	19	21	24
1100 × 600	II	„	14	16	18	20	24	27	30	34
1600 × 400		kg	165	330	500	660	1000	1300	1660	2500
1000 × 1000	I	Min.	13	14	15	17	20	23	25	28
1350 × 750	II	„	17	19	21	24	28	32	35	40
2000 × 500		kg	260	520	780	1040	1550	2050	2600	3900
1500 × 1500	I	Min.	15	17	20	23	26	28	31	34
2000 × 1125	II	„	22	25	29	32	36	40	44	48
3000 × 750		kg	580	1160	1750	2300	3500	4700	5800	8700

Die Gewichtsangaben entsprechen ungefähr $^1/_3$ des Gewichtes voller Körper von denselben Abmessungen.

I = einfaches Ausrichten nach rohen Flächen.

II = Ausrichten nach gevorzeichnetem Riß.

Für jedes Umspannen auf eine bearbeitete Fläche sind 80% der Werte aus Gruppe I einzusetzen.

Zeiten für das Einspannen und Ausrichten kastenförmiger Körper im Schraubstock der Tischfräsmaschine (vgl. Tab. 6, S. 60).

Tabelle 37.

Minutliche Vorschübe für mittlere Ständer- und Tischfräsmaschinen bei Verwendung von Walzenfräsern aus Schnellschnittstahl.

Material	Festigkeit kg pro mm^2	Fräsbreite mm	Bei einer Schnittiefe t = 2—6 mm beträgt der Vorschub pro Minute ca. mm	Bei einer Schnittiefe t = 7—10 mm beträgt der Vorschub pro Minute ca. mm	Beim Schlichten beträgt der Vorschub pro Minute ca. mm
		50—100	17	14	23
Chrom-Nickelstahl	80	125—200	15	12	20
		225—300	12	10	16
		50—100	22	18	29
Chrom-Nickelstahl	70	125—200	19	15	25
		225—300	16	13	22
		50—100	27	22	36
Nickelstahl und Stahlguß	60	125—200	23	19	31
		225—300	19	15	25
		50—100	30	24	40
Nickelstahl und Stahlguß	50	125—200	25	20	33
		225—300	21	17	28
		50—100	33	27	43
Gußeisen und harte Bronze	—	125—200	28	23	37
		225—300	23	19	30
		50—100	36	30	47
Stahl 40—50 kg/mm^2	—	125—200	30	25	39
		225—300	25	20	32
		50—100	42	34	53
Stahl 30—40 kg/mm^2	—	125—200	36	29	46
		225—300	29	24	37
		50—100	45	36	58
Weiche Bronze	—	125—200	38	30	50
		225—300	31	25	40
		50—100	50	40	65
Rotguß und Messing	—	125—200	45	36	58
		225—300	40	32	50

Tabelle 38.

Minutliche Vorschübe für größere Ständer- und Langfräsmaschinen bei Verwendung von Walzenfräsern aus Schnellschnittstahl.

Material	Festigkeit kg pro mm²	Fräsbreite mm	Bei einer Schnittiefe t = 4—8 mm beträgt der Vorschub pro Minute ca. mm	Bei einer Schnittiefe t = 10—15 mm beträgt der Vorschub pro Minute ca. mm	Beim Schlichten beträgt der Vorschub pro Minute ca. mm
		50—100	21	17	28
Chrom-Nickelstahl	80	125—200	19	15	24
		225—300	15	12	19
		50—100	27	22	35
Chrom-Nickelstahl	70	125—200	24	19	30
		225—300	20	16	27
		50—100	34	27	43
Nickelstahl und Stahlguß	60	125—200	29	23	37
		225—300	24	19	30
		50—100	38	30	48
Nickelstahl und Stahlguß	50	125—200	31	25	40
		225—300	26	21	34
		50—100	41	33	51
Gußeisen und harte Bronze	—	125—200	35	28	44
		225—300	29	23	38
		50—100	45	37	56
Stahl 40—50 kg/mm²	—	125—200	38	32	47
		225—300	32	25	40
		50—100	53	42	64
Stahl 30—40 kg/mm²	—	125—200	45	36	55
		225—300	36	30	45
		50—100	56	45	70
Weiche Bronze	—	125—200	48	37	60
		225—300	40	32	50
		50—100	62	50	80
Rotguß und Messing	—	125—200	56	45	70
		225—300	50	40	62

Tabelle 39.

Minutliche Vorschübe für größere Ständer- und Langfräsmaschinen bei Verwendung von Walzenfräsern aus Werkzeuggußstahl.

Material	Festigkeit kg pro mm^2	Fräsbreite mm	Bei einer Schnittiefe t = 4—8 mm beträgt der Vorschub pro Minute ca. mm	Bei einer Schnittiefe t = 10—15 mm beträgt der Vorschub pro Minute ca. mm	Beim Schlichten beträgt der Vorschub pro Minute ca. mm
		50—100	21	16	32
Stahlguß	60	125—200	18	14	28
		225—300	15	12	24
		50—100	23	18	36
Stahlguß	50	125—200	19	15	30
		225—300	16	13	26
		50—100	25	20	40
Gußeisen und harte Bronze	—	125—200	21	17	34
		225—300	18	14	82
		50—100	27	22	44
Stahl 40—50 kg/mm^2	—	125—200	23	19	38
		225—300	19	15	30
		50—100	32	25	50
Stahl 30—40 kg/mm^2	—	125—200	27	22	44
		225—300	22	18	36
		50—100	34	27	54
Weiche Bronze	—	125—200	29	22	44
		225—300	24	19	38
		50—100	37	30	60
Rotguß und Messing	—	125—200	33	27	54
		225—300	30	24	48

Die Werte der Tabellen 37—48 gelten für Fräser mit normaler Zahnteilung; vgl. Abb. 81.

Tabelle 40.

Minutliche Vorschübe für mittlere Ständer- und Tischfräsmaschinen bei Verwendung von Walzenfräsern aus Werkzeuggußstahl.

Material	Festigkeit kg pro Min.	Fräsbreite mm	Bei einer Schnitttiefe $t =$ 2—6 mm beträgt der Vorschub pro Minute ca. mm	7—10 mm ca. mm	Beim Schlichten beträgt der Vorschub pro Minute ca. mm
Stahlguß	60	50—100	16	13	27
		125—200	14	11.5	23
		225—300	12	9	19
Stahlguß	50	50—100	18	15	30
		125—200	15	12	25
		225—300	13	10	21
Gußeisen und harte Bronze	—	50—100	20	16	32
		125—200	17	14	28
		225—300	14	11	23
Stahl 40—50 kg/mm²	—	50—100	22	18	35
		125—200	18	15	29
		225—300	15	12	24
Stahl 30—40 kg/mm²	—	50—100	25	20	40
		125—200	22	17	35
		225—300	17	14	28
Weiche Bronze	—	50—100	27	22	43
		125—200	23	18	37
		225—300	19	15	30
Rotguß und Messing	—	50—100	30	24	49
		125—200	27	21	43
		225—300	24	19	38

Die vorstehend angegebenen Werte beziehen sich auf Fräsmaschinen älterer Konstruktion bei Verwendung der gewöhnlichen Walzen- und Stirnfräser. Stehen jedoch moderne Schnellfräsmaschinen zur Verfügung, auf denen hochleistungsfähige Walzenfräser mit großem Spiralwinkel (z. B. Patent Koch) zur Anwendung kommen (siehe Abb. 83), so lassen sich die oben angegebenen minutlichen Vorschübe um das Doppelte und Dreifacke steigern.

Bei Verwendung dieser Maschinen und Werkzeuge lassen sich z. B. bei Bearbeitung von Flächen in Stahl von 40—50 kg/mm² je nach Flächenbreite und Schnittiefe Vorschübe von 100 bis 225 mm pro Minute im Dauerbetrieb ohne Schwierigkeit erzielen.

b) Nutenfräser.

Das Einfräsen von Keilnuten in Wellen usw. geschieht sowohl durch Fräsbohrer als auch durch Scheibenfräser (Abb. 83—86).

Über die zulässige Schnittiefe bezw. den Vorschub pro Minute gibt die nächste Tafel genaue Angaben. Bei annähernd gleicher Schnittiefe kann der Vorschub bei Benutzung eines Scheibenfräsers naturgemäß bedeutend größer angenommen werden, als es der Fräsbohrer gestattet; man wird deshalb alle Nuten, die an den Enden nicht ausgerundet zu sein brauchen, mit dem Scheibenfräser herstellen; eventuell fräst man mit dem Scheibenfräser bis auf die erforderliche Tiefe und benutzt den Fräsbohrer dann nur zum Ausrunden beider Nutenenden.

Abb. 83.

Abb. 84. Schaftfräser (Fräsbohrer).

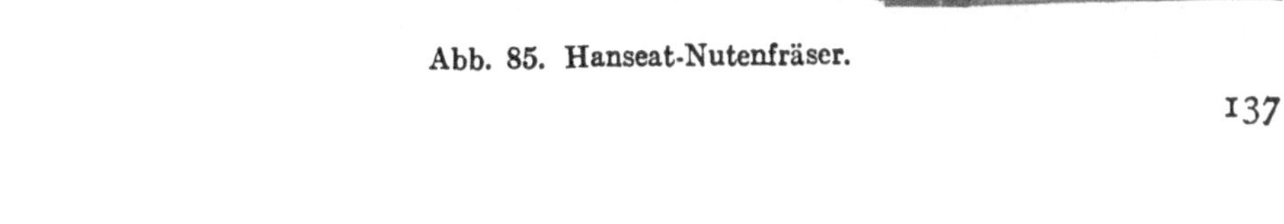

Abb. 85. Hanseat-Nutenfräser.

Abb. 86.

Tabelle 41.

Schnittiefe und Vorschub beim Fräsen von Keilnuten in Stahl an Maschinen älterer Konstruktion bei Verwendung von Fräsern aus Schnellschnittstahl.

Nutenbreite	Fräsbohrer		Scheibenförmiger Nutenfräser		
	Zulässige Schnittiefe mm	Vorschub pro Minute mm	Zulässige Schnittiefe mm	Vorschub pro Minute mm	Beim
—10	3	20	3	30	Schruppen
	0,2	30	0,2	45	Schlichten
11—20	4	20	4	30	Schruppen
	0,2	30	0,2	45	Schlichten
21—30	5,5	15	6	25	Schruppen
	0,2	23	0,3	38	Schlichten
31—40	8	12	8	20	Schruppen
	0,2	18	0,3	30	Schlichten
41—60	10	10	10	15	Schruppen
	0,2	15	0,3	22	Schlichten

Für die Berechnung der Laufzeit je ein Beispiel für Fräsbohrer und Scheibenfräser.

Beispiel für Fräsbohrer[1]: Eine Keilnut fräsen 15 mm breit, 6 mm tief, 175 mm lang. Da die zulässige Schnittiefe nur 4 mm beträgt, sind 2 Schruppschnitte und, vorausgesetzt, daß die Nut auch im Grunde sauber sein soll, noch 1 Schlichtschnitt zu rechnen.

[1] Abb. 84.

Es ist die Laufzeit für den 1. Schnitt .... $th_1 = \frac{175}{21} = \sim 8{,}5$ Min.

für den 2. Schnitt .... $th_2 =$ ebenfalls 8,5 Min.

für den Schlichtschnitt .... $th_3 = \frac{175}{32} = \sim 5{,}5$ Min.

$th =$ 22,5 Min.

Beispiel für Scheibenfräser:[1] Eine Keilnut fräsen 35 mm breit, 7 mm tief, 250 mm lang; erforderlich sind 1 Schruppschnitt und 1 Schlichtschnitt.

Die Laufzeit für den Schruppschnitt ist .... $th_1 = \frac{250}{20} = 12{,}5$ Min.,

für den Schlichtschnitt .... $th_2 = \frac{250}{30} = 8{,}5$ Min.

$th =$ 21 Min.

Tabelle 42.

Schnittiefe und Vorschub beim Fräsen von Keilnuten in Stahl an Maschinen älterer Konstruktion bei Verwendung von Fräsern aus Werkzeuggußstahl.

Nutenbreite mm	Fräsbohrer Zulässige Schnittiefe mm	Fräsbohrer Vorschub pro Minute mm	Scheibenförmiger Nutenfräser Zulässige Schnittiefe mm	Scheibenförmiger Nutenfräser Vorschub pro Minute mm	
					Beim
—10	3	12	3	20	Schruppen
	0,2	20	0,2	30	Schlichten
11—20	4	12	4	20	Schruppen
	0,2	20	0,2	30	Schlichten
21—30	5,5	10	6	17	Schruppen
	0,2	15	0,3	25	Schlichten
31—40	8	8	8	14	Schruppen
	0,2	12	0,3	20	Schlichten
41—60	10	6,5	10	10	Schruppen
	0,2	10	0,3	15	Schlichten

Wesentlich höhere Leistungen sind mit Fräsern, wie dem Hanseat-Nutenfräser[2], zu erzielen, der die Keilnuten auch bei großer Tiefe mit nur einem Schnitt fräst. Mittels der radialen Schneiden an der Stirnfläche bohrt der Fräser bis auf die erforderliche Tiefe der Nut in das Material hinein und fräst dann mittels der achsialen Längsschneiden das Material der ganzen Nutenlänge mit einem Schnitt heraus.

Die Firma Albert Kämmerer, Düsseldorf, macht über die von ihr fabrizierten Hanseat-Nutenfräser folgende Leistungsangaben:

[1] Abb. 86. [2] Abb. 85.

Tabelle 43.

Nutenbreite mm	Spannhöhe mm	Umdrehungen Spezialstahl	Umdrehungen Schnelldrehstahl	Vorschub pro Minute Spezialstahl mm	Vorschub pro Minute Schnelldrehstahl mm
5	1,75—3,5	1000	2550	50—100	125—250
8	2,75—5,5	625	1600	30—60	80—160
10	3,25—6,5	500	1300	25—50	65—130
15	5—10	340	850	17—35	40—85
20	7—14	250	635	12—25	30—65
25	9—18	200	510	10—20	25—50
30	10—20	170	425	8—17	20—40
40	14—28	125	320	6—13	16—32
50	17—34	100	255	5—10	13—26
60	20—40	85	210	4—8	11—22

Keilnuten in Stahl von ca. 50 kg Festigkeit[1].

Keilnute 12 mm breit, 6 mm tief, 210 mm lang, 10 Minuten Fräsdauer
„ 12 „ „ 7 „ „ 210 „ „ 10 „ „
„ 12 „ „ 9 „ „ 210 „ „ 10 „ „
„ 12 „ „ 10 „ „ ebenfalls mit 21 mm Vorschub in der Minute.

c) Kreissägen.

Die Kreissägen werden zum Durchschneiden von Platten, Schienen und Gußstücken usw. verwendet. Die folgende Tafel gibt zuverlässige Werte für die Laufzeitberechnung unter Berücksichtigung des Materials und der Schnittiefe.

Tabelle 44.

Durchschnittswerte für minutliche Vorschübe von Kreissägen auf Fräsmaschinen.

Material	Schnitttiefe mm	Vorschub pro Minute mm	Material	Schnitttiefe mm	Vorschub pro Minute mm
Stahlguß	3—7	10	Stahl 30—40 kg	3—7	13
„	8—15	7	und	8—15	9
„	20—30	5	Aluminium	20—30	6
„	35—45	4		35—45	4
			Bronze		
Gußeisen	3—7	15	„	3—7	20
„	8—15	12	„	8—15	15
„	20—30	8	„	20—30	10
„	35—45	6		35—45	8
			Rotguß		
Stahl 40—50 kg	3—7	12	„	3—7	25
„	8—15	8	„	8—15	20
„	20—30	6	„	20—30	14
„	35—45	4		35—45	10

Bei der Berechnung der Laufzeit ist noch ein Zuschlag für den Auslauf der Säge zu machen (s. Tabelle S. 130).

[1] Angaben der Firma A. Kämmerer-Düsseldorf.

d) Winkel- und Formfräser.

Die dargestellten Fräser werden zum Fräsen von Nuten in Fräser, Senker, Reibahlen, Spiralbohrer und Gewindebohrer benutzt. (Abb. 87—90.)

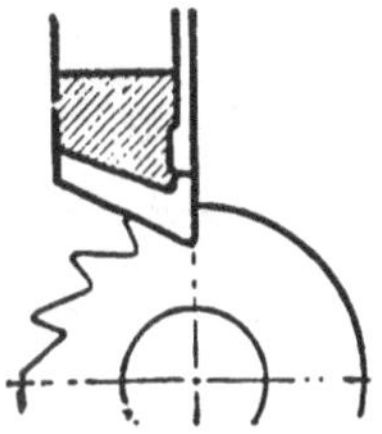

Abb. 87.

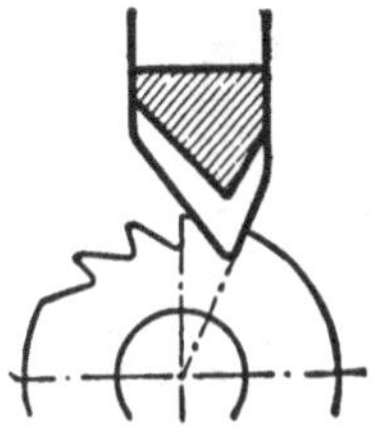

Abb. 88.

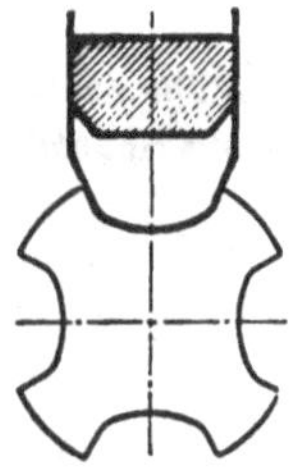

Abb. 89.

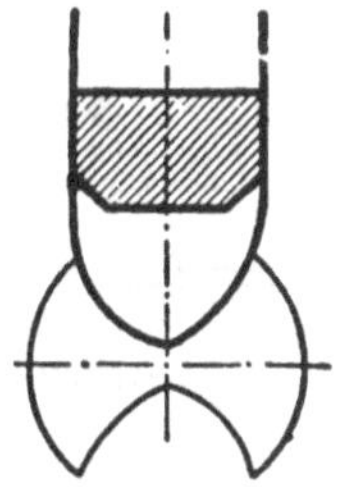

Abb. 90.

Über die minutlichen Vorschübe gibt die nächste Tabelle 45 Auskunft.

Tabelle 45.

Minutliche Vorschübe für Winkel- und Formfräser.

Schnittiefe	Werkstück aus geglühtem Gußstahl		Werkstück aus Schnellschnittstahl	
	Fräser aus		Fräser aus	
	Schnellstahl	Gußstahl	Schnellstahl	Gußstahl
	Vorschub pro Minute			
ca. mm	ca. mm	ca. mm	ca. mm	ca. mm
—5	60	40	48	kommt
6—10	50	33	40	nicht
11—15	42	28	33	in
16—20	36	24	29	Frage
21—25	32	21	26	

e) Arbeiten auf Rundfräsmaschinen.

Die Rundfräsmaschine wird in vielen Fällen an Stelle der Drehbank benutzt unter Anwendung geeigneter Satz- und Profilfräser.

Der Hauptvorteil dieser Maschinen besteht darin, daß ein Mann gleichzeitig 3—5 Maschinen bedienen kann.

Alle erforderlichen Angaben enthält die nächste Tafel.

Für das Einrichten der Maschine sind 10—15 Minuten einzusetzen.

Tabelle 46.

Minutliche Vorschübe an Rundfräsmaschinen für Fräser aus Schnellschnittstahl. **Aufspannzeiten.**

	Fräsbreite mm	Vorschub pro Min. ca. mm 1. Schnitt	2. Schnitt	3. Schnitt	Äußerer Durchm. d. Arbeitsstückes mm	Breite des Arbeitsstückes mm	Aufspannzeit in Minuten
Stahlguß	25—50	28	42	42	50	25—75	5
	50—75	26	39	39		100—150	6
	75—100	24	36	36			
	100—125	22	33	33	100	25—75	5
	125—150	20	30	30		100—150	6
Gußeisen u. harte Bronze	25—50	32	48	48	150	25—75	6
	50—75	30	45	45		100—150	7
	75—100	28	42	42			
	100—125	26	39	39	200	25—75	6
	125—150	24	36	36		100—150	7
SM.-Stahl	25—50	36	54	54	250	25—75	7
	50—75	33	48	48		100—150	8
	75—100	30	45	45			
	100—125	28	42	42	300	25—75	7
	125—150	26	39	39		100—150	9
Weiche Bronze	25—50	44	60	60	350	25—75	8
	50—75	41	57	57		100—150	10
	75—100	38	53	53			
	100—125	35	50	50	400	25—75	8
	125—150	32	45	45		100—150	10
Rotguß u. Messing	25—50	50	65	65	450	25—75	9
	50—75	48	62	62		100—150	
	75—100	46	58	58			
	100—125	43	54	54	500	25—75	10
	125—150	40	50	50		100—150	12

Der 3. Schnitt kommt nur für sehr genaue Arbeiten in Frage.

Abb. 91

Die in der Tafel angegebenen minutlichen Vorschübe verstehen sich für das Fräsen gerader Umfangsflächen wie an Riemenscheiben, Stirnrädern usw. — Für das Fräsen profilierter Umfangsflächen wie Randscheiben, Kegel- und Schneckenräder usw. sind die Werte der Tafel um 20 % zu reduzieren.

Die Aufspannzeiten sind eingesetzt für 1 Stück bei Anfertigung von ca. 3 Stück und sind bei größerer Anzahl entsprechend zu verringern.

Beispiel: An einem gußeisernen Stirnrad nach Abb. 91 den Kranz außen und an beiden Seiten fräsen.

Einrichtezeit .... $t_e = 10$ Min.

Hauptzeit: 1. Schnitt .... $th_1 = \frac{400 \cdot \pi}{30} = 42$ Min.

2. Schnitt .... $th_2 = \frac{400 \cdot \pi}{45} = 28$ „

$t_h = 60$ Min.

Nebenzeit: Aufspannen, Abspannen usw. .... $t_n = 10$ Min.

Grundzeit: $t_g = t_h + t_n = 60 + 10 =$ .... 70 Min.

---

f) Das Fräsen von Stirnrädern.

Das Fräsen von Zähnen aus dem Vollen an Stirnrädern und Ritzeln geschieht zweckmäßig nur auf besonderen Spezialmaschinen. Diese teilt man hinsichtlich ihrer Arbeitsweise ein in solche, die nach dem automatischen Teilverfahren, und solche, die nach dem Abwälzverfahren arbeiten.

Tabelle 47.

Minutliche Umdrehungen von Stirnradfräsern für das Teil- und Abwälzverfahren.

Material	Festigkeit in kg p. mm²	Fräser aus Schnellschnittstahl	Fräser aus Werkzeug-Gußstahl
		Minutliche Umdrehungen	Minutliche Umdrehungen
Chrom-Nickelstahl	80	3200 Fräser-Durchm. in mm	—
Chrom-Nickelstahl	70	3500 Fräser-Durchm. in mm	—
Nickelstahl, Stahl u. Stahlguß	50—60	4200 Fräser-Durchm. in mm	3200 Fräser-Durchm. in mm
Weicher Stahl, Gußeisen u. Bronze	—	5200 Fräser-Durchm. in mm	4000 Fräser-Durchm. in mm

Teilverfahren für Stirnräder.

Bei dieser Maschine steht das zu fräsende Rad während des Fräsens still, der Modulfräser fräst mit einem bestimmten Vorschub die Zahnlücke aus, geht selbsttätig zurück, worauf das Rad, ebenfalls selbsttätig, um den Betrag der Teilung weiter gedreht wird und der Fräser die nächste Zahnlücke herstellt. Für die Laufzeitberechnung gibt die nächste Tabelle alle nötigen Werte. Die Zusatzbreite für den Anschnitt des Fräsers ist im Mittel = 0,8 Fräser-Radius; diese Zusatzbreite braucht eigentlich nur beim 1. Schnitt voll eingesetzt zu werden, jedoch ist es praktisch richtiger, sie auch beim 2. bzw. 3. Schnitt hinzuzufügen, um dadurch die Zeit für den Rücklauf des Fräsers (nach dem Ausfräsen einer Zahnlücke), Drehzahlenabfall und Nebenzeiten auszugleichen.

Die Berechnung der Laufzeit geschieht nach folgender Formel: Laufzeit für 1 Schnitt in Minuten.

$$t_h = \frac{(\text{Radbreite} + \text{Zusatzbreite}) \times \text{Zähnezahl}}{\text{Vorschub pro Minute}}$$

Vgl. Beispiele S. 147 bis 150 und Abschnitt II, 4, S. 31 (t_{st}).

Für Modul 1—6 genügt in der Regel 1 Schnitt; bei diesen kleinen Teilungen ist ein 2. Schnitt nur dann erforderlich, wenn an das zu fräsende Rad erhebliche Anforderungen in bezug auf hohe Drehzahl oder geräuschlosen Gang gestellt werden. Für größere Teilungen, über 14 π, empfiehlt sich die Verwendung von Zahnform-Vorfräsern, um das Profil des Fertigfräsers zu schonen.

Abb. 92. Zahnformvorfräser.

Abb. 93. Zahnformfräser.

Die Tabellen 49—60 geben Aufschluß über minutliche Umdrehungszahlen der Fräser, minutliche Vorschübe, Schnittzahl, Zusatzbreite und Aufspannzeiten. — Die Werte sind getrennt aufgeführt für Fräser aus Schnellschnittstahl und Werkzeuggußstahl, sowie für Räder aus Chrom-Nickel- und Nickelstahl, Stahl und Stahlguß bzw. aus Gußeisen und Bronze.

Tabelle 48.

Zahn- bzw. Frästiefen an Stirn- und Schneckenrädern nach Modulteilung.

Tiefe = Mod. $\times$ 2,167

Modul	Zahntiefe mm	Modul	Zahntiefe mm	Modul	Zahntiefe mm
1	2,17	11	23,88	21	45,5
2	4,33	12	26	22	47.67
3	6,5	13	28,17	23	50
4	8,67	14	30,33	24	52,2
5	10,83	15	32,5	25	54,4
6	13	16	34,67	26	56,5
7	15,17	17	36,83	27	58,7
8	17,32	18	39	28	60,9
9	19,5	19	41,17	29	63
10	21,67	20	43,33	30	65,2

Tabelle 49.

Das Fräsen von Stirnrädern nach dem automatischen Teilverfahren.

Werkstück: Chrom-Nickelstahl von ca. 80 kg Festigkeit.
Fräser: Schnellschnittstahl.

Modul	Fräser-Ø in mm	Umdrehungen des Fräsers p. Min. n	Zusatz-Breite mm	Vorschub pro Minute in mm 1.Schnitt	2.Schnitt	3.Schnitt	Einrichten d. Maschine ca. Min.	Aufspannen pro Rad ca. Min.
1	50	64	13	63	70	— (Nur bei Teilungen über 18 π.)	20	5 - 45 Minuten je nach Grösse des Rades
2	60	53	18	59	70	—		
3	70	46	23	52	66	—		
4	80	40	27	46	66	—		
5	90	36	31	40	63	—		
6	100	32	37	37	59	—	30	
7	105	31	42	35	56	—		
8	110	29	44	33	52	—		
9	115	28	46	31	49	—		
10	120	27	48	28	45	—		
11	130	25	52	26	42	—	40	
12	135	24	56	24	38	—		
13	140	23	60	21	35	—		
14	145	22	62	18	31	—		
15	150	21	65	17	28	—		
16	155	20	68	15	24	—	60	
17	170	18	73	15	22	—		
18	175	18	75	14	21	—		
19	180	17	78	14	21	31		
20	190	17	82	12	21	29		
21	200	16	86	12	19	29	90	
22	210	15	90	12	19	28		
23	220	14,5	94	11	17	28		
24	225	14	98	11	17	28		
25	235	13,5	102	11	16	26		
26	250	13	106	11	16	24		
27	255	12,5	108	10	15	24		
28	265	12	112	10	15	22		
29	275	11,5	116	9	14	22		
30	285	11	120	9	14	21		

Beispiel: 1 Stirnrad aus Chrom-Nickelstahl von 80 kg Festigkeit. Mod. 15, 140 mm breit, 35 Zähne mit 2 Schnitten fräsen.

Minutliche Umdrehungszahl des Fräsers $n = \frac{3200}{\text{Fräser-Durchm.}}$

Einrichtezeit: .... $t_e = \sim$ 40 Mi…

Grundzeit: Auf- und Abspannen des Rades .... $\sim$ 12 Min.

1\. Schnitt $t_{h_1} = \frac{(140 + 65) \cdot 35}{17}$ .... $= \sim 422$ „

2\. Schnitt $t_{h_2} = \frac{(140 + 65) \cdot 35}{28}$ .... $= \sim 256$ „

$t_g = \sim 690$ Mi.

Stückzeit: $t_{st} = \frac{\Sigma b \cdot t_g}{60 \cdot x}\left(1 + \frac{V}{100}\right)$.

Tabelle 50.

Das Fräsen von Stirnrädern nach dem automatischen Teilverfahren.

Werkstück: Chrom-Nickelstahl von ca. 70 kg Festigkeit.
Fräser: Schnellschnittstahl.

Modul	Fräser-Ø in mm	Umdrehungen des Fräsers p. Min. n	Zusatz-Breite mm	Vorschub pro Minute in mm 1. Schnitt	2. Schnitt	3. Schnitt	Einrichten d. Maschine ca. Min.	Aufspannen pro Rad ca. Min.
1	50	70	13	72	80	–	20	5 - 45 Minuten je nach Grösse des Rades
2	60	58	18	63	80	–		
3	70	50	23	60	76	–		
4	80	44	27	52	76	–		
5	90	39	31	46	72	–		
6	100	35	37	42	68	–	30	
7	105	34	42	40	64	–		
8	110	32	44	38	60	–		
9	115	30	46	35	56	–		
10	120	29	48	32	52	–		
11	130	27	52	29	48	Nur bei Teilungen über 18 –	40	
12	135	26	56	27	44	–		
13	140	25	60	24	40	–		
14	145	24	62	21	36	–		
15	150	23	65	19	32	–		
16	155	22	68	17	28	–	60	
17	170	21	73	17	26	–		
18	175	20	75	16	24	–		
19	180	19	78	16	24	36		
20	190	18,5	82	16	24	33		
21	200	17,5	86	14	22	33	90	
22	210	16,5	90	14	22	32		
23	220	16	94	14	20	32		
24	225	15,5	98	13	20	32		
25	235	15	102	13	18	80		
26	250	14	106	13	18	28		
27	255	13,5	108	12	17	28		
28	265	13	112	12	17	26		
29	275	13	116	10	16	25		
30	285	12,5	120	10	16	24		

Beispiel: 1 Stirnrad aus Chrom-Nickelstahl von 70 kg Festigkeit, Mod. 15, 140 mm breit, 35 Zähne, mit 2 Schnitten fräsen.

Minutliche Umdrehungszahl des Fräsers $n = \frac{3500}{\text{Fräser-Durchm.}}$

Einrichtezeit .... $t_e = \sim$ 40 Min.

Grundzeit: Auf- und Abspannen des Rades .... $\sim$ 12 Min.

$$1.\ \text{Schnitt}\ t_{h_1} = \frac{(140+65)\cdot 35}{19} \ldots\ldots\ldots\ldots = \sim 378\ \text{Min.}$$

$$2.\ \text{Schnitt}\ t_{h_2} = \frac{(140+65)\cdot 35}{32} \ldots\ldots\ldots\ldots = \sim 224\ \text{„}$$

$$t_g = \sim 614\ \text{Min.}$$

Stückzeit: $t_{st} = \frac{\Sigma b \cdot t_g}{60 \cdot x}\left(1 + \frac{V}{100}\right).$

Tabelle 51.

Das Fräsen von Stirnrädern nach dem automatischen Teilverfahren.

Werkstück: Nickelstahl, Stahl und Stahlguß von 50—60 kg Festigkeit.
Fräser: Schnellschnittstahl.

Modul	Fräser Ø in mm	Umdrehungen des Fräsers p. Min. n	Zusatz-Breite mm	Vorschub pro Minute in mm: 1. Schnitt	2. Schnitt	3. Schnitt	Einrichten d. Maschine ca. Min.	Aufspannen pro Rad ca. Min.
1	50	84	13	90	100	Nur bei Teilung über 18 K̄	20	5 – 45 Minuten je nach Grösse des Rades.
2	60	70	18	84	100	-		
3	70	60	23	75	95	-		
4	80	53	27	65	95	-		
5	90	47	31	58	90	-		
6	100	42	37	53	85	-	30	
7	105	40	42	50	80	-		
8	110	38	44	48	75	-		
9	115	36	46	44	70	-		
10	120	35	48	40	65	-		
11	130	32	52	37	60	-	40	
12	135	31	56	34	55	-		
13	140	30	60	30	50	-		
14	145	29	62	26	45	-		
15	150	28	65	24	40	-		
16	155	27	68	22	36	-	60	
17	170	25	73	22	32	-		
18	175	24	75	20	30	-		
19	180	23	78	20	30	45		
20	190	22	82	20	30	42		
21	200	21	86	18	28	42	90	
22	210	20	90	18	28	40		
23	220	19	94	18	25	40		
24	225	18,5	98	16	25	40		
25	235	18	102	16	22	38		
26	250	17	106	16	22	35		
27	255	16,5	108	15	22	35		
28	265	16	112	15	22	32		
29	275	15	116	12	20	32		
30	285	14,5	120	12	20	30		

Beispiel: 1 Stirnrad aus Stahlguß, Mod. 15, 140 mm breit, 35 Zähne, mit 2 Schnitten fräsen.

Minutliche Umdrehungszahl des Fräsers $n = \frac{4200}{\text{Fräser-Durchm.}}$

Einrichtezeit .... $t_e = \sim 40$ Min.

Grundzeit: Auf- und Abspannen des Rades .... ~ 12 Min.

$$1.\ \text{Schnitt}\ t_{h_1} = \frac{(140+65)\cdot 35}{24} \ldots\ldots\ldots\ldots = \sim 299\ \text{„}$$

$$2.\ \text{Schnitt}\ t_{h_2} = \frac{(140+65)\cdot 35}{40} \ldots\ldots\ldots\ldots = \sim 179\ \text{„}$$

$$t_g = \sim 490\ \text{Min.}$$

Stückzeit: $t_{st} = \frac{\Sigma b \cdot t_g}{60 \cdot x}\left(1 + \frac{V}{100}\right).$

Tabelle 52.

Das Fräsen von Stirnrädern nach dem automatischen Teilverfahren.

Werkstück: Weicher Stahl, Gußeisen und Bronze.
Fräser: Schnellschnittstahl.

Modul	Fräser Ø in mm	Umdrehungen des Fräsers p. Min. n	Zusatz-Breite mm	Vorschub pro Minute in mm			Einrichten d. Maschine ca. Min.	Aufspannen pro Rad ca. Min.
				1. Schnitt	2. Schnitt	3. Schnitt		
1	50	104	13	92	102	-		
2	60	86	18	86	100	-		
3	70	74	23	82	98	-	20	
4	80	65	27	78	95	-		
5	90	57	31	74	92	-		
6	100	52	37	70	88	-		
7	105	49	42	66	82	-		
8	110	47	44	62	78	-	30	
9	115	45	46	58	75	-		
10	120	43	48	54	72	-		
11	130	40	52	50	68	-		
12	135	38	56	46	65	-		
13	140	37	60	42	62	-	40	
14	145	36	62	36	60	-		
15	150	35	65	32	55	- Nur bei Teilungen über 18π		
16	155	33	68	30	50	-		
17	170	30	73	30	46	-		
18	175	30	75	28	45	-	60	5 - 45 Minuten je nach Grösse des Rades.
19	185	28	78	28	45	65		
20	190	27	82	28	45	65		
21	200	26	86	25	42	62		
22	210	25	90	25	42	60		
23	220	24	94	25	40	60		
24	225	23	98	22	40	60		
25	235	22	102	22	35	55	90	
26	250	21	106	22	32	52		
27	255	20	108	20	32	50		
28	265	19	112	20	32	50		
29	275	19	116	18	30	45		
30	285	18	120	18	30	45		

Beispiel: 1 Stirnrad aus Bronze, Mod. 15, 140 mm breit, 35 Zähne mit 2 Schnitten fräsen.

Minutliche Umdrehungszahl des Fräsers $n = \frac{5200}{\text{Fräser-Durchm.}}$

Einrichtezeit .... $t_e = \sim 40$ Min.

Grundzeit: Auf- und Abspannen des Rades .... ~ 12 Min.

1. Schnitt $t_{h_1} = \frac{(140 + 65) \cdot 35}{32}$ .... $= \sim 224$ „

2. Schnitt $t_{h_2} = \frac{(140 + 65) \cdot 35}{55}$ .... $= \sim 130$ „

$t_g = \sim 366$ Min.

Stückzeit: $t_{st} = \frac{\Sigma b \cdot t_g}{60 \cdot x} \left(1 + \frac{V}{100}\right)$.

Tabelle 53.

Das Fräsen von Stirnrädern nach dem automatischen Teilverfahren.

Werkstück: Nickelstahl, SM-Stahl und Stahlguß von 50—60 kg Festigkeit.
Fräser: Werkzeug-Gußstahl.

Modul	Fräser ø in mm	Umdrehungen des Fräsers p. Min. n	Zusatz-Breite mm	Vorschub pro Minute in mm			Einrichten d. Maschine ca. Min.	Aufspannen pro Rad ca. Min.
				1. Schnitt	2. Schnitt	3. Schnitt (Nur bei Teilungen über 18 π)		
1	50	64	13	60	68	-		
2	60	53	18	56	68	-		
3	70	45	23	50	64	-	20	
4	80	40	27	43	64	-		
5	90	35	31	39	60	-		
6	100	32	37	35	55	-		
7	105	30	42	32	50	-		
8	110	29	44	30	45	-	30	
9	115	28	46	27	42	-		
10	120	27	48	24	38	-		
11	130	25	52	23	35	-		
12	135	24	56	22	32	-		
13	140	23	60	20	30	-	40	
14	145	22	62	18	28	-		
15	150	21	65	16	27	-		5 - 45 Minuten je nach Grösse des Rades.
16	155	20,5	68	15	23	-		
17	170	19	73	15	21	-		
18	175	18	75	13	20	-	60	
19	185	17	78	13	20	30		
20	190	16,5	82	13	20	28		
21	200	16	86	12	19	28		
22	210	15	90	12	19	27		
23	220	14,5	94	12	17	27		
24	225	14	98	11	17	27		
25	235	13,5	102	11	15	25	90	
26	250	13	106	11	15	23		
27	255	12,5	108	10	15	23		
28	265	12	112	10	15	21		
29	275	11,5	116	8	13	21		
30	285	11	120	8	13	20		

Beispiel: 1 Stirnrad aus Stahlguß, Mod. 15, 140 mm breit, 35 Zähne, mit 2 Schnitten fräsen.

Minutliche Umdrehungszahl des Fräsers $n = \frac{3200}{\text{Fräser-Durchm.}}$

Einrichtezeit .... $t_e = \sim 40$ Min.

Grundzeit: Auf- und Abspannen des Rades .... ~ 12 Min.

1. Schnitt $th_1 = \frac{(140 + 65) \cdot 35}{16}$ .... $= \sim 449$ „

2. Schnitt $th_2 = \frac{(140 + 65) \cdot 35}{27}$ .... $= \sim 266$ „

$t_g = \sim 727$ Min.

Stückzeit: $t_{st} = \frac{\Sigma b \cdot t_g}{60 \cdot x}\left(1 + \frac{V}{100}\right).$

Tabelle 54.

Das Fräsen von Stirnrädern nach dem automatischen Teilverfahren.

Werkstück: Weicher Stahl, Gußeisen und Bronze.
Fräser: Werkzeug-Gußstahl.

Modul	Fräser Ø in mm	Umdrehungen des Fräsers p. Min. n	Zusatz-Breite mm	Vorschub pro Minute in mm 1.Schnitt	2.Schnitt	3.Schnitt (Nur bei Teilungen über 18 π)	Einrichten d. Maschine ca. Min.	Aufspannen des Rades ca. Min.
1	50	80	13	68	80	-	20	5 - 45 Minuten je nach Grösse des Rades.
2	60	67	18	63	76	-		
3	70	57	23	58	72	-		
4	80	50	27	54	68	-		
5	90	45	31	50	65	-		
6	100	40	37	46	63	-	30	
7	105	38	42	43	60	-		
8	110	36	44	40	56	-		
9	115	35	46	38	53	-		
10	120	33	48	35	50	-		
11	130	31	52	32	48	-	40	
12	136	30	56	30	45	-		
13	140	29	60	28	42	-		
14	145	28	62	25	39	-		
15	150	27	65	22	36	-		
16	155	26	68	20	33	-	60	
17	170	24	73	20	31	-		
18	175	23	75	19	30	-		
19	185	22	78	19	30	43		
20	190	21	82	19	30	43		
21	200	20	86	17	28	41	90	
22	210	19	90	17	28	40		
23	220	18	94	17	27	40		
24	225	18	98	15	27	40		
25	235	17	102	15	23	37		
26	250	16	106	15	21	35		
27	255	16	108	13	21	33		
28	265	15	112	13	21	33		
29	275	14	116	12	20	30		
30	285	14	120	12	20	30		

Beispiel: 1 Stirnrad aus Bronze, Mod. 15, 140 mm breit, 35 Zähne, mit 2 Schnitten fräsen

Minutliche Umdrehungszahl des Fräsers $n = \frac{4000}{\text{Fräser-Durchm.}}$

Einrichtezeit .... $t_e = \sim$ 40 Min

Grundzeit: Auf- und Abspannen des Rades .... $\sim$ 12 Min

1. Schnitt $t_{h_1} = \frac{(140 + 65) \cdot 35}{22}$ .... $= \sim 326$ „

2. Schnitt $t_{h_2} = \frac{(140 + 65) \cdot 35}{36}$ .... $= \sim 199$ „

$t_g = \sim 537$ Min

Stückzeit: $t_{st} = \frac{\Sigma b \cdot t_g}{60 \cdot x} \left(1 + \frac{V}{100}\right)$.

Abwälzverfahren für Stirnräder.

Beim Fräsen von Stirnrädern nach dem Abwälzverfahren ist der Arbeitsvorgang ein wesentlich anderer. Die Zahnlücke wird nicht durch einen scheibenförmigen, sondern durch einen schneckenförmigen Fräser hergestellt, woraus sich ergibt, daß auch das zu fräsende Rad während des Fräsvorganges sich in beständiger zwangläufiger Drehung befinden muß; siehe Abbildung 94.

Abb. 94. Automatische Stirnräder-Fräsmaschine (Abwälzverfahren).

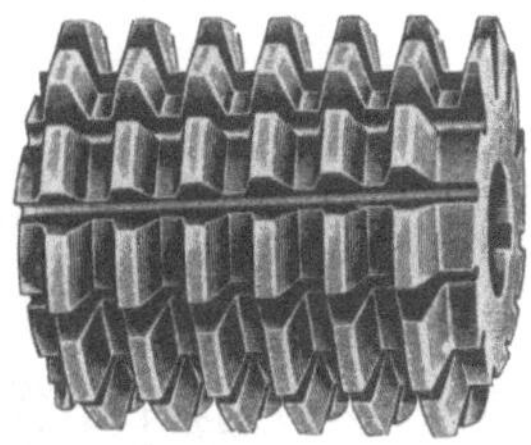

Abb. 94 a. Schneckenförmiger Fräser für Stirnräder (Abwälzverfahren).

Beim Fräsen nach dem Abwälzverfahren geschieht die Berechnung der Laufzeit nach folgender Formel:

Zeit für den 1. Schnitt in Minuten.

$$th_1 = \frac{(\text{Radbreite} + \text{Zusatzbreite}) \times \text{Zähnezahl}}{\text{Vorschub pro Radumdrehung} \times \text{Umdrehung des Fräsers pro Minute}}$$

Zeit für den 2. Schnitt in Minuten.

$$th_2 = \frac{(\text{Radbreite} + {}^1/_2\,\text{Zusatzbreite}) \times \text{Zähnezahl}}{\text{Vorschub pro Radumdrehung} \times \text{Umdrehung des Fräsers pro Minute}}$$

Zeit für den 3. Schnitt in Minuten.

$$th_3 = \frac{(\text{Radbreite} + {}^1/_4\,\text{Zusatzbreite}) \times \text{Zähnezahl}}{\text{Vorschub pro Radumdrehung} \times \text{Umdrehung des Fräsers pro Minute}}$$

Für die Laufzeitberechnung geben die nächsten Tafeln alle nötigen Werte.

Die Zusatzbreite und die Umdrehungszahlen des Fräsers sind in derselben Weise zu berechnen, wie beim Fräsen nach dem automatischen Teilverfahren, jedoch ist der Vorschub auf die Umdrehung des Rades zu beziehen.

Für Modul 1—6 genügt meistens 1 Schnitt. Bei diesen kleinen Teilungen ist ein 2. Schnitt nur dann erforderlich, wenn an das zu fräsende Rad erhebliche Anforderungen in bezug auf hohe Tourenzahl oder geräuschlosen Gang gestellt werden (s. S. 144).

Für große Teilungen, über 14 π, empfiehlt sich auch hier die Verwendung von Vorschrotfräsern, um das Profil des Fertigfräsers zu schonen.

Tabelle 55.

Das Fräsen von Stirnrädern nach dem Abwälzverfahren.

Werkstück: Chrom-Nickelstahl von 80 kg Festigkeit.
Fräser: Schnellschnittstahl.

Modul	Fräser-Ø in mm	Umdrehungen des Fräsers p. Min. n	Zusatz-Breite mm	Vorschub p. Rad-Umdrehung in mm			Einrichten d. Maschine ca. Min.	Aufspannen pro Rad ca. Min.
				1. Schnitt	2. Schnitt	3. Schnitt		
1	60	53	14	1,8	3,6	Nur bei Teilungen über 19 π	20	5 - 45 Minuten je nach Grösse des Rades.
2	65	49	18	1,8	3,2			
3	70	45	23	1,8	3,2			
4	80	40	27	1,6	2,7			
5	90	35	31	1,6	2,7			
6	100	32	37	1,6	2,7		30	
7	110	29	44	1,6	2,7			
8	115	28	46	1,6	2,7			
9	120	27	48	1,4	2,5			
10	130	25	52	1,4	2,5			
11	140	23	56	1,4	2,3		40	
12	150	22	60	1,4	2,3			
13	155	21	62	1,4	2,3			
14	160	20	64	1,4	2,3			
15	170	19	68	0,9	1,8			
16	180	18	74	0,9	1,8		60	
17	190	17	78	0,9	1,8			
18	200	16	82	0,9	1,8			
19	210	15,5	86	0,64	2,3	3,2		
20	215	15	90	0,65	2,3	3,2		
22	220	14,5	94	0,65	2,3	3,2	90	
23	225	14	98	0,65	2,3	3,2		
26	245	13	104	0,65	1,8	2,7		
28	265	12	112	0,65	1,8	2,7		
30	285	11	120	0,65	1,8	2,7		

Beispiel: 1 Stirnrad aus Chrom-Nickelstahl von 80 kg Festigkeit, Mod. 8, 80 mm breit, 50 Zähne, mit 2 Schnitten fräsen.

Minutliche Umdrehungszahl des Fräsers $n = \dfrac{3200}{\text{Fräser-Durchm.}}$

Einrichtezeit: .... $t_e = \sim$ 30 Min.

Grundzeit: Auf- und Abspannen des Rades .... $\sim$ 10 Min.

1. Schnitt $t_{h_1} = \dfrac{(80 + 46) \cdot 50}{1{,}6 \cdot 28}$ .... $= \sim 140$ „

2. Schnitt $t_{h_2} = \dfrac{(80 + 23) \cdot 50}{2{,}7 \cdot 28}$ .... $= \sim 68$ „

$t_g = \sim 218$ Min.

Stückzeit: $t_{st} = \dfrac{\Sigma b \cdot t_g}{60 \cdot x} \left(1 + \dfrac{V}{100}\right).$

Tabelle 56.

Das Fräsen von Stirnrädern nach dem Abwälzverfahren.

Werkstück: Chrom-Nickelstahl von 70 kg Festigkeit.
Fräser: Schnellschnittstahl.

Modul	Fräser-Ø in mm	Umdrehungen des Fräsers p.Min. n	Zusatz-Breite mm	Vorschub p.Rad-Umdrehung in mm 1.Schnitt	2.Schnitt	3.Schnitt	Einrichten d.Maschine ca.Min.	Aufspannen pro Rad ca. Min.
1	60	58	14	1,9	3,8	Nur bei Teilungen über 18 Π		5 - 45 Minuten je nach Grösse des Rades
2	65	54	18	1,9	3,3			
3	70	50	23	1,9	3,3		20	
4	80	44	27	1,65	2,8			
5	90	39	31	1,65	2,8			
6	100	35	37	1,65	2,8			
7	110	32	44	1,65	2,9			
8	115	31	46	1,65	2,8		30	
9	120	29	48	1,45	2,6			
10	130	27	52	1,45	2,6			
11	140	25	56	1,45	2,4			
12	150	24	60	1,45	2,4			
13	155	23	62	1,45	2,4		40	
14	160	22	64	1,45	2,4			
15	170	21	68	0,95	1,9			
16	180	20	74	0,95	1,9			
17	190	18,5	78	0,95	1,9			
18	200	17,5	82	0,95	1,9		60	
19	210	17	86	0,7	2,4	3,3		
20	215	16,5	90	0,7	2,4	3,3		
22	220	16	94	0,7	2,4	3,3		
24	225	15,5	98	0,7	2,4	3,3		
26	245	14,5	104	0,7	1,9	2,8	90	
28	265	13,5	112	0,7	1,9	2,8		
30	285	12,5	120	0,7	1,9	2,8		

Beispiel: 1 Stirnrad aus Chrom-Nickelstahl von 70 kg Festigkeit, Mod. 8, 80 mm breit, 50 Zähne, mit 2 Schnitten fräsen.

Minutliche Umdrehungszahl des Fräsers $n = \dfrac{3500}{\text{Fräser-Durchm.}}$

Einrichtezeit .... $t_e = \sim$ 30 Min.

Grundzeit: Auf- und Abspannen des Rades .... $\sim$ 10 Min.

1. Schnitt $t_{h_1} = \dfrac{(80+46)\cdot 50}{1{,}65\cdot 31}$ .... $= \sim 123$ „

2. Schnitt $t_{h_2} = \dfrac{(80+23)\cdot 50}{2{,}8\,.\,31}$ .... $= \sim$ 59 „

$t_g = \sim 292$ Min.

Stückzeit: $t_{st} = \dfrac{\Sigma b\cdot t_g}{60\cdot x}\left(1+\dfrac{V}{100}\right).$

Tabelle 57.

Das Fräsen von Stirnrädern nach dem Abwälzverfahren.

Werkstück: Nickelstahl, Stahl und Stahlguß von 50—60 kg Festigkeit.
Fräser: Schnellschnittstahl.

Modul	Fräser Ø in mm	Umdrehungen des Fräsers p. Min. n	Zusatz-Breite mm	Vorschub p. Rad-Umdrehung in mm			Einrichten d. Maschine ca. Min.	Aufspannen pro Rad ca. Min.
				1. Schnitt	2. Schnitt	3. Schnitt		
1	60	70	14	2	4	-	20	5 - 45 Minuten je nach Grosse des Rades
2	65	65	18	2	3,5	-		
3	70	60	23	2	3,5	-		
4	80	52	27	1,75	3	-		
5	90	46	31	1,75	3	-		
6	100	42	37	1,75	3	Nur bei Teilungen über 18 π: -	30	
7	110	38	44	1,75	3	-		
8	115	36	46	1,75	3	-		
9	120	35	48	1,5	2,75	-		
10	135	31	52	1,5	2,75	-		
11	140	30	56	1,5	2,5	-	40	
12	150	28	60	1,5	2,5	-		
13	155	27	62	1,5	2,5	-		
14	160	26	64	1,5	2,5	-		
15	170	25	68	1	2	-		
16	180	23	74	1	2	-	60	
17	190	22	78	1	2	-		
18	200	21	82	1	2	-		
19	210	20	86	0,75	2,5	3,5		
20	215	19	90	0,75	2,5	3,5		
22	220	19	94	0,75	2,5	3,5	90	
24	225	18	98	0,75	2,5	3,5		
26	245	17	104	0,75	2	3		
28	265	16	112	0,75	2	3		
30	285	15	120	0,75	2	3		

Beispiel: 1 Stirnrad aus Stahlguß, Mod. 8, 80 mm breit, 50 Zähne, mit 2 Schnitten fräsen.

Minutliche Umdrehungszahl des Fräsers $n = \frac{4200}{\text{Fräser-Durchm.}}$

Einrichtezeit .... $t_e = \sim 30$ Min.

Grundzeit: Auf- und Abspannen des Rades .... ~ 10 Min.

1. Schnitt $t_{h_1} = \frac{(80 + 46) \cdot 50}{1{,}75 \cdot 36}$ .... $= \sim 100$ „

2. Schnitt $t_{h_2} = \frac{(80 + 23) \cdot 50}{3 \cdot 36}$ .... $= \sim 48$ „

$t_g = \sim 158$ Min.

Stückzeit: $t_{st} = \frac{\Sigma b \cdot t_g}{60 \cdot x}\left(1 + \frac{V}{100}\right)$.

Tabelle 58.

Das Fräsen von Stirnrädern nach dem Abwälzverfahren.

Werkstück: Weicher Stahl, Gußeisen und Bronze.
Fräser: Schnellschnittstahl.

Modul	Fräser ø in mm	Umdrehungen des Fräsers p. Min. n	Zusatz-Breite mm	Vorschub p. Rad-Umdrehung in mm			Einrichten d. Maschine ca. Min.	Aufspannen pro Rad ca. Min.
				1. Schnitt	2. Schnitt	3. Schnitt		
1	60	85	14	2,5	4,5	-	20	5 - 45 Minuten je nach Grösse des Rades.
2	65	80	18	2,5	4,5	-		
3	70	74	23	2,5	4,5	-		
4	80	65	27	2,5	4,5	-		
5	90	58	31	2	4	-		
6	100	52	37	2	4	Nur die Teilungen über 18 π	30	
6						-		
7	110	47	44	2	4	-		
8	115	45	46	2	4	-		
9	120	43	48	2	3,5	-		
10	130	40	52	2	3,5	-		
11	140	37	56	2	3	-	40	
12	150	34	60	2	3	-		
13	155	33	62	2	3	-		
14	160	32	64	2	3	-		
15	170	30	68	2	3	-		
16	180	29	74	1,5	2,5	-	60	
17	190	27	78	1,5	2,5	-		
18	200	26	82	1,5	2,5	-		
19	210	25	86	1	3	4		
20	215	24	90	1	3	4		
22	220	23	94	1	3	4	90	
24	225	23	98	1	3	4		
26	245	21	104	0,75	3	4		
28	265	20	112	0,5	3	4		
30	285	18	120	0,5	3	4		

Beispiel: 1 Stirnrad aus Bronze, Mod. 8, 80 mm breit, 50 Zähne, mit 2 Schnitten fräsen.

Minutliche Umdrehungszahl des Fräsers $n = \frac{5200}{\text{Fräser-Durchm.}}$

Einrichtezeit .... $t_e = \sim$ 30 Min.

Grundzeit: Auf- und Abspannen des Rades .... $\sim$ 10 Min.

1. Schnitt $th_1 = \frac{(80 + 46) \cdot 50}{2 \cdot 45}$ .... $= \sim$ 70 „

2. Schnitt $th_2 = \frac{(80 + 23) \cdot 50}{4 \cdot 45}$ .... $= \sim$ 29 „

$t_g = \sim$ 109 Min.

Stückzeit: $t_{st} = \frac{\Sigma\, t_h \cdot t_n}{60 \cdot x} \left(1 + \frac{V}{100}\right)$.

Tabelle 59.

Das Fräsen von Stirnrädern nach dem Abwälzverfahren.

Werkstück: Nickelstahl, Stahl und Stahlguß von 50–60 kg Festigkeit.
Fräser: Werkzeug-Gußstahl.

Modul	Fräser ∅ in mm	Umdrehungen des Fräsers p. Min. r	Zusatz-Breite mm	Vorschub p. Rad-Umdrehung in mm			Einrichten d. Maschine ca. Min.	Aufspannen pro Rad ca. Min.
				1. Schnitt	2. Schnitt	3. Schnitt		
1	60	53	14	1,3	2,6	Nur bei Teilungen über 18 π -		5 - 45 Minuten je nach Grösse des Rades.
2	65	49	18	1,3	2,5	-		
3	70	46	23	1,3	2,5	-	20	
4	80	40	27	1,2	2,5	-		
5	90	35	31	1,2	2,5	-		
6	100	32	37	1,2	2,5	-		
7	110	29	44	1,2	2,5	-		
8	115	28	46	1,2	2,5	-	30	
9	120	27	48	1	2,25	-		
10	135	24	54	1	2,25	-		
11	140	23	56	1	2	-		
12	150	21	60	1	2	-		
13	155	20	62	1	2	-	40	
14	160	19	64	1	2	-		
15	170	19	68	1	1,75	-		
16	180	18	74	1	1,75	-		
17	190	17	78	0,8	1,75	-		
18	200	16	82	0,75	1,75	-	60	
19	210	15	86	0,75	2,25	3,25		
20	215	15	90	0,75	2,25	3,25		
22	220	14	94	0,75	2,25	3		
24	225	14	98	0,75	2,25	3		
26	245	13	104	0,75	1,75	2,5	90	
28	265	12	112	0,75	1,75	2,5		
30	285	11	120	0,75	1,75	2,5		

Beispiel: 1 Stirnrad aus Stahlguß, Mod. 8, 80 mm breit, 50 Zähne, mit 2 Schnitten fräsen.

Minutliche Umdrehungszahl des Fräsers $n = \frac{3200}{\text{Fräser-Durchm.}}$

Einrichtezeit .... $t_e = \sim$ 30 Min.

Grundzeit: Auf- und Abspannen des Rades .... $\sim$ 10 Min.

1. Schnitt $t_{h_1} = \frac{(80 + 46) \cdot 50}{1,2 \cdot 28}$ .... $= \sim$ 188 „

2. Schnitt $t_{h_2} = \frac{(80 + 23) \cdot 50}{2,5 \cdot 28}$ .... $= \sim$ 74 „

$t_g = \sim$ 272 Min.

Stückzeit: $t_{st} = \frac{\Sigma b \cdot t_g}{60 \cdot x} \left(1 + \frac{V}{100}\right).$

Tabelle 60.

Das Fräsen von Stirnrädern nach dem Abwälzverfahren.

Werkstück: Weicher Stahl, Gußeisen und Bronze
Fräser: Werkzeug-Gußstahl.

Modul	Fräser Ø in mm	Umdrehungen des Fräsers p. Min. n	Zusatz-Breite mm	Vorschub p. Rad-Umdrehung in mm			Einrichten d. Maschine ca. Min.	Aufspannen pro Rad ca. Min.
				1. Schnitt	2. Schnitt	3. Schnitt		
1	60	66	14	1,7	3	-		
2	65	61	18	1,7	3	-		
3	70	57	23	1,7	3	-	20	
4	80	50	27	1,7	3	-		
5	90	44	31	1,3	3,5	-		
6	100	40	37	1,3	3,5	-		
7	110	36	44	1,3	3,5	-		
8	115	35	46	1,3	3,5	-	30	5 - 45 Minuten je nach Grösse des Rades.
9	120	33	48	1,3	3,25	-		
10	130	31	52	1,3	3,25	-		
11	140	29	56	1,3	3	-		
12	150	27	60	1,3	3	-		
13	155	26	62	1,3	3	- Nur bei Teilungen über 18 π	40	
14	160	25	64	1,3	3	-		
15	170	23	68	1,2	2,5	-		
16	180	22	74	1,2	2,25	-		
17	190	21	78	1,2	2,25	-		
18	200	20	82	1	2,25	-	60	
19	210	19	86	1	2,75	3,75		
20	215	19	90	1	2,75	3,75		
22	220	18	94	1	2,75	3,75		
24	225	18	98	1	2,75	3,75		
26	245	16	104	0,75	2,5	3,5	90	
28	265	15	112	0,75	2,5	3,25		
30	285	14	120	0,75	2,25	3		

Beispiel: 1 Stirnrad aus Bronze, Mod. 8, 80 mm breit, 50 Zähne, mit 2 Schnitten fräsen.

Minutliche Umdrehungszahl des Fräsers $n = \frac{4000}{\text{Fräser-Durchm.}}$

Einrichtezeit .... $t_e = \sim$ 30 Min.

Grundzeit: Auf- und Abspannen des Rades .... $\sim$ 10 Min.

1. Schnitt $t_{h_1} = \frac{(80 + 46) \cdot 50}{1{,}3 \cdot 35}$ .... $= \sim 138$ „

2. Schnitt $t_{h_2} = \frac{(80 + 23) \cdot 50}{3{,}5 \cdot 35}$ .... $= \sim 42$ „

$t_g = \sim 190$ Min.

Stückzeit: $t_{st} = \frac{\Sigma t_e \cdot t_g}{60 \cdot x}\left(1 + \frac{V}{100}\right)$.

g) Das Fräsen von Schneckenrädern.

Beim Fräsen von Schneckenrädern unterscheidet man zwei voneinander abweichende Verfahren.

1. Das Tangentialverfahren (auch Achsialverfahren genannt) und
2. das Radialverfahren.

Die Art des Fräsvorganges beim Tangentialverfahren ist in Abb. 95 dargestellt. Der konisch angedrehte Fräser *a* sitzt auf einer in zwei Lagerböcken *b* gelagerten Welle c; die Lagerböcke sind auf dem Supportschlitten *d* befestigt, der auf dem Supportunterteil *e* gleitet.

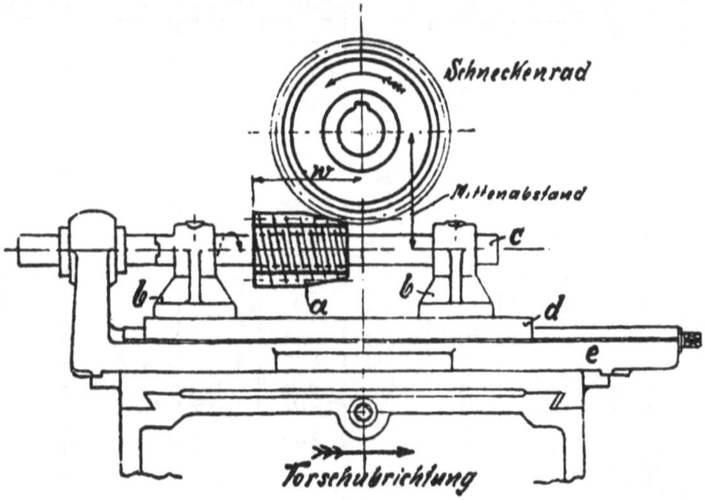

Abb. 95 Tangentialverfahren.

I. Beim Fräsen nach dem Tangentialverfahren erfolgt der Vorschub des Fräsers tangential zum Schneckenrad. Der Teilkreisdurchmesser des Fräsers muß stets mit dem der Schnecke übereinstimmen, weil sonst der Steigungswinkel des Rades von dem der Schnecke abweicht. Mit Rücksicht auf diesen Umstand wird in den Maschinenfabriken auf möglichst gleichmäßige Durchbildung der Schneckenkonstruktionen großer Wert gelegt, da andernfalls für jede abweichende Schnecke auch ein entsprechender Fräser angefertigt werden muß, der dann nach vielleicht einmaligem Gebrauch auf Jahre hinaus totes Kapital darstellt.

Bei der Berechnung der Laufzeit kann man die Länge des Vorschubweges *W*, den der Fräser zurücklegen muß, von Fall zu Fall unter Berücksichtigung der Länge des Fräsers berechnen.

Ist *D* der Durchmesser des Schneckenrades, *a* die Frästiefe (Zahnhöhe), *l'* die Länge des zylindrischen Fräserteiles und φ der halbe Kegelwinkel des Fräsers, dann ist der Fräser-Vorschubweg bei ganzem Durchlauf

$$W = l' + \frac{a - \frac{D}{2} \cdot \sin^2 \frac{\varphi}{2}}{\operatorname{tg} \varphi} + \frac{D}{2} \sin \varphi + \sqrt{a\,(D - a)}.$$

Einfacher wäre es natürlich, *W* von einer maßstäblichen Zeichnung abzulesen.

Die Umfangsgeschwindigkeit des Fräsers bleibt auch bei mehrgängigen Schneckenrädern dieselbe wie bei den eingängigen, jedoch ist die Umfangsgeschwindigkeit des Rades bei doppelgängigen Rädern doppelt, bei dreigängigen 3 mal so groß als bei eingängigen usw.

Die Leistung des Fräsers bzw. der Fräsmaschine steigt aber nicht in demselben Verhältnis: je mehr Gänge das Gewinde hat, um so geringer muß der Vorschub gewählt werden. Die betreffenden Werte gibt die Tabelle 61 an. Schneckenräder werden fast ausnahmslos mit einem Schnitt fertig gefräst; nur in ganz seltenen Fällen wird ein 2. Schnitt erforderlich sein, z. B. wenn die Schnittflächen des Fräsers infolge harter Stellen des Materials gelitten haben. In diesem Fall kann man den 2. Schnitt mit ca. 3fachem Vorschub hindurchlaufen lassen.

Wenn G = Gangzahl des Gewindes
Z = Zähnezahl
W = Vorschubweg in mm
i = Schnittzahl
s = Vorschub pro Radumdrehung
n = Umdrehungen des Fräsers in der Minute,

dann ist die Laufzeit in Minuten

$$t_h = \frac{W \cdot i \cdot Z}{n \cdot s \cdot G}$$

Alle zur Berechnung der Fräszeit erforderlichen Werte sind in der nächsten Tabelle enthalten.

Tabelle 61.

Das Fräsen von Schneckenrädern nach dem Tangentialverfahren (auch Achsialverfahren genannt).

Modul	Äußerer Fräser Durchm. mm	Umdrehung des Fräsers pro Min. n für Guß-eisen	für Bronze	Steigung 1fach Vorschub des Fräsers pro Radumdrehung mm	2fach mm	3fach mm	4fach mm	Einrichten der Maschine Min.	Auf- u. Abspannen pro Rad Min.
4	50	84	96	1,8	0,9	0,6	0,45		
6	62	68	77	1,6	0,8	0,5	0,4		
8	80	52	60	1,5	0,75	0,5	0,35	50	15
10	95	44	50	1,4	0,7	0,45	0,35		
12	110	38	43	1,4	0,7	0,45	0,35		
14	120	35	40	1,2	0,6	0,4	0,3		
16	130	32	37	1	0,5	0,3	0,25	60	25
18	140	30	34	1	0,5	0,3	0,25		
20	150	28	32	0,8	0,4	0,25	0,2		
22	165	25	29	0,8	0,4	0,25	0,2		
24	185	23	26	0,6	0,3	0,2	0,15	75	40
26	200	21	24	0,5	0,25	0,15	0,1		

Da der Teilkreisdurchmesser des Fräsers stets mit dem der Schnecke genau übereinstimmen muß, sind die in der Tafel gegebenen Fräserdurchmesser nur als Anhaltswerte zu betrachten.

Die minutliche Umdrehungszahl des Fräsers ist zu berechnen nach der Formel:

$$n = \frac{4200}{\text{äußeren Fräserdurchmesser}} \text{ für Gußeisen } (v_m = 13 \text{ m/Min.}) \text{ oder}$$

$$n = \frac{4800}{\text{äußeren Fräserdurchmesser}} \text{ für Bronze } (v_m = 15\text{m/Min.})$$

Bei 3, 4 und mehrgängigen Schneckenrädern empfiehlt es sich, die minutliche Umdrehungszahl des Fräsers der Leistungsfähigkeit der Maschine und der Härte des Materials entsprechend zu reduzieren. Desgleichen sind die Vorschübe je nach Schnitthaltigkeit des Fräsers und der Härte des Materials zu reduzieren oder zu steigern. In den Zeitangaben der Tafel für Einrichten der Maschine und für Auf- und Abspannen des Rades ist die Zeit für das Anstellen der Schnitte und das Wechseln des Vorschubes bereits enthalten.

Beispiel 1. 1 Schneckenrad fräsen aus Bronze, 25 Zähne, 6 π, 1fach.

Einrichtezeit: .... $t_e = \sim$ 40 Min.

Grundzeit: Auf- und Abspannen des Rades .... $\sim$ 12 Min.

$$t_h = \frac{W \cdot i \cdot Z}{n \cdot s \cdot G} = \frac{78 \cdot 1 \cdot 25}{77 \cdot 1{,}6 \cdot 1} \ldots\ldots = \sim 16 \text{ „}$$

$t_g = \sim$ 28 Min.

Beispiel 2. 1 Schneckenrad fräsen aus Bronze, 36 Zähne, 18 π, 3fach, bei Anfertigung von 6 Stück.

Einrichtezeit: .... $t_e = \sim$ 72 Min.

Grundzeit: Auf- und Abspannen des Rades .... $\sim$ 12 Min.

$$t_h = \frac{W \cdot i \cdot Z}{n \cdot s \cdot G} = \frac{265 \cdot 1 \cdot 36}{34 \cdot 0{,}3 \cdot 3} \ldots\ldots = \sim 312 \text{ „}$$

$t_g = \sim$ 324 Min.

Der Fräsvorgang beim Radialverfahren ist in Abb. 96 dargestellt; der Unterschied gegenüber dem Tangentialverfahren liegt in der Richtung des Vorschubes.

II. Die Anwendung des **Radialverfahrens** ist auf ein- und doppelgängige Räder

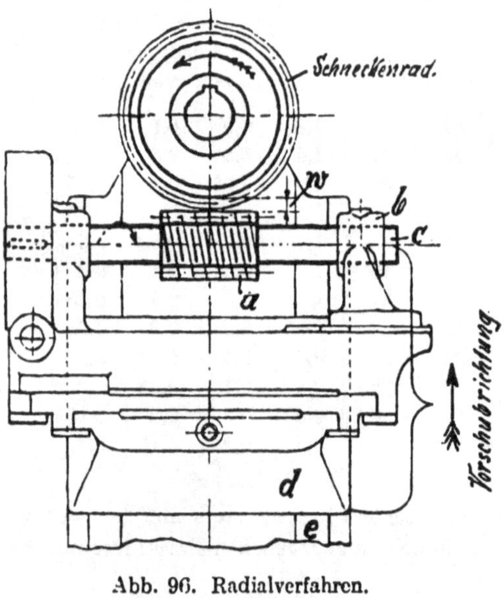

Abb. 96. Radialverfahren.

beschränkt. Eine einwandfreie Verzahnung ist mit diesem Verfahren nur bei eingängigen Rädern zu erzielen; schon bei 2gängigen Rädern treten Differenzen in der Teilung auf,

Abb. 97. Automatische Schneckenräder-Fräsmaschine (radial).

und für 3- oder gar noch mehrgängige Räder ist das Radialverfahren überhaupt nicht mehr brauchbar. Hier kommt nur das vorher beschriebene Tangentialverfahren in Frage.

Die minutliche Umdrehungszahl des Fräsers, die Zeiten für Auf- und Abspannen, Einrichten der Maschine usw. sind dieselben wie beim Tangentialverfahren.

Eine Abweichung von diesem ist nur bei der Berechnung der Laufzeit zu beachten, weil der Vorschub hier in radialer Richtung erfolgt (siehe Abb. 96).

Die Formel zur Berechnung der Laufzeit lautet:

$$t_h \text{ in Min.} = \frac{\text{Zähnezahl} \times \text{Zahntiefe}}{\text{Vorschub pro Radumdrehung} \times \text{Umdrehung d. Fräsers pro Min.}}$$

Die Zahntiefe ist = Modul × 2,167. (Siehe Tabelle 48, S. 145.)

Über die Größe des Fräservorschubes pro Radumdrehung gibt die nächste Tafel Aufschluß.

Tabelle 62.

Das Fräsen von Schneckenrädern nach dem Radial-Verfahren.

Modul	Vorschub p. Rad-Umdrehg. 1fach mm	Vorschub p. Rad-Umdrehg. 2fach mm	Modul	Vorschub p. Rad-Umdrehg. 1fach mm	Vorschub p. Rad-Umdrehg. 2fach mm
6	0,12	0,08	16	0,07	0,04
7	0,12	0,08	17	0,06	0,04
8	0,11	0,07	18	0,06	0,04
9	0,11	0,07	19	0,05	0,03
10	0,10	0,06	20	0,04	0,03
11	0,10	0,06	21	0,04	0,03
12	0,09	0,05	22	0,03	0,02
13	0,09	0,05	23	0,02	0,01
14	0,08	0,04	24	0,02	0,01
15	0,08	0,04	25	0,02	0,01

Beispiel: 1 Schneckenrad aus Bronze Mod. 14, 30 Zähne, 1fach, nach dem Radialverfahren fräsen.

Der Durchmesser des Fräsers sei (Tabelle 61) = 120 mm; Umdrehungen des Fräsers pro Minute = 40; Zahntiefe a = Modul × 2,16 = 30,3 mm.

Einrichtezeit: .... $t_e = \sim$ 60 Min.

Grundzeit: Auf- und Abspannen des Rades .... $\sim$ 18 Min.

$$t_h = \frac{Z \cdot a}{n \cdot s} = \frac{30 \cdot 30{,}3}{40 \cdot 0{,}08} \dots\dots = \sim 284 \text{ ,,}$$

$t_g = \sim$ 302 Min.

Auch nach diesem Verfahren sind die Räder ausnahmslos mit 1 Schnitt fertig zu fräsen.

Die in der Tabelle 62 gegebenen Vorschübe lassen sich bei Bearbeitung geeigneten Materials an leistungsfähigen Maschinen noch steigern.

h) Das Fräsen von Schnecken und Spindeln.

Das Fräsen von Schnecken auf der Schneckenfräsmaschine stellt sich wesentlich billiger als die Herstellung auf der Drehbank. Besonders der Umstand, daß von einem Arbeiter mehrere Schneckenfräsmaschinen gleichzeitig bedient werden können, hat zur Folge, daß das Fräsen von Schnecken nur einen Bruchteil des Arbeitslohnes für das Schneiden auf der Drehbank erfordert.

Die Steigung der 1-gängigen Schnecke ist gleich der Teilung, die der 2-gängigen gleich der doppelten, die Steigung der 3-gängigen gleich der dreifachen Teilung usw.

Bei einer 3-gängigen Schnecke, Modul 18, ist die Teilung = $18 \cdot \pi$ = 56,5 mm, die Steigung dagegen = $18 \cdot \pi \cdot 3$ = 169,5 mm.

Die Schnittgeschwindigkeit für Schneckenfräser aus Schnellschnittstahl beträgt ca. 15 m/Min., bei Bearbeitung von SM-Stahl von 50—70 kg Festigkeit. Die minutliche Umdrehungszahl der Schneckenfräser berechnet man also nach der Formel:

$$n = \frac{4800}{\text{äußeren Fräserdurchmesser.}}$$

Da bis jetzt keine Normen für diese Fräser bestehen und die Durchmesser derselben in den verschiedenen Betrieben stark voneinander abweichen, so läßt sich keine Normtafel, ähnlich der für die Zahnradfräserei, aufstellen. — Die Zusatzwerte für den Anschnitt des Fräsers sind einzusetzen nach folgender Tabelle 63.

Tabelle 63.

Zusatzwerte für den Anschnitt des Fräsers beim Fräsen von Schnecken und Spindeln.

Bei 1-gängigen Schnecken	Bei 2- und 3-gängigen Schnecken	Bei 4- und 5-gängigen Schnecken
Teilung × 0,75	Teilung × 1	Teilung × 1,3

Beim 2. Schnitt ist die Hälfte, beim 3. Schnitt ein Drittel einzusetzen.

Für das Einrichten der Maschine rechnet man 45 Minuten.

(In diesen 45 Minuten ist die Zeit für das Anstellen des 1. Schnittes einbegriffen; für jeden weiteren Schnitt, bzw. bei mehrgängigen Schnecken für jeden weiteren Gang und Schnitt sind je 6 Minuten einzurechnen.)

Für das Auf- und Abspannen einer Schnecke genügen 5—10 Minuten.

Tabelle 64.

Vorschub pro Minute für Stahl von 50—70 kg Festigkeit.

(Vorschub im Teilkreis der Schnecke gemessen.)

Modul	1. Schnitt	Modul	1. Schnitt	2. Schnitt	Modul	1. Schnitt	2. Schnitt	3. Schnitt
	mm		mm	mm		mm	mm	mm
2	12—13	14	8	9	22	4,5	5	7
4	9—11	16	7	8	24	4	4,5	6
6	8—9,5	18	6	7	26	3	4	5
8	7—8	20	5,5	6	28	3	3	4,5
10	6,5—7							
12	5,5—6							

Bis Modul 12 genügt in der Regel 1 Schnitt, für Modul 14—20 sind 2 Schnitt erforderlich, über Modul 20 sind 3 Schnitt erforderlich.

Es sei d_a = äußerer Schneckendurchmesser in mm,
d_t = Teilkreisdurchmesser in mm,
l = Schneckenlänge in mm,
st = Steigung in mm,
s = minutlicher Vorschub in mm,
i = Schnittzahl,
α = Steigungswinkel.
G = Gangzahl.

Dann lautet die Formel für die Berechnung der Laufzeit:

$$t_h = \frac{d_t \cdot \pi \cdot l \cdot G}{s \cdot st \cdot \cos \alpha}$$

Der in den Nenner einzusetzende Wert für $\cos \alpha$ ist in der folgenden Tafel bis auf drei Dezimalstellen ausgerechnet, was für die Berechnung der Laufzeit vollkommen genügt, da bis zu einem Steigungswinkel von 25°, selbst bei vollständiger Vernachlässigung desselben, das Resultat nur wenig beeinflußt wird. Bei mehrgängigen Schnecken ist es zweckmäßig, $\cos \alpha$ aus Umfang und Steigung zu errechnen: $tg\, \alpha = \frac{st}{d \cdot \pi}$.

Tabelle 65.

Werte für $\cos \alpha$ an Schnecken mit einfacher Modulsteigung, bezogen auf den Teilkreis.

Teilkreis-Durchm. mm	Modul 6	8	10	12	15	20
50	0,993	0.987	0.980	0.972	0.958	0.928
60	0.995	0.991	0.986	0.981	0.970	0.949
70	0.996	0.993	0.990	0.986	0.978	0.961
80	0.997	0.995	0.992	0.989	0.983	0.970
100	0.998	0.997	0.995	0.993	0.989	0.980
125	0.999	0.998	0.997	0.995	0.993	0.987
150	0.999	0.998	0.998	0.997	0.995	0.991

Beispiel 1. Eine Schnecke Modul 6 ($st = 18{,}85$), 1-gängig, 53 mm Teilkreisdurchmesser, 90 mm lang, ist mit 1 Schnitt zu fräsen; $s = 9$ mm.

$$t_h = \frac{53 \cdot \pi \cdot (90 + 14)}{9 \cdot 18{,}85 \cdot 0{,}993} = \frac{53 \cdot \pi \cdot 104}{9 \,.\, 18{,}85 \cdot 0{,}993} \ldots\ldots\ldots\ldots = 103 \text{ Min.}$$

In dieser Rechnung stellt die Zahl 14 den Zusatzwert für den Anschnitt des Fräsers dar, siehe Tabelle 63.

Zusatzwert für 1-gängige Schnecken = Teilung $\times$ 0,75 = 18,85 · 0,75 = $\sim$ 14 mm.

Beispiel 2. Eine 3-gängige Schnecke Modul 18 ($st = 169{,}65$), 140 mm Teilkreisdurchmesser, 180 mm lang mit 2 Schnitten fräsen. 1. Schnitt $s = 6$ mm, 2. Schnitt $s = 7$ mm/Min.

Einrichtezeit: .... $t_e = \sim$ 45 Min.

Hauptzeit:

$$t_{h_1} = \frac{d_t \cdot \pi \cdot l \cdot G}{s \cdot st \cdot \cos \alpha} = \frac{140 \cdot \pi \cdot (180 + 56{,}5) \cdot 3}{6 \cdot 169{,}65 \cdot 0{,}933} \ldots\ldots = \sim 329 \text{ Min.}$$

$$t_{h_2} = \frac{140 \cdot \pi\,(180 + 28{,}25) \cdot 3}{7 \cdot 169{,}65 \cdot 0{,}933} \ldots\ldots\ldots\ldots = \sim 249 \text{ „}$$

$t_h =$ 578 Min.

Nebenzeit: Auf- und Abspannen der Schnecke .... $\sim$ 8 „

2 mal den 1. Schnitt anstellen .... $\sim$ 12 „

3 mal den 2. Schnitt anstellen .... $\sim$ 18 „

$t_n = \sim$ 38 Min.

Grundzeit: $t_g = t_h + t_n = 578 + 38$ .... = 616 „

Stückzeit: $t_{st} = \frac{\Sigma b \cdot t_g}{60 \cdot x}\left(1 + \frac{V}{100}\right)$. (Vgl. II, 4, S. 31).

In dem 2. Beispiel ist die Teilung = $18 \cdot \pi = 56{,}5$, die Steigung dagegen = $18 \cdot \pi \cdot 3 = 169{,}5$.

Die Laufzeit für das Fräsen von Spindeln wird in derselben Weise berechnet wie bei den Schnecken. Mit Rücksicht auf das geringe Spanvolumen kann die minutliche Umdrehungszahl des Fräsers etwas größer angenommen werden, und zwar setzt man n

$$\text{für Stahl von 60—70 kg/mm}^2 = \frac{5500}{\text{Fräser — } \varnothing \text{ in mm}}$$

$$\text{für Stahl von 30—40 kg/mm}^2 = \frac{6800}{\text{Fräser — } \varnothing \text{ in mm}}$$

Für Fräser aus Schnellschnittstahl gibt die folgende Tafel Durchschnittswerte für den minutlichen Vorschub an:

Tabelle 66.

Durchschnittswerte für minutliche Vorschübe beim Fräsen von Spindeln.

Material	Gangtiefe	Schnittiefe	Vorschub	
Stahl von 60—70 kg Festigkeit p. mm²	bis 10 mm	3 mm	20 mm	beim Schruppen
	„ 10 mm	1 mm	25 mm	„ Schlichten
Stahl von 30—40 kg Festigkeit p. mm²	„ 10 mm	3 mm	35 mm	„ Schruppen
	„ 10 mm	1 mm	45 mm	„ Schlichten

Für Gewinde bis zu 3,5 mm Gangtiefe genügt ein Schnitt.

Tabelle 67.

Werte für cos α an Spindeln mit mm-Steigung, bezogen auf den mittleren Gewindedurchmesser.

Durchmesser mm	Steigung mm 10	15	20	25	30	40	50	60	75
30	0.994	0.988	0.978	0.966	0.953	0.920	0.883	0.843	0.782
35	0.996	0.991	0.984	0.975	0.966	0.940	0.910	0.878	0.826
40	0.997	0.993	0.989	0.981	0.973	0.953	0.920	0.902	0.873
50	0.998	0.995	0.992	0.988	0.982	0.969	0.953	0.934	0.903
60	0.999	0.997	0.994	0.991	0.988	0.978	0.939	0.953	0.929
70	0.999	0.998	0.996	0.994	0.991	0.984	0.975	0.966	0.946
80	0.999	0.998	0.997	0.995	0.993	0.989	0.981	0.973	0.958
100	1.000	0.999	0.998	0.997	0.995	0.992	0.988	0.982	0.973
120	1.000	1.000	0.999	0.998	0.997	0.995	0.992	0.988	0.982

Für das Einrichten der Maschine, das Aufspannen der Spindeln und das Anstellen der Schnitte sind die gleichen Werte einzusetzen wie beim Fräsen von Schnecken.

Beispiel 3. Eine Spindel aus Stahl von 160 mm Außendurchmesser soll mit einem Flachgewinde von 15 mm Steigung und 400 mm Länge versehen werden; bei einer Steigung = 15 mm ist die Gangtiefe $= \frac{15}{2} = 7{,}5$, der mittlere Durchmesser des Gewindes = 152,5 mm.

Erforderlich sind 2 Schruppschnitte und 1 Schlichtschnitt.

$$th_1 = \frac{d_t \cdot \pi \cdot l \cdot i}{s \cdot st \cdot \cos\alpha} = \frac{152{,}5 \cdot \pi \cdot 411 \cdot 1}{20 \cdot 15 \cdot 1{,}000} \ldots = \sim 660 \text{ Min.}$$

$$th_2 = \frac{152{,}5 \cdot \pi \cdot 406 \cdot 1}{20 \cdot 15 \cdot 1{,}000} \ldots\ldots\ldots\ldots\ldots = \sim 650 \text{ ,,}$$

$$th_3 = \frac{152{,}5 \cdot \pi \cdot 404 \cdot 1}{25 \cdot 15 \cdot 1{,}000} \ldots\ldots\ldots\ldots\ldots = \sim 520 \text{ ,,}$$

$$th = \sim 1830 \text{ Min.}$$

---

i) Schleifmaschinen.

Beim Schleifen besteht die Hauptschwierigkeit in der Auswahl des richtigen Werkzeuges, d. h. der richtigen Schleifscheibe. Es ist hier nicht der Platz, alle bestehenden Fragen ausführlich zu erörtern, es wird deshalb auf die guten Ausführungen von Buxbaum, „Werkstattbücher“, Heft 5 (Julius Springer, Berlin) hingewiesen. Die Schnittgeschwindigkeiten beim Schleifen sind annähernd gleich den Umfangsgeschwindigkeiten der Scheiben, die weit höher liegen als die bei Schneidstählen angewendeten, und die deshalb in m/Sek. angegeben werden. Man verwendet beim Schleifen auf Schleifmaschinen folgende Umfangsgeschwindigkeiten der Schleifscheibe:

Material des Werkstückes	Umfangsgeschw. d. Scheibe
Stahl	30—35 m/Sek.
Gußeisen	25 ,,
Gehärtete Werkzeuge	20 ,,
Für freihändiges Schleifen	25 ,,
Für Topfscheiben	20 ,,

ist, s der seitliche Vorschub von Tisch oder Scheibe und i = Schleifzugabe z, dividiert durch Tiefenzustellung a je Schnitt, also

$$t_h = \frac{l \cdot z}{n \cdot s \cdot a} \text{ .... Min.}$$

Die hierdurch errechnete Schleifzeit reicht nun praktisch aber nicht aus, weil die letzten Hundertstel vorsichtig zugestellt werden müssen, um das Fertigmaß nicht zu unterschreiten. Es kann also die Spantiefe a nicht bis zuletzt beibehalten werden, wodurch sich die Laufzeit verlängert. Die erforderlichen Zuschläge sind wieder abhängig von der Stabilität des Werkstückes. Je länger und dünner das Werkstück ist, desto leichter gibt es dem Schleifdruck nach, und desto öfter muß die Scheibe über das Stück laufen, bis der gleichmäßige Durchmesser in der Mitte und an den Einspannenden erreicht ist. Je nach der Stabilität des Werkstücks werden die Zuschläge mit 15 bis 25 % bemessen.

Als Anhalt für die zu verwendende Zahl von Lünetten diene folgende Tabelle.

Tabelle 69.

Anzahl der Lünetten beim Schleifen.

Länge mm	Durchmesser des Werkstücks in mm 20-30	30-45	45-60	60-80	80-100	100-125
300	1	1				
450	2	2	1			
600	4	3	2	1	1	1
800	5	4	3	2	2	1
1000	6	5	4	3	2	2
1250	7	6	5	4	3	2
1500	8	7	6	5	3	3

Durchschnittszeiten für das Einrichten von Rundschleifmaschinen.

1. Zeichnung besorgen .... ca. 5 Min.
2. Werkzeuge besorgen .... ca. 5 „
3. Aufspannfutter auswechseln .... ca. 3 „
4. 1 Anschlag einstellen .... ca. 0,5 „
5. Schliff zylindr. einstellen .... ca. 3 „
6. 1 Lünette aufsetzen und einstellen .... ca. 1,3 „
7. Konus einstellen .... ca. 5 „
8. Gesamtzeit (im Durchschnitt 15—20 Min.)

Nebenzeiten:

1. Mitnehmer aufsetzen .... 0,10—0,18 Min.
2. Zentrierung reinigen und ölen .... 0,20—0,55 „
3. Ein- und Ausspannen im Futter .... 0,20—0,60 „
4. Ein- und Ausspannen zw. Spitzen .... 0,15—0,80 „

(1.–4.: je nach Durchmesser und Länge.)

5. Mit Bohrung versehenes Werkstück auf Dorn nehmen:

Dorndurchmesser:	20	40	60	80	100	120	150 mm
Erforderliche Zeit:	0,8	1	1,2	1,5	2	2,5	3 Min.

6. Für Messen, Anstellen usw. ist je Passung ein Zuschlag von 1 Min. bei kurzen Sitzen, 1,5 Min. für mittlere und 2 bis 2,5 Min. für größere Längen zu geben.
7. Scheibe abziehen 1—3,5 Min., je nach Ausrüstung der Maschine.

Beispiel: An nebenstehender Welle sollen die beiden bis auf 0,5 mm vorgedrehten Lagerstellen vor- und fertiggeschliffen werden (50 Stück).

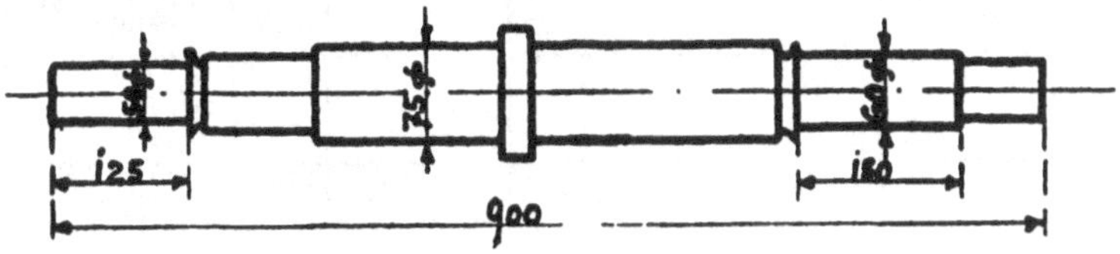

Abb. 101.

Einrichtezeit: Spannfutter abnehmen und Spitze einsetzen .... 3 Min.
4mal Tiefenanschlag, 4mal Längsanschlag einstellen ..... 4 „
4mal zylindrisch einstellen .... 12 „
Werkzeuge (Lehren) besorgen .... 5 „
(Zeichnung und Akkordschein wird gebracht) 24 Min.
25 % Verlustzeit = 6 „
$t_e =$ 30 Min.

Hauptzeit: 1. Beide Lagerstellen vorschleifen:
$l = 125 + 150 = 275$ mm, $z = 0{,}5$ mm, v nach Abb. 99, S. 167 für beide Lagerstellen $\sim$ 12 m/Min., $n = \sim 64$ Umdr./Min., Scheibenbreite 50 mm, folglich $s = \sim 35$ mm, $a = 0{,}02$ mm.

$$t_{h_1} = \frac{l \cdot z}{n \cdot s \cdot a} = \frac{275 \cdot 0{,}5}{64 \cdot 35 \cdot 0{,}02}$$; zuzüglich 20 % .... $= \sim$ 3,7 Min.

2. Beide Lagerstellen fertigschleifen:
$l = 125 + 150 = 275$ mm, $z = 0{,}05$ mm, $n = \sim 64$ Umdr./Min., $s = \sim 25$ mm, $a = 0{,}003$

$$t_{h_2} = \frac{l \cdot z}{n \cdot s \cdot a} = \frac{275 \cdot 0{,}05}{64 \cdot 25 \cdot 0{,}003}$$; zuzüglich 25 % ...... $\sim$ 3,6 „
7,3 Min.
Drehzahlenabfall 7 % $= \sim$ 0,5 „
$t_h =$ 7,8 Min.

Nebenzeit: Mitnehmer aufsetzen und Zentrierung reinigen während der Laufzeit.
Ein- und Ausspannen 4mal .... = 2 Min.
2mal Messen, anstellen beim Vorschleifen .... 2 „
2mal Messen, anstellen beim Fertigschleifen .... 4 „
Für je 10 Lagerstellen 2mal Scheibe abziehen, das sind für 5 Wellen $2 \times 3 = 6$ Min. .... $\sim$ 1,2 „
Einfetten und ablegen .... $\sim$ 1 „
$t_n =$ 10,2 Min.

Grundzeit: $t_g = t_h + t_n = 7{,}8 + 10{,}2$ .... $= \sim$ 18,0 „

Stückzeit: $t_{st} = t_g \cdot \left(1 + \frac{V}{100}\right) = 18{,}0 \cdot 1{,}20$ .... $= \sim$ 21,6 „

Die beiden folgenden Tabellen sind als Durchschnittswerte für Überschlagsrechnungen gut zu verwenden.

Tabelle 70. **Werte für das Schleifen von Wellen auf Maß.** Werte für 1 Arbeitsstück bei Anfertigung von 3—6 Stück.

Arbeitsstück Ø mm	Umfangs-geschw. v m/Min.	minutl. Umdreh. n		Schleiflänge in mm. — Zeit in Minuten. 25	50	75	100	125	150	175	200	250	300	350	400	500	600	700	800	900	1000
30	8	85	a	2,5	2,5	2,5	2,6	2,6	2,7	2,7	2,8	3	3,2	3,4	3,6						
			b	1	1,1	1,2	1,3	1,4	1,5	1,6	1,8	2	2,2	2,4	2,6						
			c	0,4	0,8	1,2	1,5	2	2,4	2,8	3,1	3,9	4,7	5,5	6,3						
			d	3,9	4,4	4,9	5,4	6	6,6	7,1	7,7	8,9	10,1	11,3	12,5						
40	9	72	a	2,5	2,5	2,5	2,6	2,6	2,7	2,7	2,8	3	3,2	3,4	3,6	3,8	4				
			b	1	1,1	1,2	1,3	1,4	1,5	1,6	1,8	2	2,2	2,4	2,6	2,8	3				
			c	0,5	1	1,4	1,9	2,3	2,8	3,2	3,7	4,6	5,6	6,5	7,4	9,2	11				
			d	4	4,6	5,1	5,8	6,3	7	7,5	8,3	9,6	11	12,3	13,6	15,8	18				
50	10	64	a	2,5	2,5	2,5	2,6	2,6	2,7	2,7	2,8	3	3,2	3,4	3,6	3,8	4	4,2			
			b	1	1,1	1,2	1,3	1,4	1,5	1,6	1,8	2	2,2	2,4	2,6	2,8	3	3,2			
			c	0,6	1,1	1,6	2,1	2,6	3,1	3,7	4,2	5,2	6,2	7,3	8,3	10,4	12,5	14,5			
			d	4,1	4,7	5,3	6	6,6	7,3	8	8,8	10,2	11,6	13,1	15,5	17	19,5	21,9			
60	11	58	a	3	3	3	3	3,1	3,2	3,3	3,4	3,5	3,6	3,8	4	4,2	4,4	4,6			
			b	1,2	1,3	1,4	1,5	1,6	1,8	2	2,2	2,4	2,6	2,8	3	3,2	3,4	3,6			
			c	0,6	1,2	1,8	2,3	2,9	3,5	4	4,6	5,8	6,9	8	9,2	11,5	13,7	16			
			d	4,8	5,5	6,2	6,8	7,6	8,5	9,3	10,2	11,7	13,1	14,6	16,2	18,9	21,5	24,2			
75	12	51	a	4	4	4	4	4,1	4,2	4,3	4,4	4,5	4,6	4,8	5	5,2	5,4	5,6	5,8	6	
			b	1,4	1,5	1,6	1,8	2	2,2	2,4	2,6	2,8	3	3,2	3,4	3,6	3,8	4	4,2	4,4	
			c	0,7	1,3	2	2,6	3,3	3,9	4,6	5,2	6,5	7,8	9,1	10,4	13	15,6	18,2	21	23,5	
			d	6,1	6,8	7,6	8,4	9,4	10,3	11,3	12,2	13,8	15,4	17,1	18,8	21,8	24,8	27,8	31	33,9	
100	13	42	a	5	5	5	5	5,1	5,2	5,3	5,4	5,5	5,6	5,8	6	6,5	7	7,5	8	9	10
			b	1,8	2	2,2	2,4	2,6	2,8	3	3,2	3,4	3,6	3,8	4,1	4,4	4,7	5	5,5	6	7
			c	0,8	1,6	2,4	3,2	4	4,8	5,6	6,4	7,9	9,5	11	12,7	15,8	19	22,5	25,5	28,5	32
			d	7,6	8,6	9,6	10,6	11,7	12,8	13,9	15	16,8	18,7	20,6	22,8	26,7	30,7	35	39	43,5	49

In Spalte 4 bedeutet Zeile a: Einspannen des Arbeitsstückes und Einstellen der Längsanschläge. b: Schnitte anstellen und messen. c: Reine Laufzeit bei einer Schleifzugabe von 0,5 mm im Ø. d: Gesamtzeit in Minuten. Das Umspannen des Werkstückes ist mit ca. 80% der Werte aus Zeile a einzusetzen.

Tabelle 71. **Werte für das Schleifen von Lagerstellen an vorgeschliffenen oder sauber vorgedrehten Wellen aus Stahl.**

Arbeitsstück Ø mm	Arbeitsstück v_m m/Min.	Arbeitsstück minutl. Umdreh. n		Länge der Lagerstelle in mm. — Zeit in Minuten: 50	75	100	125	150	175	200	250	300	350	400	500
30	8	85	a	2,5	2,5	2,6	2,6	2,7							
			b	3,3	3,6	3,9	4,2	4,5							
			c	4	6	8	10	12							
			d	9,8	12,1	14,5	16,8	19,2							
40	9	72	a		2,5	2,6	2,6	2,7	2,7	2,8					
			b		3,6	3,9	4,2	4,5	4,8	5,4					
			c		7	9,5	11,5	14	16	19					
			d		13,1	16	18,3	21,2	23,5	27,2					
50	10	64	a		2,5	2,6	2,6	2,7	2,7	2,8	3				
			b		3,6	3,9	4,2	4,5	4,8	5,4	6				
			c		8	10,5	13	16	18,5	21	26				
			d		14,1	17	19,8	23,2	26	29,2	35				
60	11	58	a			3	3,1	3,2	3,3	3,4	3,5	3,6			
			b			4,5	4,8	5,4	6	6,6	7,2	7,8			
			c			11,5	14,5	17,5	20	23	29	35			
			d			19	22,4	26,1	29,3	33	39,7	46,4			
75	12	51	a			4	4,1	4,2	4,3	4,4	4,5	4,6	4,8	5	
			b			5,4	6	6,6	7,2	7,8	8,4	9	9,6	10,2	
			c			13	16,5	19,5	23	26	33	39	46	52	
			d			22,4	26,6	30,3	34,5	38,2	45,9	52,6	60,4	67,2	
100	13	42	a				5,1	5,2	5,3	5,4	5,5	5,6	5,8	6	6,5
			b				7,8	8,4	9	9,6	10,2	10,8	11,4	12,3	13,2
			c				20	24	28	32	40	48	56	64	80
			d				32,9	37,6	42,3	47	55,7	64,4	73,2	82,3	99,7

In Spalte 4 bedeutet Zeile a: Einspannen des Arbeitsstückes und Einstellen der Längsanschläge. b: Schnitte anstellen und messen. c: Laufzeit in Minuten. d: Gesamtzeit in Minuten.

Zeitberechnung für das Schleifen von Zahnflanken an gehärteten Zahnrädern auf automatischen Stirnrad-Schleifmaschinen.

Das Schleifen von Zahnflanken wird nur angewendet bei gehärteten Rädern. In der Hauptsache kommen die stark beanspruchten Räder von Motoren- und Automobilgetrieben in Frage, von denen ein ruhiger, möglichst geräuschloser Lauf verlangt wird. Durch den Härteprozeß verziehen sich naturgemäß diese aus hochwertigem Stahl angefertigten Räder, und es wird infolgedessen ein Nachschleifen der Zahnflanken erforderlich.

Die Arbeitsweise einer solchen Zahnflanken-Schleifmaschine ähnelt der einer Shaping- bzw. einer Kegelrad-Hobelmaschine. An die Stelle des Hobelstahles tritt hier jedoch sinngemäß die Schleifscheibe. Letztere wird gleich dem Hobelstahl an der Zahnflanke entlang geführt, kehrt zurück, die Maschine schaltet zu dem nächsten Zahn um, und so wiederholt sich dieser Vorgang so oft, wie das Rad Zähne enthält.

Die Richtung des Vorschubes wählt man meistens vom Zahnkopf zum Zahngrund; das umgekehrte Verfahren ist aber auch nicht falsch. In dem Zeitraum einer Radumdrehung, d. h., bis die Schleifscheibe zu dem ersten Zahn zurückgekehrt ist, ändert sich die Einstellung der Scheibe um etwa 0,2 bis 0,3 mm in der Richtung des Zahnbogens, und der Neigung desselben folgend; in dieser allmählich sich ändernden Einstellung bestreicht die Schleifscheibe sämtliche Zähne. Dies wiederholt sich, bis die Schleifscheibe am tiefsten Punkt des Zahnfußes, bzw. wenn in der umgekehrten Richtung geschliffen wird, bis sie an der äußersten Kante des Zahnkopfes angelangt ist. Die Schleifscheibe ist am Umfang beiderseitig abgeschrägt und bildet einen Winkel von etwa 30 Grad.

Für die Zeitberechnung beim Schleifen von Zahnflanken ist folgendes zu beachten: Die abgewickelte Zahnflanke ist ungefähr $l = \text{Modul} \cdot 2{,}3$ mm lang.

Die Schnittzahl ist abhängig von der Zugabe an den gehärteten Zähnen und von dem Grade des Verziehens der Räder beim Härten; in der Regel genügen 2, im ungünstigsten Falle 3 Schnitte.

Die Geschwindigkeit, mit der die Schleifscheibe an der Zahnflanke vorbeigeführt wird, beträgt im Mittel etwa 5—6 m/Min. Sie ist nicht etwa die Umfangsgeschwindigkeit der Schleifscheibe, sondern entspricht der Umfangsgeschwindigkeit des Arbeitsstückes beim Rundschleifen.

Die minutliche Hubzahl n ist an derartigen Schleifmaschinen für Radbreiten von etwa 30 bis 90 mm in der Regel konstant, beträgt etwa 45 und ist auf der Maschinenkarte festzulegen.

Die Berechnung der Laufzeit geschieht entsprechend den eben erklärten Begriffen nach folgender Formel:

$$t_h = \frac{\text{Modul} \cdot 2{,}3 \cdot \text{Zähnezahl} \cdot 2 \cdot \text{Schnittzahl}^{1}}{\text{Hubzahl pro Minute} \cdot \text{Vorschub pro Radumdrehung in mm}} \quad \text{oder}$$

abgekürzt:

$$t_h = \frac{\text{Mod.} \cdot 2{,}3 \cdot Z \cdot 2 \cdot X}{n \cdot s}$$

Beispiel: Ein gehärtetes Stirnrad, Modul 8, 25 Zähne, 50 mm breit, soll an beiden Zahnflanken geschliffen werden; erforderlich sind an jeder Flanke 2 Schnitte. Der Vorschub in der Richtung des Zahnbogens beträgt 0,25 mm; dann ist

$$t_h = \frac{8 \cdot 2{,}3 \cdot 25 \cdot 2 \cdot 2}{45 \cdot 0{,}25} = 163{,}5 \text{ Minuten.}$$

[1] Die Zahl 2 im Zähler ergibt sich daraus, daß an jedem Zahn 2 Flanken zu schleifen sind.

FSC
www.fsc.org
MIX
Papier | Fördert
gute Waldnutzung
FSC® C083411

Zeitfracht Medien GmbH
Ferdinand-Jühlke-Straße 7
99095 Erfurt, Deutschland
produktsicherheit@kolibri360.de